21 世纪高等学校规划教材

数据库系统原理与应用

葛洪伟　姜代红　罗海驰　徐　华　编著

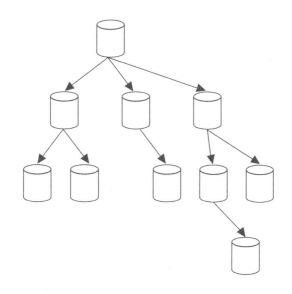

中国电力出版社
www.infopower.com.cn

内容提要

本书较全面地介绍了数据库系统的基本原理和应用。全书共分为 8 章,主要内容包括数据库系统概述、关系数据模型、关系数据库语言SQL、关系的规范化理论、关系数据库设计、数据库安全保护、网络数据库系统和数据仓库。

本书内容全面、实例丰富,既注重基本概念、基本原理的讲解,也注重数据库新技术、新应用的介绍。每章后面都配有小结并附有适量的习题,便于读者巩固所学的知识。此外,为了方便教学,本书还配有 PowerPoint 电子教案。

本书可作为高等院校计算机、信息管理、电子商务及相关专业的数据库课程教材,也可供从事计算机软件工作的科技人员和工程技术人员以及其他相关部门的人员参阅。

图书在版编目(CIP)数据

数据库系统原理与应用 / 葛洪伟等编著.—北京:中国电力出版社,2008.2(2018.6重印)
21 世纪高等学校规划教材
ISBN 978-7-5083-6386-8

Ⅰ. 数… Ⅱ. 葛… Ⅲ. 数据库系统-高等学校-教材 Ⅳ. TP311.13

中国版本图书馆 CIP 数据核字(2007)第 192914 号

丛 书 名:21 世纪高等学校规划教材
书　　名:数据库系统原理与应用
出版发行:中国电力出版社
　　　　　地　　址:北京市东城区北京站西街 19 号　　　　　邮政编码:100005
　　　　　E-mail: infopower@cepp.com.cn
印　　刷:北京九州迅驰传媒文化有限公司
开本尺寸:185mm×260mm　　　印　张:17　　　字　数:384 千字
书　　号:ISBN 978-7-5083-6386-8
版　　次:2008 年 2 月北京第 1 版
印　　次:2018 年 6 月第 6 次印刷
定　　价:45.00 元

前　　言

自 20 世纪 60 年代数据库系统产生以来，数据库及其应用技术得到了迅速发展。如今，数据库技术作为最有效的数据管理手段已经应用于国民经济的各个领域，是构成现代社会信息化、自动化、智能化不可或缺的核心技术和组成部分。数据库的建设规模、信息量大小和使用频率也已成为衡量一个国家信息化程度的重要标志。相应地，数据库技术人才的培养和数据库课程教材的编写也就显得尤为重要和迫切，本书正是在这样的背景下组织编写的。

本书遵循数据库系统原理课程教学大纲的要求，较为全面地介绍了数据库系统的基本原理和应用。全书共分 8 章。第 1 章是数据库系统概述，主要讲解了有关数据管理技术、数据库系统的组成和结构、数据模型以及数据库管理系统的基本概念和知识，并对一些数据库的新技术作了简要介绍。第 2 章是关系数据模型，主要介绍了关系数据模型的基本概念以及关系代数和关系演算，同时也介绍了查询优化的基本概念、一般策略和优化算法。第 3 章是关系数据库语言 SQL，主要通过大量实例介绍了 SQL 语言的基本语法和应用。第 4 章是关系的规范化理论，主要讲解了函数依赖的有关概念，1NF、2NF、3NF、BCNF、4NF 的定义及其规范化方法，并介绍了函数依赖的公理系统和关系模式的分解。第 5 章是关系数据库设计，主要介绍了关系数据库设计的 5 个阶段，并通过实例着重讲解了需求分析、概念结构设计、逻辑结构设计和物理设计 4 个阶段。第 6 章是数据库安全保护，主要从数据库的安全性控制、完整性控制、并发控制技术和数据库的备份与恢复技术 4 个方面进行了讨论。第 7 章是网络数据库系统，主要介绍了网络环境下数据库应用的两种主要形式：客户/服务器（C/S）模式和浏览器/服务器（B/S）模式，还介绍了数据库访问接口和网络数据库应用系统的开发方法等，并以目前流行的 SQL Server 2000 和 2005 为例，介绍了网络数据库的建立与操作以及程序设计。第 8 章是数据仓库，主要介绍了数据仓库、联机分析处理和数据挖掘的基本概念和新技术。

本书在编写过程中结合了编者长年从事数据库系统原理课程教学的经验，并具有以下特点。

（1）充分考虑目前普通高校学生的知识、能力、素质的特点和实际教学情况，具有难点分散、循序渐进、深入浅出、实例丰富的特点，紧密结合当前数据库技术的发展，注重教材的先进性和实用性，并适应当前高校课程课时数压缩的特点，内容精练、易教、易学。

（2）以关系数据库系统为核心。本书着重讨论关系数据库的原理与实现，对关系数据模型、关系数据库体系结构、关系规范化理论、数据库并发控制、查询优化等都进行了系统的介绍，而对层次和网状等传统数据库只作简要说明。

（3）注重理论联系实际，加强数据库应用技术。本书对数据库设计方法、SQL 语言、网络环境下数据库应用的两种主要模式、数据库访问接口 ODBC 和 JDBC、网络数据库应用系统的开发方法、SQL Server 2000 和 2005 的使用和操纵等数据库应用技术进行了较全面的论述，可为读者开发数据库应用系统或维护管理大中型数据库系统打下良好的基础。

（4）精选实例，力求紧扣重点，难易适中，注重将小粒度的众多知识点融化在应用实例中。每章后面都配有相应的习题，便于加深读者对本章所讲述内容的理解，巩固所学的知识，加强实际动手能力。

在本书的编写过程中，得到了江南大学信息学院领导的大力支持和许多同事的鼓励、帮助，在此向他们表示衷心地感谢。另外，本书后面所列的参考文献及有关资料为本书的编写给予了极大的帮助和启发，在此向与这些文献及资料有关的专家表示由衷地谢意。

由于时间仓促及水平所限，书中难免有疏漏或不妥之处，敬请广大读者批评指正。

编　者
2008 年 1 月于江南大学

目　　录

第1章 数据库系统概述

1.1 数据管理技术的演变

数据是信息的载体，是用于描述客观事物的符号，其形式是多种多样的。例如可以用文字"张红"来描述一位学生的姓名，用实数"1256.40"来描述一位职工的工资收入，用整数"214128"来描述一个城市的人口总数，还可以用图像数据来描述一种植物的形态，用声音数据来描述一种动物与其同伴的联系方式等。

数据的形式并不能完全表达其含义。如果拿到一张写着整数"214128"的纸条，会怎样理解这个数据呢？它是本地的邮政编码吗？还是银行存单的密码呢？或者是图书馆的藏书总数？由此可见，数据的形式和含义是密切相关、不可分割的。数据的含义称为数据的语义。数据要经过加工处理，才能成为有用的信息，及时、正确、实用的信息有助于做出正确的判断、选择和决策。

计算机在诞生之初主要应用于科学计算领域，所处理的数据也仅限于数值数据。随着软、硬件技术的不断飞速发展，计算机的应用领域不断扩大，需要处理的数据类型和数量都大大增加，所使用的数据处理技术也在不断地向前发展。

数据管理是数据处理工作中的一项核心任务，主要包括数据的编码、存储、查询、维护等操作。从诞生到现在，计算机上的数据管理技术已经历了人工管理、文件系统、数据库系统三个阶段。

1.1.1 人工管理阶段

20 世纪 50 年代中期以前的计算机都是电子管计算机，主要应用于科学计算。其数据存储于纸带、卡片、磁带等顺序存取存储设备上，在执行相应的程序时被装入，程序执行完毕就将其撤下，并不在计算机系统内长期保存。程序员在设计程序时，要对该程序所需处理的数据进行分析，对数据的逻辑结构、输入方式、存储结构、存取方法等进行设计，并在程序中实现相关的数据管理功能。如果要对数据的逻辑结构或物理结构进行修改，那么程序也要进行相应的修改。即使有些数据在多个程序中都要用到，也得分别进行定义和存储，从而造成数据的冗余。

人工管理阶段程序和数据间的关系如图 1-1 所示。

图 1-1 人工管理阶段程序和数据间的关系

1.1.2 文件管理阶段

20 世纪 50 年代后期到 20 世纪 60 年代中期，计算机的发展进入晶体管时代，应用领域也扩展到数据处理、自动控制等方面。专门用于对软硬件进行管理的程序开始出现，后来逐步发展为操作系统。数据开始以数据文件的形式存储于磁盘、磁鼓等直接存取存储设备上，可以在计算机系统内长期保存，对数据的联机实时处理成为可能。程序员所设计的应用程序可借助操作系统的支持对所需的数据文件按文件名进行读写，对其中的数据按记录进行存取。数据在存储结构上的一些变动可在操作系统的层面上进行调整，而不必再对应用程序进行修改，但若数据的逻辑结构发生变化，则必须修改应用程序。程序间的部分数据共享仍比较困难，数据冗余的情况依旧存在。

文件管理阶段程序和数据间的关系如图 1-2 所示。

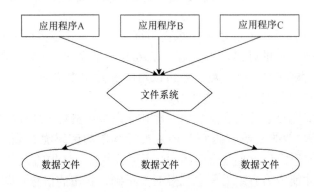

图 1-2 文件管理阶段程序和数据间的关系

1.1.3 数据库系统阶段

20 世纪 60 年代后期以来，随着集成电路技术的飞速发展，计算机快速经过集成电路时代，进入大规模、超大规模集成电路时代，其应用领域不断拓展，几乎到了无所不在的地步。应用程序所需处理的数据规模剧增，多个应用程序间共享数据的要求越来越强烈，专门的数据管理软件——数据库管理系统应运而生。

在数据库系统阶段，数据以数据库文件的形式存储。虽然都是文件，但数据库文件与传统的数据文件存在着根本的区别，主要包括以下几方面。

（1）数据文件中的数据虽然是以记录的形式进行组织，但记录之间的联系并没有体现出来，而数据库文件不仅以记录的形式来组织数据，还能表达记录之间各种复杂的联系。

（2）数据文件仅面向单个应用组织数据，并可针对该应用的实际情况和具体要求进行优化，但如果想在该数据文件的基础上建立其他的应用则会很不方便。数据库文件是面向数据本身及数据间的内在联系来组织数据的，并不特意面向某一应用，因此便于在其上建立各种应用。数据在多用户多应用间共享，使数据的冗余度大大降低，并提高了数据的一致性和可信度。

（3）在数据文件中，最小的存取单位为记录，而在数据库文件中，最小的存取单位是数据项。

一个数据库既可以位于一台计算机中，也可以分布于多台计算机上。数据库由专门的数据库管理系统进行管理。数据库管理系统提供了功能强大的数据查询语言，以支持用户对数据库中大量数据的高效访问，并以事务管理的方式实现对各类数据库访问的控制，应用系统开发人员不必再自行设计和实现数据的存取、控制等功能，从而提高了开发效率。同时，由于数据库采用外模式、逻辑模式和内模式这样的三级模式结构，而数据库管理系统自动支持外模式与逻辑模式、逻辑模式与内模式间的二级映像，从而使数据库中的数据具有物理独立性和逻辑独立性。也就是说，既使数据的物理存储改变了，创建于其上的应用程序也不用修改，既使数据的逻辑结构改变了，创建于其上的应用程序也可以不变，这样大大减少了应用程序的维护和修改的工作量。

数据库系统阶段程序和数据间的关系如图 1-3 所示。

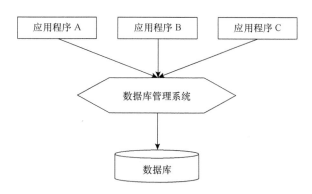

图 1-3　数据库系统阶段程序和数据间的关系

1.2　数据库系统的组成

数据库系统（Database System，简称 DBS）是引入了数据库技术的计算机系统，除了一般计算机系统的组成部分以外，还包括数据库、数据库管理系统、数据库应用系统以及与系统开发、使用相关的各类人员。

数据库（Database，简称 DB）是按一定结构组织的数据的集合。数据库以数据库文件的形式保存在计算机系统的存储设备中，可被多个应用系统或同一应用系统的多个用户所共享。

数据库管理系统（Database Management System，简称 DBMS）是运行于操作系统上的专用于对数据库进行管理的系统软件，主要负责在创建、使用和维护数据库时对数据库进行统一的管理、控制和保护。数据库管理系统通常会提供一套应用开发工具，以便用户能方便地创建数据库，在数据库中输入数据，实现对数据库的各种操作，对数据库进行备份、还原，对数据库的性能进行监视、分析等。

数据库应用系统是基于数据库创建的，能实现用户的相关实际需求的应用系统。数据库应用系统一般采用高级程序设计语言进行开发，并通过符合某种规范的接口与数据库管理系统进行通信，借助数据库管理系统的功能实现对数据库中数据的访问。

数据库系统相关人员指的是那些与数据库的设计、实现、管理、使用相关的人员，包括系统分析员、数据库设计人员、应用程序员、数据库管理员和最终用户。

系统分析员主要负责应用系统的需求分析和规范说明，他们通过与最终用户的充分沟通确认系统的边界，划分系统的功能模块，还通过与数据库管理员的沟通确定系统的硬、软件配置，并参与数据库的概念结构设计。

　　数据库设计人员主要负责数据库的设计与实现工作，他们也参与用户需求调查，通过与用户的充分沟通来分析系统所涉及的数据以及数据之间的关系，然后依次设计数据库的概念结构、逻辑结构和物理结构，与数据库管理员一起完成数据库的创建、数据库中初始数据的加载以及数据库的试运行。

　　应用程序员负责设计和实现数据库应用系统的各程序模块，并负责数据库应用系统的调试和安装工作。

　　数据库管理员（Database Administrator，简称 DBA）是用户单位中专门负责数据库的建立、使用和维护的人员，其主要任务包括以下几项。

　　（1）参与数据库设计各个阶段的工作，协调各最终用户对数据、数据处理、数据的安全控制和完整性约束的需求。

　　（2）与数据库设计人员一起完成数据库管理系统的安装、设置，配合数据库设计人员按给定设计借助数据库管理系统提供的开发工具建立数据库及数据库中的各对象，加载初始数据，配合应用程序员安装调试所开发的数据库应用系统。

　　（3）使用各类监测工具对数据库应用系统的日常运行情况及数据库的访问情况进行监测，通过对监测数据的分析，寻找改进系统性能、提高数据库访问效率、提高数据库安全性的方法。

　　（4）制定合理、适用的数据库备份策略，并按指定策略及时做好数据库的备份工作。

　　（5）及时处理数据库运行过程中发生的各类突发事件，一旦系统产生故障，在排除故障后应利用备份数据尽快将数据库恢复到故障发生前的某个正常状态，尽量降低因故障造成的损失。

　　（6）及时了解用户对数据库及数据库应用系统的意见、建议及新的需求，帮助他们解决相关的技术问题，指导他们正确、充分地利用数据库。

　　（7）确定数据库中各数据对象的保密级别，定义各用户对数据库的访问权限，制定必要的规章制度并负责实施。

　　最终用户一般通过数据库应用系统提供的人机交互界面，实现对数据库中数据的查询、插入、删除、修改等各类操作。

1.3　数据库系统的三级模式结构

1.3.1　模式的基本概念

　　美国 ANSI/SPARC 数据库管理系统研究组在 1975 年将数据库系统内部的体系结构分为三级，即外模式、概念模式和内模式，相应的数据库也分为三级，即用户级、概念级和物理级。

　　数据库系统的三级模式结构和两级映像如图 1-4 所示。

　　正是由于数据库系统的三级模式结构，以及由数据库管理系统自动支持的两级映像，即逻辑模式与外模式间的映像和逻辑模式与内模式间的映像，因此大大减少了数据库的逻辑结构或物理结构的变动对数据库应用系统的影响，使建于其上的数据库应用系统具有逻辑独立性和物理独立性，提高了系统的稳定性和可维护性。

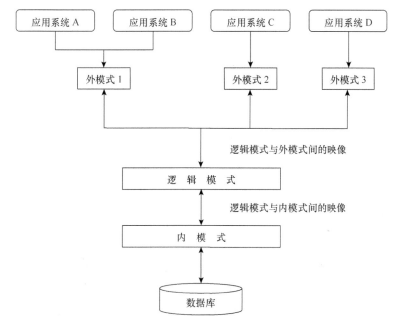

图 1-4　数据库系统的三级模式结构和两级映像

1.3.2　数据库系统的三级模式结构

数据库系统的三级模式结构是指数据库系统由外模式、逻辑模式和内模式三级构成。

1. 逻辑模式

逻辑模式也称为模式，是对数据库中全体数据的逻辑结构、完整性约束条件、安全性要求等内容的描述。一个数据库只有一个逻辑模式。

设计逻辑模式时要先收集、分析该数据库的各类用户的数据需求，并对这些需求进行综合，然后从全局的角度出发进行设计，而不应当只考虑某一具体应用。

设计逻辑模式时无需考虑系统的硬件环境、数据的物理存储细节，也无需考虑其上的数据库应用系统将采用哪种程序设计语言、使用哪种系统开发工具来开发。

数据库管理系统提供模式描述语言来严格地定义逻辑模式。

2. 外模式

外模式又称为用户模式或子模式，它是对数据库中面向某数据库应用系统（或面向某些数据库用户）的部分数据的逻辑结构、完整性约束条件、安全性要求等内容的描述。一个数据库可以有多个外模式。

不同的应用系统一般使用不同的外模式，但也可以共用同一个外模式。一个应用系统只能使用一个外模式。

外模式通常是逻辑模式的子集。逻辑模式中的同一个数据对象在不同的外模式中所映射成的数据对象的类型、长度、保密级别等都可以不同。外模式使不同的应用系统只能操作它所对应的外模式中的数据，从而对用户的数据库访问权限进行控制，是保障数据库安全性的一个有力措施。

数据库管理系统提供子模式描述语言来严格地定义外模式。

3. 内模式

内模式也称为存储模式，它是对数据库中全体数据的物理结构、存储方式、存储策略等的描述。一个数据库只有一个内模式。内模式并非物理层，它不关心具体的存储位置。数据库管理系统提供内模式描述语言来严格地定义内模式。

1.3.3 数据库的二级映像与数据独立性

数据库系统的三级模式从三个不同的层次对数据进行抽象，而这三个抽象层次之间又是相互关联的。数据库管理系统支持外模式与逻辑模式间以及逻辑模式与内模式间的两层映像，以便在这三个抽象层次间进行数据的映射和转换，并使数据库系统中的数据具有较高的逻辑独立性和物理独立性。

1. 外模式—逻辑模式映像

一个数据库可以有多个外模式，但只有一个逻辑模式。对于每一个外模式，数据库系统都有一个外模式—逻辑模式映像，这个映像定义了该外模式与逻辑模式间的对应关系，这种对应关系是数据的局部逻辑结构与全局逻辑结构之间的对应关系。外模式—逻辑模式映像的定义一般放在各外模式的描述中。

当逻辑模式发生变化时，通过修改外模式—逻辑模式映像，可以使外模式保持不变，也就是说，数据的局部逻辑结构不变，由于应用程序是依据数据的局部逻辑结构编写的，这样就不必对应用程序进行修改，从而保证了数据的逻辑独立性。

2. 逻辑模式—内模式映像

一个数据库只有一个逻辑模式，也只有一个内模式，所以逻辑模式—内模式映像是唯一的，它定义了数据的全局逻辑结构与存储结构之间的对应关系。逻辑模式—内模式映像的定义一般放在逻辑模式的描述中。

当内模式发生变化时，通过修改逻辑模式—内模式映像，可以使逻辑模式保持不变，也就是说，数据的全局逻辑结构不变，那么外模式自然也就不变，基于外模式设计的应用程序就不需要修改，从而保证了数据的物理独立性。

由上述分析可见，在数据库系统的三级模式结构中，逻辑模式是数据库的中心和关键，因此设计数据库模式结构时应先确定数据库的逻辑模式。

1.4 数 据 模 型

1.4.1 信息的三个世界

信息的三个世界是指现实世界、信息世界和数据世界。

1. 现实世界

现实世界指的是人类生存于其中的那个物质的并可以感知的客观世界。客观世界中各事物之间以及事物内部的各要素之间都存在着普遍的、客观的联系。

当为创建一个数据库或构建一个数据库应用系统而对现实世界进行调查研究时，所关心的是这个数据库或系统所涉及的那部分事物以及它们内部和它们之间存在的联系。当为设计一个数据库管理系统而对现实世界进行分析研究时，所关心的是现实世界中所有可能存在的事物，以及这些事物内部和它们之间所有可能存在的联系。

2. 信息世界

信息世界反映了人们对现实世界的理解和认识。在信息世界中，把客观存在并可相互区别的事物称为实体（Entity）。实体可以是有形的、具体的，如单位里的一名职工、企业生产的一件产品、注册登记的一家公司等；也可以是无形的、抽象的，如对学校里某位学生选修了某门课程这样一个事实的记录等。

实体的特征用属性（Attribute）来描述。不同类别的实体对应不同的属性集。例如，对单位里的职工，可以用工号、姓名、性别、出生日期、身份证号、学历、职称、政治面貌、工作岗位、个人简历等属性进行描述，对注册的公司，则可以用公司名称、地址、邮政编码、法人姓名、注册资本、经营范围等属性进行描述。

在描述一类实体时，通常会对该类实体命名，并确定要选择哪些属性对该类实体进行描述，即定义一个实体型（Entity Type），记为：实体类别名（属性 1，属性 2，…，属性 n）。例如要描述单位中的职工时，可将该类实体命名为"职工"，若要选择的属性如前所述，则可以定义实体型"职工"，记为：职工（工号，姓名，性别，出生日期，身份证号，学历，职称，政治面貌，工作岗位，个人简历）。

属性都有一定的取值范围，这个取值范围称为属性的域（Domain）。属性的域例如邮政编码的取值可以是长度为 6 位的整数，姓名的取值可以是 5 个以内的汉字，性别的取值可以是"男"或"女"等。

同型实体的集合称为实体集（Entity Set）。同一实体集中的各个实体通过它们在各属性上的不同取值来加以区分。如果一个或者一组属性的值可以在同类实体中唯一地标识一个实体，这样的属性集就称为关键字（Key）。例如，一个单位里每个职工的工号都各不相同，借助工号这个属性的取值，就可以唯一地确定一位职工，所以工号这个属性是职工这类实体的关键字。一类实体可以有多个关键字，例如职工既可以通过工号来进行区分，也可以通过身份证号来进行区分。

现实世界中事物内部各要素间的联系（Relationship）在信息世界中可映射为实体型中各属性间的联系，事物之间的联系则可映射为实体集之间的联系。实体集之间的联系可以分为三种类型：一对一、一对多和多对多。

设有学生和宿舍床位这两个实体集，通过对现实世界的了解可知：对于每个学生，最多分配一个床位，如果这个学生是走读的，也可能没有床位，对于每个床位，最多分配给一个学生，也可能空着。所以，学生和宿舍床位这两个实体集间的联系是一对一联系。

两个实体集间一对一联系的定义为：设有实体集 X 和实体集 Y，若对于实体集 X 中的每个实体，实体集 Y 中有 0 或 1 个实体与之关联，而对于实体集 Y 中的每个实体，实体集 X 中也有 0 或 1 个实体与之关联，则称实体集 X 和实体集 Y 间具有一对一联系。如图 1-5 所示为实体集间的一对一联系。

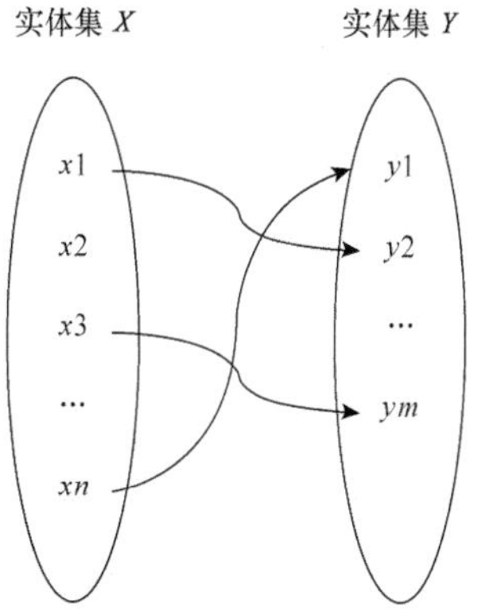

图 1-5　两实体集间的一对一联系

设有部门和职工这两个实体集，通过对现实世界的了解可知：每个部门一般会有多个职工，而每个职工一般仅隶属于一个部门。部门和职工这两个实体集间的联系是一对多联系。

7

两个实体集间一对多联系的定义为：设有实体集 X 和实体集 Y，若对于实体集 X 中的每个实体，实体集 Y 中有 0 或 1 或多个实体与之关联，而对于实体集 Y 中的每个实体，实体集 X 中只有 0 或 1 个实体与之关联，则称实体集 X 和实体集 Y 间具有一对多联系。实体集间的一对一联系是实体集间一对多联系的特例。图 1-6 所示为实体集间的一对多联系。

设有学生和课程这两个实体集，通过对现实世界的了解可知：一个学生需要学习多门课程才能完成学业，一门课程也通常会有多个学生一起学习。学生和课程这两个实体集间的联系是多对多联系。

两个实体集间多对多联系的定义为：设有实体集 X 和实体集 Y，若对于实体集 X 中的每个实体，实体集 Y 中有 0 或 1 或多个实体与之关联，而对于实体集 Y 中的每个实体，实体集 X 中也有 0 或 1 或多个实体与之关联，则称实体集 X 和实体集 Y 之间具有多对多联系。实体集间的一对多联系是实体集间多对多联系的特例。如图 1-7 所示为实体集间的多对多联系。

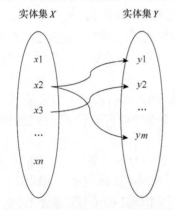 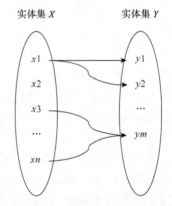

图 1-6　两实体集间的一对多联系　　　图 1-7　两实体集间的多对多联系

3. 数据世界

数据世界即计算机世界，客观世界中的万事万物在此都映像为一串 0 和 1，它们按一定的数据模型组织成数据文件，可长期保存在计算机的外存中。一个文件中含有若干记录，每条记录则可由若干字段构成。

4. 三个世界之间的联系

综上所述，这三个世界间的联系如图 1-8 所示。

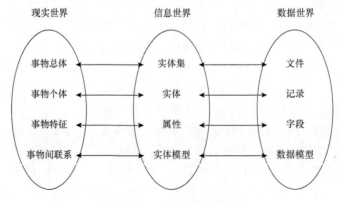

图 1-8　三个世界间的联系

为了在这三个世界间架起沟通的桥梁，首先应当经过认真的调查、研究、分析，了解现实世界中各事物的特征及它们之间的联系，然后将它们转换为信息世界中的相应元素，并用一种通俗易懂的方法将信息世界描述出来，以便与相关人员进行交流沟通，纠正可能存在的错误认识，最后在计算机中以所选数据库管理系统支持的方式建立一个用数据表示的模拟现实世界，即数据世界。

1.4.2　数据模型的分类

数据库技术中用数据模型来实现对现实世界的数据抽象，也就是说，通过对现实世界中各事物的特征及事物间的联系进行认真仔细的调查分析，提取出可以准确描述这些特征和联系的数据，再把这些数据以结构化的、便于操作的方式存储在计算机中，最终实现从现实世界到数据世界的映像，即在计算机中实现对现实世界的模拟。

显然，要依靠一个数据模型在三个世界间建起沟通的桥梁是非常困难的，因此，将数据模型分为两类。一类是概念模型，它以数据的形式表达了应用系统所要处理的（或用户所关注的）那些现实世界中事物及事物间联系的特征；另一类是逻辑模型，它从计算机实现的角度出发，定义了用于表达事物及事物间联系的特征的方法。

1.4.3　概念模型

概念模型用于表达人对现实世界的认识，其主要特点包括以下几方面。

（1）概念模型是对现实世界的抽象和概括，它真实、充分地反映了现实世界中的事物及事物间的联系，具有较强的语义表达能力。

（2）在数据库设计过程中，数据库设计人员用概念模型表达自己对系统所处理的数据及数据间联系的理解，并用这一模型与用户进行交流沟通，使自己的理解与实际情况相符，所以概念模型应该直观、简洁、清晰、易懂，可以用来与不具备计算机专业知识的用户交流意见，便于用户参与数据库的设计工作，从而保证设计工作的效率和质量。

（3）概念模型便于维护，当现实世界或用户的需求发生变化时，可以方便地对概念模型进行修改和扩充。

（4）概念模型不依赖于开发系统时采用的数据库管理系统，所以概念模型能够方便地转换为各种数据库管理系统所支持的逻辑模型，如关系模型、网状模型、层次模型、关系—对象模型等。

常用的概念模型描述工具有 E-R 图、扩展 E-R 图和 ODL 等。在后面的数据库设计部分，将详细讨论常用的概念模型设计方法—实体—联系方法。

1.4.4　逻辑模型

逻辑模型从数据库管理系统实现的角度出发，对所有可能需要保存在数据库中的数据及数据间的联系进行分析、建模。设计逻辑模型时，既要考虑能够方便地存储各类数据，表达数据间可能存在的一对一、一对多、多对多的联系，还要考虑如何在该模型上高效地实现对数据的各种操作，如插入、删除、更新、查询等。

当前主流的逻辑模型为关系模型，将在第 2 章中重点介绍该逻辑模型。其他的逻辑模型有网状模型、层次模型、面向对象模型等。事实上，数据库技术的发展在很大程度上是沿着逻辑模型这一主线展开的。

1. 逻辑模型的三要素

逻辑模型的三要素包括数据结构、数据操作和完整性约束条件。

数据结构是数据库中数据对象类型的集合，描述了数据的静态特征。这些数据对象可分为两大类：一类是对数据内容、类型等的描述；另一类是对数据间联系的描述。在逻辑模型的三要素中，数据结构是最重要也是最根本的一个。所用的数据结构的不同是各逻辑模型间的根本区别，因此逻辑模型通常按其所用的数据结构的特点来命名。

数据操作是可以对数据库中数据对象执行的操作的集合，描述了数据的动态特征。这些操作主要包括两大类：一类是查询；另一类是修改。逻辑模型应对操作的符号、含义、规则以及语言进行定义。

完整性约束条件是数据库中数据对象必须满足的完整性规则的集合。完整性规则是数据库中数据及数据间联系应满足的制约和依存规则，用于限定数据库的状态以及状态的变化，以保证数据库中数据的正确、有效和相容。逻辑模型应提供定义完整性约束条件的手段。

2. 数据间的逻辑联系

数据间的逻辑联系主要有一对一联系、一对多联系和多对多联系三种，例如一个学校管理系统中，学生和宿舍床位间的联系是一对一联系，系与学生间的联系是一对多联系，学生与课程间的联系是多对多联系。

数据间的三种逻辑联系中，一对一联系是一对多联系的特例，一对多联系又是多对多联系的特例。逻辑模型应能描述这三种联系。

3. 层次模型

层次模型是最早用于商品数据库管理系统的逻辑模型，它用树型结构来表示各类实体以及实体间的联系。如图 1-9 所示为层次模型的数据结构示意图，其中每个节点代表一类记录，节点间的连线则表示记录集间的一对多联系。

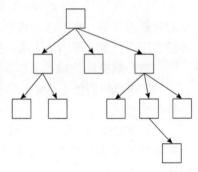

层次模型中有且仅有一类记录是位于最顶层的，这类记录称为根记录，其他的记录均称为从属记录，各从属记录还可以有自己的下一层从属记录。从理论上讲，层次模型中可以有任意多层从属记录，但实际实现时往往受存储空间、系统复杂性的制约而有诸多限制。

图 1-9 层次模型的数据结构示意图

层次模型中的每个记录由若干字段组成，每个字段描述实体的一个属性，在这些字段中可以选择一个作为排序字段。

层次模型中的记录只有按路径查看时，才能显出其全部意义。如图 1-10 所示为一个为学校管理系统设计的基于层次模型的数据库的逻辑结构，在该数据库中若想查询某个教师的相关信息，就必须从根节点学院开始，沿学院→系→教研室→教师这条路径进行查找，然后把该路径上所有节点的信息组合起来即可得到该教师的全部信息。如果学校来了一名新教师，要想把其信息输入数据库，必须先指定其所在的学院、系和教研室，如果少了任一节点的值，例如未分配其所在的教研室，则该教师的个人信息就不能存入数据库。

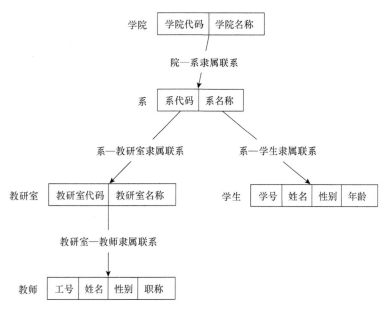

图 1-10　基于层次模型的学校管理系统的数据库逻辑结构

　　层次模型中节点间的联系是一对多联系，但层次模型也可以方便地表示一对一联系，事实上，一对一联系就是一对多联系的特例。层次模型也可以表示多对多联系，但必须将多对多联系分解为若干一对多联系。常用的分解方法有两种，一是冗余节点法，二是虚拟节点法。例如教学管理系统中，教师和课程间的任教关系就是多对多的，一位教师可以任教多门课程，一门课程也可以由多位教师任教。如图 1-11 所示用冗余节点法表示的教师和课程间的多对多的任教关系，如图 1-12 所示为用虚拟节点法表示的教师与课程间的多对多的任教关系，虚拟节点中只存放指向实际节点的指针。

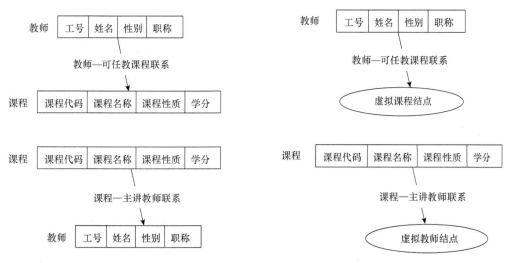

图 1-11　用冗余节点法表示的教师和课程间的　　　图 1-12　用虚拟节点法表示的教师和课程间的
　　　　　多对多联系　　　　　　　　　　　　　　　　　　多对多联系

层次模型支持的数据操作主要有查询、插入、删除和更新,其中执行插入、删除、更新操作时要满足层次模型的完整性约束条件,包括以下几下方面。

(1)进行插入操作时,如果没有对应的双亲节点值就不能插入孩子节点值。

(2)进行删除操作时,如果删除双亲节点值,则相应的孩子节点值也被同时删除。

(3)进行更新操作时,应更新所有相应记录,以保证数据的一致性。

基于层次模型的数据库管理系统的典型代表是美国 IBM 公司于 1968 年开发的 IMS。

4. 网状模型

网状模型去除了层次模型中的两个限制,一是允许模型中存在多个没有双亲的节点,二是允许模型中存在有多个双亲的节点。可以说层次模型是网状模型的一个特例。

网状模型的典型代表是美国数据系统语言研究会(Conference On Data System Language,简称 CODASYL)下属的数据库任务组(Data Base Task Group,简称 DBTG)于 1971 年提出的 DBTG 模型。

DBTG 模型用记录型描述实体,用联系型描述实体间的联系。

DBTG 模型中的记录型由数据项、向量、组项、重复组等数据单位组成,可用于表示复杂的实体。其中向量是具有相同特征的一维数据项的集合,组项是多个数据项的命名序列,重复组是一个记录值中多次出现的数据的集合。如图 1-13 所示为 DBTG 模型记录型的示例,该记录型描述了学生的课程成绩,包含数据项"学号"、"姓名"、"课程"以及组项"成绩",而组项"成绩"又由数据项"期中成绩"、"期末成绩"、"总评成绩"以及由"作业"、"实验"、"考勤"这三个数据项构成的组项"平时成绩"组成。

学号	姓名	课程	成绩				
			平时成绩			期中成绩	期末成绩	总评成绩
			作业	实验	考勤			

图 1-13 DBTG 模型的记录型"学生"

联系型用于描述记录型间的一对多联系,其中双亲节点称为系主,孩子节点称为成员。一个记录型可以出现在多个联系型中,它既可以是多个联系型中的系主,也可以是多个联系型中的成员,还可以在一些联系型中做系主,同时在另一些联系型中做成员。任意两个记录型间可定义多个联系型。DBTG 还允许数据库中存在一个奇异联系,该联系型以系统为系主,以一个记录型为成员。

DBTG 模型不能直接描述多对多联系,而需要引入连接记录型,将一个多对多联系转换为两个一对多联系。如图 1-14 所示为借助连接记录型"任教"描述教师和课程间的多对多联系,第一个联系型的系主是教师,成员是任教,第二个联系型的系主是课程,成员是任教。

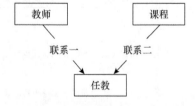

网状模型的数据操作主要包括查询、插入、删除和更新,其中插入操作允许插入尚未确定双亲节点值的孩

图 1-14 借助连接记录型表示的教师和课程间的多对多联系

子节点值,删除操作允许只删除双亲节点值,更新操作可对指定记录进行,查询操作有多种方式,可根据实际需要进行选择。

网状模型的完整性约束条件主要包括系型约束和系值约束。系型约束是指一个记录型不能同时作为同一个联系型的系主和成员,确实需要时可引入连接类型。系值约束是指一个记录值不能出现在同一联系型的不同系值中。

著名的网状数据库管理系统有 IDMS、DMS1100、IDS/2、IMAGE 等。

5. 关系模型

与层次模型和网状模型不同,关系模型是建立在严格的数学概念基础上的。关系模型的数据结构比较单一,实体及实体间的联系都用关系来表示。一个关系相当于一张二维表,表中的一行称为一个元组,表中的一列称为一个属性。关系模型要求关系必须是规范化的,最基本的条件是关系的每一个属性都不能再进行有意义的分割,即不允许表中还有表。

关系模型所支持的数据操作主要包括选择、投影、连接、除、并、交、差等查询操作以及对数据的插入、删除、更新等操作。关系模型所支持的这些数据操作都是集合操作,操作对象和操作结果都是关系,也就是元组的集合,而层次模型、网状模型所支持的数据操作都是一次一记录的方式。关系数据库的标准操作语言是 SQL 语言,将在第 3 章中详细讨论。

关系模型所支持的完整性约束条件包括三种:实体完整性、参照完整性和用户定义的完整性。其中实体完整性和参照完整性是关系模型必须满足的完整性约束条件,由关系数据库管理系统自动支持,而用户定义的完整性则由数据库设计人员根据实际应用中的需要制定,数据库管理系统提供手段支持这类完整性的定义,并在运行时对数据库的状态进行监测,对不符合完整性约束要求的操作予以拒绝。

本书的第 2 章将详细讨论关系模型,在此不再赘述。

1.5　数据库管理系统

数据库管理系统(Database Management System)是位于用户与操作系统之间的数据管理软件,它是数据库系统的核心组成部分。

数据库管理系统运行于操作系统之上,负责对数据库进行统一的管理和控制,以保证数据库的安全性和完整性。用户对数据库的任何操作,包括数据库的创建、对数据库中数据的查询、修改数据库中的数据等都需要通过数据库管理系统来完成。

1.5.1　DBMS 的主要功能

数据库管理系统的主要功能包括以下的几方面。

1. 数据库的定义和建立

数据库管理系统提供数据定义语言(Data Definition Language,简称 DDL),数据库管理员借助该语言来定义数据库系统的外模式、概念模式和内模式以及这三级模式间的两级映像,数据库管理系统则负责把数据库管理员所定义的各种源模式翻译成目标模式,并把这些目标模式存入数据库字典中以供系统查阅。数据库管理系统还支持数据库安全性要求、完整性规则的定义,并能根据已定义的概念模式和内模式把初始数据装入数据库中,完成数据库的建立。

2. 数据库的操作

数据库管理系统提供数据操作语言(Data Manipulation Language,简称 DML),数据库管理员、用户、应用程序可借助该语言进行需要对数据库执行的操作,包括查询、插入、删除和修改等。

3. 数据库的控制

对数据库的控制是数据库管理系统的核心功能，包括控制整个数据库的运行；控制用户对数据库的并发操作，以保证数据库的一致性；执行对数据库的安全性检查，以防止数据库中的数据被非法访问、修改，甚至恶意破坏；执行对数据的完整性控制，以保证数据库中的数据是正确的、相容的，符合完整性约束条件。

4. 数据库的维护与故障恢复

数据库管理系统支持数据库的日常维护与故障恢复，主要包括自动维护数据库的索引、数据字典等；在数据库运行时记录运行日志，监视和分析数据库的性能；当数据库系统发生故障时，能提供有效的措施和工具，尽量减少故障造成的损失。

5. 数据通信

数据库管理系统通常还会提供与其他数据库管理系统或文件系统的接口，从而可将数据库中的数据转换为另一种数据库管理系统或某应用程序能够处理的格式，也可由其他数据库管理系统中的数据库或某种格式的数据文件生成本系统的数据库。许多数据库管理系统还提供了基于图形界面（GUI）的用户接口软件，如查询管理器、报表生成器、统计图形生成器等。

1.5.2 DBMS 的组成

数据库管理系统是由许多部分构成的大型系统软件，一个数据库管理系统通常由以下几部分组成。

1. 语言及其编译处理程序

（1）数据定义语言及其编译处理程序。数据定义语言（DDL）供用户定义数据库的模式、存储模式、外模式、各级模式间的映像、有关的约束条件等。

用 DDL 定义的外模式、模式和存储模式分别称为源外模式、源模式和源存储模式，各模式翻译程序负责将它们翻译成相应的内部表示，即生成目标外模式、目标模式和目标存储模式。这些目标模式描述的是数据库的框架，而不是数据本身。这些描述存放在数据字典（也称为系统目录）中，作为 DBMS 存取和管理数据的基本依据。

（2）数据操作语言及其编译处理程序。数据操作语言（DML）供用户描述要对数据库执行的查询、插入、修改、删除等基本操作。

用 DML 语句表达的数据操作请求经语法分析和语义检查后，生成某种内部表示（通常情况下是语法树），再交给执行单元执行。用户的查询语句由查询优化器进行优化，根据系统内的等价变换规则把语法树转换成优化的形式，然后提交给查询处理模块，完成对数据库的存取操作。

2. 系统运行控制程序

系统运行控制程序负责在系统运行过程中实现对数据库的控制与管理，主要包括以下几部分。

（1）系统总控程序：系统运行控制程序的核心，用于控制和协调其他各模块的活动。

（2）安全性控制程序：检验访问者的合法性，以及访问者对其请求的数据对象是否拥有相应的操作权限，以防止未被授权的用户非法访问数据库中的数据。

（3）完整性检查程序：每项操作执行后，检查数据库中的数据是否还符合预定义的完整性约束条件，以确保数据库中的数据的正确性、有效性和相容性。

（4）并发控制程序：通过各种措施协调多用户、多任务环境下各应用程序对数据库的并发操作，以保证数据库中数据的一致性。

（5）数据存取和更新程序：执行对数据库中数据的查询以及插入、修改、删除等更新操作。

（6）通信控制程序：实现用户程序与 DBMS 间的通信。

3．系统建立、维护程序

系统建立、维护程序主要包括以下几部分。

（1）数据初始装入程序：根据规定的文件组织方式，把大批量数据存入指定的存储设备，完成数据库中初始数据的装入。

（2）数据库重组程序：数据库运行一段时间后，可能会由于频繁修改等原因导致其性能降低，此时需调用重组程序对数据库中的数据重新进行物理组织，以提高其运行性能。

（3）数据库恢复程序：数据库系统发生故障后，可基于过去的备份并借助系统恢复程序将数据库系统恢复到以前某个正确的状态，使数据库能够正常使用。

1.5.3　应用程序访问数据库的过程

应用程序访问数据库的一般过程如下：

（1）应用程序向数据库管理系统发出从数据库中读数据记录的命令。

（2）数据库管理系统对该命令进行语法检查、语义检查，并调用该应用程序对应的外模式检查其存取权限，决定是否执行该命令，如果拒绝执行，则向用户返回错误信息。

（3）在决定执行该命令后，数据库管理系统依据外模式—逻辑模式映像的定义，确定应读入逻辑模式中的哪些记录。

（4）数据库管理系统依据逻辑模式—内模式映像的定义，决定应从哪个文件、用什么存取方式、读入哪个或哪些物理记录。

（5）数据库管理系统向操作系统发出执行读取所需物理记录的命令。

（6）操作系统执行读数据的有关操作。

（7）操作系统将数据从数据库的存储区送至系统缓冲区。

（8）数据库管理系统依据逻辑模式—内模式映像以及外模式—逻辑模式映像的定义，由物理记录导出应用程序所要读取的记录格式。

（9）数据库管理系统将数据记录从系统缓冲区传送到应用程序的用户工作区。

（10）数据库管理系统向应用程序返回命令执行情况的状态信息。

1.6　数据库的其他新技术

将数据库技术与其他相关技术相结合，是当代数据库技术发展的主要特征之一，并由此产生了许多新型的数据库系统。

1.6.1　分布式数据库系统

分布式数据库系统是数据库技术与计算机网络技术相结合的产物，其研究始于 20 世纪 70 年代中期。世界上的第一个分布式数据库系统是美国计算机公司于 1979 年在 DEC 计算机上实现的 SDD-1。自 20 世纪 90 年代以来，分布式数据库系统已进入商品化应用阶段。

在分布式数据库系统诞生之前，数据库中的数据是集中存放的，但在实际应用中，人们发现这种方式不能很好地满足实际需求。一些特殊数据的拥有者发现他们可能会失去对数据的控制权；数据的存储结构难以动态改变，以适应不同用户的需要；大部分访问都只针对局部数据；随着处理业务的扩大，特别是跨地域的发展，数据的集中管理更加困难等，这些问题的解决都需要将数据库的数据和功能进行划分和分布。

与集中式数据库不同，分布式数据库中的数据是分散地存放在网络中的多台计算机上的，但从逻辑上看，它们仍是一个整体。借助分布式数据库管理系统，应用程序可以方便地访问这些位于网络中不同地点的数据而不必关心存储的细节，就好像它们是在一台计算机中。

分布式数据库系统的三个基本特点是物理分布性、逻辑整体性和场地自治性。物理分布性是指分布式数据库中的数据分散存放在以网络相连的多个节点上，每个节点中所存储的数据的集合即为该节点上的局部数据库。逻辑整体性是指系统中分散存储的数据在逻辑上是一个整体，各节点上的局部数据库组成一个统一的全局数据库，能支持全局应用。场地自治性是指系统中的各个节点上都有自己的数据库管理系统，能对局部数据库进行管理，响应用户对局部数据库的访问请求。

根据分布式数据库系统建立的原则，可以将分布式数据库系统分为同构分布式数据库系统和异构分布式数据库系统。

同构分布式数据库类似于一个集中式数据库，只不过同构分布式数据库将数据存放在分布于网络中的多个不同的节点上，而集中式数据库则将数据存放在一个节点上，该节点不必在网络中。同构分布式数据库系统还可按节点是否自治分为自治型同构分布式数据库系统和非自治型同构分布式数据库系统。

异构分布式数据库系统的特点是在网络中的不同节点上运行着不同的数据库管理系统。异构分布式数据库系统又可以分为两个子类，一个是完全在本系统中进行集成，另一个是通过网关与其他系统实现连接。

分布式数据库系统适合于部门位置分散甚至距离很远的组织。借助分布式数据库，各部门可以将其常用数据存储在本地局部数据库中，在本地录入、查询、维护、控制运行，建立起高效的局部应用，必要时也能够通过网络连接获得其他需要的数据，在统一的逻辑结构上实现全局应用。

对一些可靠性要求较高的应用系统，通过使用分布式数据库将数据分散地保存在多个场地，并适度增加数据的冗余，可以改善系统的可靠性和可用性。当一个场地发生故障时，分布式数据库管理系统可自动改变存取路径，将访问指向其他有效数据副本，系统仍可继续正常工作而不致崩溃。

分布式数据库系统的可扩展性优于集中式数据库系统。对集中式数据库系统进行扩展，一般有两种思路：一种是在设计数据库时预留下扩展余地，但由于很难对未来的变化做出准确预测，扩展余地的度较难把握；另一种是在需要时对系统升级，这种方法的代价会比较大。分布式数据库系统由多个节点构成，通过引入新节点就可以方便地对系统进行扩展，比集中式数据库的扩展要灵活得多。

分布式数据库系统的主要优点有：体系结构灵活，适应分布式的管理和控制机构；可扩展性好，容易实现对现有系统的集成，经济性能优越；既支持全局应用，也支持局部应用，局部应用的响应速度快；系统可靠性高，可用性好。

分布式数据库系统的主要缺点是存取结构复杂，通信开销较大，数据安全性较差。

分布式数据库系统中存在的主要技术问题包括：如何保证互操作的有效性；如何进行节点间的数据传输和处理；如何设计有效的数据划分方法；如何实现在网络环境中的访问控制；如何设计有效和安全的失败恢复模型；如何确保全局和局部的系统模型是真实世界的正确反映等。

1.6.2　多媒体数据库

多媒体数据库系统是数据库技术与多媒体技术相结合的产物。

多媒体数据库中的数据不仅包括数字、字符等格式化数据，还包括文本、图形、图像、声音、视频等非格式化数据。非格式化数据的数据量一般都比较大，结构也比较复杂，有些数据还带有时间顺序、空间位置等属性，这就给数据的存储和管理带来了较大的困难。必须对传统数据库中数据的组织方式进行改进，设计合理的物理结构和逻辑结构，才能适应多媒体数据处理要求。

不同的媒体有着不同的数据格式，如图像数据的常用格式有 GIF、JPEG、PNG 等，视频数据的常用格式有 AVI、MPEG、WMV 等，音频数据的常用格式有 WAV、MIDI、MP3 等，而且这些格式还在不断地发展中，多媒体数据库管理系统应能不断扩充对新的媒体类型的支持，提供相应的操作方法。

对多媒体数据的查询要求往往也各不相同，系统不仅应能支持一般的精确查询，还应能支持模糊查询、相似查询、部分查询等非精确查询。查询的难点在于如何正确理解和处理多媒体数据的语义信息。

各种不同媒体的数据结构、存取方法、操作要求、基本功能、实现方法等一般也各不相同，系统应能对各种媒体数据进行协调，正确识别各种媒体数据之间在时间、空间上的关联，同时还应提供特种事务处理和版本管理能力。

多媒体数据库管理系统应具有的基本功能包括以下几方面。

（1）对各种媒体数据的表示和处理能力。

（2）表达和管理各种媒体数据间的时空关联。

（3）在保障数据的物理独立性和逻辑独立性之外，还应支持数据的媒体独立性，即用户或应用程序的操作应不受数据所依赖的媒体的影响和制约，即使所使用的媒体改变了，应用程序也可以不变。

（4）支持对多媒体数据的特殊操作，包括：对非格式化数据的整体、部分查询；对非格式化数据的模糊查询；通过分析建立非格式化数据的索引；支持举例查询；支持主题描述查询；支持对数据库信息的目录结构的浏览；能根据给定的应用约束和触发条件，解决大容量数据的访问问题和数据库一致性问题，提供演绎和推理功能，提供过程或函数；支持各类媒体所要求的专门操作，如图形图像视频数据的覆盖、邻接、镶嵌、交接、比例、剪裁、颜色转换、定位等，音频数据的合成、声音信号调度、声调调节、音强调节等。

（5）支持对多媒体数据的事务管理和版本管理。

多媒体数据库管理系统的组织结构有集中型、主从型和协作型三种。

集中型如图 1-15 所示，即由一个多媒体数据库管理系统来负责各类媒体数据库的创建和管理。

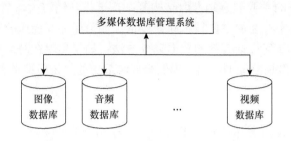

图 1-15　集中型多媒体数据库管理系统

主从型如图 1-16 所示，即由一个主多媒体数据库管理系统管理若干从多媒体数据库管理系统，而每个从多媒体数据库管理系统管理一类媒体数据库。

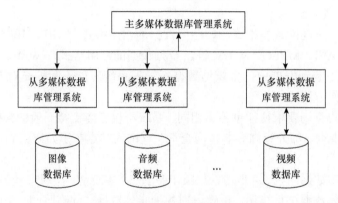

图 1-16　主从型多媒体数据库管理系统

协作型如图 1-17 所示，即由多个成员多媒体数据库管理系统对各类媒体数据库进行管理，这些成员多媒体数据库管理系统间没有主次之分，它们借助外部处理软件模块实现协作。

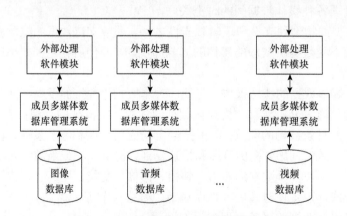

图 1-17　协作型多媒体数据库管理系统

1.6.3　主动数据库

主动数据库系统是数据库技术与人工智能技术相结合的产物。

传统数据库系统只能被动地响应用户的操作请求,而实际应用中可能希望数据库系统在特定条件下能根据数据库的当前状态主动地做出一些反应,如执行某些操作或显示相关信息等。

为达到这一目的,通常采用的方法是在传统数据库系统的基础上添加事件检测器以及一个事件驱动的规则库,该规则库中包含一组"事件-条件-动作"规则,当事件检测器监测到事件发生时, 就把事件信息传递给规则管理器,规则管理器根据规则库中预定义的"事件-条件-动作"规则确定由该事件触发的规则,再由条件评价器对这些规则中指定的条件进行评估,所有条件评估成功的规则形成规则冲突集,交由执行模块执行其中的动作,在动作执行过程中也可能导致新的触发事件形成。

主动数据库系统的特点是主动性、快速性和智能性。

1.6.4　面向对象数据库

面向对象数据库系统是数据库技术与面向对象技术相结合的产物。

尽管关系型数据库系统在事务量大的数据处理方面有很多的优势,但伴随着数据库应用领域的不断扩大,关系数据库系统在一些领域也显得力不从心,例如 CAD/CAM(Computer-Aided Design/Computer-Aided Manufacturing,计算机辅助设计/计算机辅助制造)、CIM（Computer Integrated Manufacturing,计算机集成制造)、CASE（Computer-Aided Software Engineering,计算机辅助软件工程)、GIS（Geographic Information System,地理信息系统)、知识库系统、过程控制与实时应用等。这些领域需要处理诸如图形、图像、声音等多媒体数据和比较复杂的工程数据,并且要进行长事务处理和版本管理等,这些是关系数据库系统无法胜任的。

与此同时,面向对象编程(OOP)、面向对象的分析与设计(OOA&OOD)技术逐渐成熟,对象数据模型在表达和处理复杂对象方面的优越性,使得基于面向对象技术与数据库技术的新一代数据库系统的出现成为必然,这就是面向对象的数据库系统（Object-Oriented Database System,OODBS)。由于 OODBS 建立在新的数据模型基础上,因此称它为第三代数据库系统。

1989 年, 英国 Glasgow 大学的 6 名学者在《面向对象的数据库系统宣言》论文中正式提出 OODBS 的概念,指出以面向对象的程序设计语言为基础,引入数据库技术来建立新一代的面向对象数据库系统。1990 年,美国的高级 DBMS 功能委员会在《第三代数据库系统宣言》论文中,提出以关系数据库系统为基础,建立第三代的数据库系统,即对象—关系数据库系统（Object-Relational Database System,ORDBS)。OODBS 和 ORDBS 都属于面向对象的数据库系统, 只是两者实现的途径有所不同。

总之,面向对象数据库系统兼顾了对象表达方面的长处与关系数据库系统在事务处理方面的优越性,是 21 世纪数据库系统的主流。

面向对象数据库的核心是面向对象数据模型。在面向对象数据模型中,现实世界中客观存在且相互区别的事物被抽象为对象,一个对象由三个部分构成,即变量集、消息集和方法集。变量集中的变量是对事物特性的数据抽象,消息集中的消息是对象所能接收并响应的操作请求,方法集中的方法是操作请求的实现方法,每个方法就是一个程序段。

面向对象数据模型的主要优点体现在以下几方面。

（1）消息集是对象与外界的唯一接口,方法和变量的改变不会影响对象与外界的交互,从而使应用系统的开发和维护变得容易。

（2）相似对象的集合构成类,而类具有继承性,从而使程序复用成为可能。

（3）支持复合对象，即允许在一个对象中包含另一个对象，从而使数据间诸如嵌套、层次等复杂关系的描述变得更为容易。

面向对象数据库系统一般有两种实现途径，一是在面向对象程序设计语言的基础上增加数据库功能，二是对传统的关系数据库系统进行改造，在其中加入面向对象特性。第一种面向对象数据库系统不仅能方便地处理各类复杂的数据类型，而且能高效地开发和维护其上的应用系统，不足之处是它们不支持 SQL 语言，在通用性及与其他软件兼容等方面略有不足，因而限制了它们的应用领域。第二种面向对象数据库系统既支持 SQL 语言，又有良好的通用性，也能支持复杂数据类型的定义，是当前主流的面向对象数据库系统实现方案。

1.6.5 数据仓库与数据挖掘

数据库技术在不同领域中的应用，也导致了一些新型数据库系统的出现，数据仓库就是其中之一。

传统的数据库系统主要用于联机事务处理，在这样的系统中，人们更关心的是系统对事务的响应时间及如何维护数据库的安全性、完整性、一致性等问题，系统的数据环境正是基于这一目标而创建的。若以这样的数据环境支持分析型应用，则会带来一些问题，如下：

（1）原数据环境中没有分析型处理所需的集成数据、综合数据和组织外部数据，如果在执行分析处理时再进行数据的抽取、集成和综合，则会严重影响分析处理的效率。

（2）原数据环境中一般不保存历史数据，而这些数据却是分析型处理的重要处理对象。

（3）分析型处理一般花费的时间较多且需访问的数据量大，事务处理每次所需的时间较短，而对数据的访问频率则较高，若两者在同一环境中执行，事务处理效率会大大降低。

（4）若不加限制地允许数据层抽取，则会降低数据的可信度。

（5）系统提供的数据访问手段和处理结果表达方式远不能满足分析型处理的需求。

数据仓库系统正是为支持分析型应用需求而产生的一种新型的数据库系统。数据仓库之父 W.H.Inmon 在 Building the Data Warehouse 一书中对数据仓库的定义为：数据仓库是面向主题的（Subject Oriented）、集成的（Integrate）、随时间变化的（Time Varient）、非易失的（Non-Volatile）数据的集合，用于支持管理层的决策过程。

面向主题是组织数据仓库中数据的基本原则。一个主题就是与决策者的某一决策分析对象相关的数据的集合，利用这些数据，决策者可对该决策分析对象进行正确的分析，从而做出科学合理的决策。这些数据中既包括用于描述决策分析对象的分析数据，也包括用于描述分析数据间关系的数据。

集成是指来自不同数据源的数据在进入数据仓库之前，需按决策分析的要求，依据统一的标准进行抽取、选择、整理、综合等预处理。

随时间变化是指数据仓库中的数据应适时进行刷新。数据的刷新包括：跟踪数据源中数据的变化情况，每隔一定时间，将相关信息追加到数据仓库中；搜寻对决策分析有用的新数据源，并将其中的相关数据添加到数据仓库中；将使用率极低的数据从数据仓库中移出；将超过保存期的数据从数据仓库中删除；与时间有关的概括数据需定时重新概括。

非易失是指对数据仓库中的数据一般只做加载和查询操作，而不进行插入、删除、修改等操作。

数据集合是指数据仓库必然以某种数据集合的形式存储，现在一般采用多维数据库或关系数据库或两者结合的方式存储。

支持决策是指数据仓库的使用目标是为决策者对数据的分析提供支持。

数据仓库的用户可以分为信息的使用者和知识的挖掘者两类。前者以一种经常性的、可预测的、重复的方式来使用数据仓库，后者对数据仓库的使用则是不规则的、挖掘式的、复杂的、动态的。

随着数据仓库应用的扩展，对数据仓库提出了越来越多的要求，其中主要包括基于关系对象数据库的数据仓库、网络的影响、操作型数据仓库要求和 Web 应用中的代理技术等。

关系对象数据库的出现使数据仓库设计人员可以将对象技术引入数据仓库环境，这样一方面可以更方便地在数据仓库中保存多媒体数据、表示复杂的数据类型，另一方面也有利于提高数据仓库的可扩展性。

未来的数据仓库将越来越依赖于网络进行数据的传输和数据的使用请求处理，这就需要数据仓库具有网络使用方面的能力。

操作型数据仓库能以一种可以接受的标准对数据仓库进行操作，这些标准包括可预测性、可利用性和可访问性。操作型数据仓库还应支持对数据仓库按需进行修改，而在目前的数据仓库中，对数据的更新则是通过加载程序，将每个数据更新周期中发生变化的数据一次性地添加到数据仓库中。

数据仓库的 Web 应用主要是指用户利用合作伙伴的数据仓库或对本组织的基于互联网的多维数据集进行决策分析活动，这就要求数据仓库支持基于 HTTP 或 HTTPS 的数据源。数据仓库的 Web 应用从实质上而言，是一种巨大的分布式计算环境应用，在大量的分布式计算中，单纯地依赖目前所采用的数据发布和订阅模型中的预先建立的协调性是无法实现的。这需要一种系统的代理来完成，即依靠软件代理系统实现。这种代理可以通过网络下载程序和用户的特性以及合作处理，完成数据的推式定制工作，使数据仓库的 Web 应用与管理更加便利。

数据仓库系统中的另一重要组成部分就是数据分析工具，包括各类查询工具、统计分析工具、联机分析处理工具、数据挖掘工具等。

数据挖掘这一概念是在 1995 年召开的美国计算机年会上首次提出的。数据挖掘是基于数据库的知识发现过程中最为关键的步骤，是从大量的、不完全的、有噪声的、模糊的、随机的实际数据中，提取隐含在其中的人们不知道的，但又是潜在有用的信息和知识的过程。

常用的数据挖掘技术包括线性分析、非线性分析、回归分析、逻辑回归分析、单变量分析、多变量分析、时间序列分析、最近邻算法、聚类分析等统计分析类技术，还有人工神经网络、决策树、遗传算法、粗糙集、关联规则等知识发现类技术，以及文本数据挖掘、Web 挖掘、分类系统、可视化系统、空间数据挖掘和分布式数据挖掘等其他类技术。

本书的第 8 章将对数据仓库与数据挖掘技术作较为详细的介绍，此处不再赘述。

1.7　小　　结

本章简要介绍了数据管理技术从人工管理到数据库系统的发展过程，介绍了数据库系统的各组成部分，分析了由数据库系统的三级模式两级映像所保障的数据的逻辑独立性和物理独立性，讨论了信息的三个世界以及在不同层次上表达对客观世界的数据抽象的两类数据模型即概念模型和逻辑模型。此外，还简要介绍了数据库管理系统的主要功能、组成，以及数据库技术与其他技术结合而产生的新的发展领域、发展方向。

习　　题

1．文件系统中的文件与数据库系统中的文件有何本质上的不同？

2．什么是数据冗余？数据库系统与文件系统相比，如何减少冗余？

3．从程序和数据之间的关系分析文件系统和数据库系统之间的区别和联系。

4．什么是数据独立性？数据库系统是如何实现数据独立性的？

5．层次模型、网状模型和关系模型这三种基本数据模型是根据什么来划分的？

6．数据库系统由哪几部分组成？试画出数据库系统的构成图。

7．什么是数据库的子模式？给用户使用子模式有何好处？

8．简述关系数据模型的主要特点。

9．用传统数据库系统存储和管理多媒体数据存在什么主要问题？

10．什么是主动数据库？它与传统数据库有何不同？

第 2 章　关 系 数 据 模 型

关系数据模型由 IBM 公司的 E.F.Codd 于 1970 年率先提出。该模型的数据结构简单，具有严格的设计理论，且具有强大的数据管理能力。目前广泛使用并大受欢迎的关系数据库管理系统商品软件，如 Access、SQL Server、DB2、Oracle、MySQL、FoxPro 等都是建立在关系数据模型上的。

2.1　关 系 模 型 概 述

2.1.1　基本术语

下面介绍一些关系数据模型中的基本概念，以便进一步了解和掌握关系数据模型。

（1）关系：一个关系就是一张二维表，每个关系都有一个关系名。关系是一个属性数目相同的元组的集合。

（2）关系的实例：给定关系中元组的集合称为该关系的实例。

（3）属性：就是关系的标题栏中各列的名字，描述该列各数据项的含义，即二维表中垂直方向的列称为属性。

（4）元组：除了关系的标题栏外，二维表中水平方向的行称为元组。

（5）元数和基数：关系中属性的个数称为元数（Arity），元组的个数称为基数（Cardinality）。

（6）分量：元组中的一个属性值。

（7）关系模式：关系的名称和关系的属性集称为关系的模式，即关系的描述称为关系模式。

格式：关系名（属性名 1，属性名 2，……，属性名 n）

例如：STUDENT（SNO，SN，SEX，AGE，BP，DEPT）

关系实际上就是关系模式在某一时刻的状态或内容。也就是说，关系模式是型，关系是它的值。关系模式是静态的、稳定的，而关系是动态的，随时间不断变化的，因为关系操作在不断地更新数据库中的数据。但在实际应用中，常常把关系模式和关系统称为关系。

（8）域：在关系中用来表示属性的取值范围。域是一组具有相同数据类型的值的集合。域中数据的个数叫域的基数（Cardinal number）。

例如：

D1＝{张三，李四，王五}

其中：D1 为域名，域的基数为 3。

2.1.2　关系的数学定义

在关系数据模型中，数据是以二维表的形式存在的，这个二维表称为关系，这是一种非形式化的定义。关系的数学基础是集合代数理论，下面用集合论的术语和符号给出关系的形式化定义。为此，有必要先定义笛卡尔积。

1. 笛卡尔积（Cartesian Product）

定义 1：给定一组域 D_1，D_2，…，D_n，这些域中的元素可以完全不同，也可以部分或全部相同。D_1，D_2，…，D_n 的笛卡尔积如下：

$$D_1 \times D_2 \times \cdots \times D_n = \{(d_1, d_2, \cdots, d_n) \mid d_i \in D_i, i=1, 2, \cdots, n\}$$

其中：

（1）一个元素（d_1，d_2，…，d_n）叫作一个 n 元组（n-tuple），简称为元组（Tuple）。

（2）元素中的每一个值 d_i 叫作一个分量（Component）。

（3）D_i（$i=1$，2，…，n）为有限集，D_i 中的集合元素个数称为 D_i 的基数，用 m_i（$i=1$，2，…，n）表示，则笛卡尔积 $D_1 \times D_2 \times \cdots \times D_n$ 的基数 M [即元素（d_1，d_2，…，d_n）的个数] 为所有域的基数的累乘之积，即 $M = \prod_{i=1}^{n} m_i$。

事实上，每个域都可被认为是具有同一类型的信息或数据，当认为多个域间有一定的关系时，就可以用笛卡尔积的方法将它们以关系的形式建立一张二维表，以表示这些域之间的关系。

例 2-1　$D_1 = \{太阳，月亮\}$，$D_2 = \{红花，绿叶\}$，$D_3 = \{钢琴，吉它，小提琴\}$。

则：

$D_1 \times D_2 \times D_3 = \{$（太阳，红花，钢琴），（太阳，红花，吉它），（太阳，红花，小提琴），（太阳，绿叶，钢琴），（太阳，绿叶，吉它），（太阳，绿叶，小提琴），（月亮，红花，钢琴），（月亮，红花，吉它），（月亮，红花，小提琴），（月亮，绿叶，钢琴），（月亮，绿叶，吉它），（月亮，绿叶，小提琴）$\}$

其中：太阳、月亮、红花、绿叶、钢琴、吉它、小提琴都是分量；（太阳，红花，钢琴）、（太阳，红花，吉它）等都是元组，其基数 $M = m_1 \times m_2 \times m_3 = 2 \times 2 \times 3 = 12$，元组个数为 12。

笛卡尔积可用二维表的形式表示，如图 2-1 所示。

$$D_1 \times D_2 \times D_3$$

太阳	红花	钢琴
太阳	红花	吉它
太阳	红花	小提琴
太阳	绿叶	钢琴
太阳	绿叶	吉它
太阳	绿叶	小提琴
月亮	红花	钢琴
月亮	红花	吉它
月亮	红花	小提琴
月亮	绿叶	钢琴
月亮	绿叶	吉它
月亮	绿叶	小提琴

图 2-1　笛卡尔积举例

2. 关系的定义

定义 2：笛卡尔积 $D=D_1\times D_2\times\cdots\times D_n$ 的任一子集 D'称为定义在域 D_1，D_2，$\cdots$，D_n 上的 n 元关系（简称关系），记为 R。

其中：

（1）该子集 D'中的任一元素<t_1，t_2，$\cdots$，t_n>称为 R 的一个元组。关系中元组的个数是关系的基数。

使用集合论的符号，上述定义可表示如下：

$R=\{<t_1，t_2，\cdots，t_n> \mid <t_1，t_2，\cdots，t_n>\in D'\subseteq D\}$

（2）R 表示关系的名字，n 称为关系的目或度（Degree）。n 目关系必有 n 个属性。

当 $n=1$ 时，称为单元（目）关系（Unary relation）。

当 $n=2$ 时，称为二元（目）关系（Binary relation）。

……

当 $n=n$ 时，称为 n 元关系。

关系是笛卡尔积的子集，所以关系是一个二维表。

2.1.3 关系的特性

为了将相应的数据操作简化，对关系作了一些限制，关系具有下面的几个特性。

（1）关系中不允许出现相同的元组。

任意两个元组不能完全相同。因为数学上集合中没有相同的元素，而关系是元组的集合，所以作为集合元素的元组应该是唯一的。

（2）关系中元组的顺序（即行序）可以任意。

元组上下无序，在一个关系中可以任意交换两行的次序。因为集合中的元素是无序的，所以作为集合元素的元组也是无序的。

（3）关系中属性的顺序无所谓，即列的顺序可以任意交换。

按属性名引用时，属性左右无序。交换时，应同属性名一起交换，否则将得到不同的关系。

（4）同一属性名下的各个属性值必须来自同一个域，是同一类型的数据。

列是同质的（Homogeneous），即每一列中的分量是同一类型的数据，来自同一个域。

（5）关系中各个属性必须有不同的名字，而不同的属性可来自同一个域。

不同的列可来自同一个域，其中的每一列称为一个属性，不同的属性要设置不同的属性名。例如专职与兼职是两个不同的属性，但它们可取自同一个域如｛教师，工人，农民｝。

（6）关系不允许表中套表。

关系中的每一个属性值都是不可分解的，表中的元组分量必须是原子的。关系中的每一个数据项必须是简单的数据项，而不是组合数据项。

设有一个教学管理数据库，共有 5 个关系，即学生关系（STUDENT）、课程关系（COURSE）、选课关系（ENROLL）、教师关系（TEACHER）和授课关系（TEACHING）。

这 5 个关系分别对应 5 个表，如图 2-2 所示。本书的第 2 章和第 3 章中的许多例子都将围绕这 5 个表进行运算。

STUDENT 表

学号 SNO	学生姓名 SN	性别 SEX	年龄 AGE	籍贯 BP	系别 DEPT
990101	王红	女	21	江苏	信息系
990202	李刚	男	18	江苏	数学系
990203	韩强	男	22	山东	外语系
990027	胡伟	男	23	湖南	信息系
990104	朱珠	女	17	福建	信息系

（a）

COURSE 表

课程号 CNO	课程名 CN	课程类型 CT	学分 CREDIT
C1	数据库	专业	3
C2	汉字处理	专业	3
C3	英语	公共基础	4
C4	德育	公共基础	4
C5	高等数学	公共基础	5
C6	数据结构	专业基础	4

（b）

ENROLL 表

学号 SNO	课程号 CNO	成绩 GRADE
990101	C5	85
990104	C6	77
990202	C3	78
990202	C1	83
990027	C2	95
990203	C3	92

（c）

TEACHER 表

教师号 TNO	教师名 TN	性别 SEX	年龄 AGE	职称 PROF	工资 SAL	津贴 EA	系别 DEPT
1001	沈东	男	30	讲师	1600	680	外语系
1102	林丽	女	37	副教授	1950	1200	信息系
1003	葛海	男	42	教授	2800	2200	信息系
1120	王甜	女	28	助教	1230	350	数学系

（d）

TEACHING 表

教师号 TNO	课程号 CNO	教师号 TNO	课程号 CNO
1001	C1	1003	C2
1102	C1	1120	C5

（e）

图 2-2　教学管理数据库

2.1.4 关键字

关键字是指属性或属性组合，其值能够唯一地标识一个元组。关键字主要有以下几种。

1. 候选关键字

能唯一标识关系中元组的一个属性或属性集称为候选关键字（Candidate Key），也称为候选键或候选码。例如在教学管理数据库中，学生关系中的学号能唯一标识每个学生，则属性"学号"就是学生关系的一个候选关键字。有时一个关系有多个候选关键字，如在关系 R（城市，城市邮编，单位）中，"城市＋单位"和"城市邮编＋单位"属性组合都能唯一地区分每一个元组，则此关系就有两个候选关键字。

2. 主关键字

若一个关系有多个候选关键字，通常选用一个候选关键字作为查询、插入或删除元组的操作变量。被选用的候选关键字称为主关键字（Primary Key），简称为主键或主码。例如在学生关系中，"学号"为学生关系的候选关键字，"姓名"也为学生关系的候选关键字。如果选定"学号"作为数据操作的依据，则"学号"为主关键字。如果选定"姓名"作为数据操作的依据，那么"姓名"为主关键字。

在任何时候，关系的主关键字应具有以下特性。

（1）唯一性：每个关系必定有且仅有一个主关键字。主关键字一经选定不能随意改变。

（2）非冗余性：如果从主关键字属性集中抽去任一属性，则该属性集不再具有唯一性。

（3）有效性：主关键字中的任一属性都不能为空值。

包含在主关键字中的各个属性称为主属性。而未包含在任何一个候选关键字中的属性称为非码属性。在最简单的情况下，一个候选关键字只包含一个属性。在最极端的情况下，所有属性的组合是关系的候选关键字，这时称为全码（All-Key）。

3. 外来关键字

如果关系 R1 的某一（些）属性 A1 不是关系 R1 的关键字，而是另一关系 R2 的主关键字，则称 A1 为关系 R1 的外来关键字（Foreign Key），简称为外键或外码，称关系 R1 为参照关系（Referencing Relation），关系 R2 为被参照关系（Referenced Relation）。例如在教学管理数据库中，选课关系（ENROLL）的主关键字是属性组合（学号，课程号），学号和课程号中的任何一个都不能唯一确定选课关系中的整个元组，但它们分别是学生关系（STUDENT）与课程关系（COURSE）的主关键字。因此，"学号"和"课程号"都分别是选课关系的外来关键字。选课关系为参照关系，学生关系和课程关系为被参照关系。

外来关键字是用来表示多个关系联系的方法。

2.1.5 数据操作语言

关系操作能力可用代数方式或逻辑方式来表示，分别称为关系代数和关系演算。关系代数是用对关系的运算来表达查询要求的方式。关系演算是用谓词来表达查询要求的方式。关系演算又可按谓词变元的基本对象是元组变量还是域变量分为元组关系演算和域关系演算。关系代数、元组关系演算和域关系演算这三种语言在表达能力上是完全等价的。

关系代数、元组关系演算和域关系演算均是抽象的查询语言。另外还有一种介于关系代数和关系演算之间的语言 SQL，它是关系数据库的标准语言。

表示（或描述）关系操作的关系数据语言（关系数据库操作语言）可以分为三类，见表 2-1 所示。

表 2-1　关系数据语言

关系数据语言	关系代数语言		例如 ISBL
	关系演算语言	元组关系演算语言	例如 APLHA、QUEL
		域关系演算语言	例如 QBE
	具有关系代数和关系演算双重特点的语言		例如 SQL

关系数据库操作语言有如下特点：

（1）操作对象与结果均为关系。

（2）非过程性强。

（3）语言一体化。

（4）有严密的数学工具。

2.1.6　关系模型的三类完整性

关系模型的完整性规则是对关系的某种约束条件。关系模型提供了三类完整性约束：实体完整性、参照完整性和用户定义的完整性。关系模型的完整性规则是对关系的某种约束条件。其中实体完整性和参照完整性是关系模型必须满足的完整性约束条件，由关系数据库管理系统自动支持。用户定义的完整性针对不同的关系数据库有不同的约束条件。

1.　实体完整性

实体完整性（Entity Integrity）规则：主关键字值必须是唯一的，且任何组成部分都不能是空值。所谓空值就是"不知道"或"无意义"的值。即要求关系中的元组在组成主键的属性上不能有空值。如果出现空值，那么主键值就起不到唯一标识元组的作用。

例如学生关系中的主关键字"学号"不能为空值；选课关系中的主关键字"学号＋课程号"的任何组成部分都不能为空值。

2.　参照完整性

现实世界中的实体之间往往存在某种联系，在关系模型中实体及实体间的联系都是用关系来描述的，这样就存在关系与关系间的引用。

参照完整性（Referential Integrity）规则：用来定义外来关键字与主关键字之间的引用规则。参照完整性规则：若属性（或属性组）F 是基本关系 R 的外来关键字，它与基本关系 S 的主关键字 K 相对应（基本关系 R 和 S 不一定是不同的关系），则对于 R 中的每个元组在 F 上的值必须取空值（F 的每个属性值均为空值）或者等于 S 中某个元组的主关键字值。

这条规则的实质是不允许引用不存在的实体。

例 2-2　在教学管理数据库中有下列两个关系模式。

STUDENT（SNO, SN, SEX, AGE, BP, DEPT）

ENROLL（SNO, CNO, GRADE）

其中带下划线的为主关键字（简称主键），带波浪线的为外来关键字（简称外键）。根据规则要求，关系 ENROLL 中的 SNO 值应该在关系 STUDENT 中出现。如果关系 ENROLL 中有一个元组（990108，C5，60），而学号 990108 却在关系 STUDENT 中找不到，那么就认为在关系 ENROLL 中引用了一个不存在的学生实体，这就违反了参照完整性规则。

例 2-3　设有下面的两个关系，其中主关键字用下划线标识，外来关键字用波浪线标识。

学生（学号，姓名，班级号）

班级（班级号，班级名）

则学生关系中每个元组的"班级号"属性只能取下面的两类值。

（1）空值，表示该学生尚未安排班级。

（2）非空值，此时该值必须是班级关系中某个元组的"班级号"属性值，表示该学生不可能被安排到一个不存在的班级中。即被参照的班级关系中一定存在一个元组，它的主关键字值等于参照关系即学生关系中的外来关键字值。

3. 用户定义的完整性（User-defined Integrity）

实体完整性和参照完整性适用于任何关系数据库系统。除此之外，不同的关系数据库系统根据其应用环境的不同，往往还需要一些特殊的约束条件。用户定义的完整性是指针对某一具体关系数据库的约束条件，允许用户自定义完整性约束，它反映某一具体应用所涉及的数据必须满足的语义要求。用户可以针对具体的数据约束设置完整性规则，由系统来检验实施，以使用统一的方法处理它们，而不需要由应用程序承担这项工作。

例 2-4　国家规定考研的年龄为 40 岁以下，但年龄域在理论上为所有自然数，可从用户的角度规定在 40 岁以下，从而形成用户定义的约束。

例 2-5　可以给出规则，规定 70 周岁以上的老人进公园免票，从而形成用户定义的约束。

2.2　关　系　代　数

2.2.1　关系代数的运算符

关系代数是一种抽象的查询语言。它是以集合代数为基础发展起来的，是以关系为运算对象的一组高级运算的集合。它的每个运算都以一个或多个关系作为它的运算对象，并生成另外一个关系作为该运算的结果。

关系代数用到的运算符主要包括以下 4 类。

1. 集合运算符

∪（并）、－（差）、∩（交）、×（广义笛卡尔积）

2. 专门的关系运算符

σ（选择）、Π（投影）、⋈（连接）、÷（除）

3. 算术比较运算符

＞（大于）、≥（大于等于）、＜（小于）、≤（小于等于）、＝（等于）、≠（不等于）

4. 逻辑运算符

∧（与）、∨（或）、￢（非）

综合使用这些运算符可以表示各种各样的查询要求。

2.2.2 关系代数的分类

关系代数的运算按运算符的不同，主要分为传统的集合运算和专门的关系运算两类。

1. 传统的集合运算

传统的集合运算把关系看成元组的集合，以元组作为集合中的元素来进行运算，其运算是从关系的“水平”方向即行的角度进行的。传统的集合运算是二目运算，包括并、交、差、广义笛卡尔积等运算。

2. 专门的关系运算

专门的关系运算不仅涉及行运算，也涉及列运算，这种运算是为数据库的应用而引进的特殊运算，包括选择、投影、连接和除法等运算。

2.2.3 传统的集合运算

传统的集合运算是两个关系的集合运算。除笛卡尔积外，所有其他运算中要求参与运算的两个关系必须是相容可并的，即两个关系的属性个数必须相同（但属性的名字不一定要相同），且一个关系的第 j 个属性（j 为 1～n）与另一个关系的第 j 个属性必须取自同一个域。

1. 并（Union）

两个相容可并的关系 R1 和 R2 的并，是由属于 R1 或属于 R2（或属于两者）的元组 t 组成的一个新关系，即将 R1 和 R2 的所有元组合并，删去重复元组后组成的一个新关系。若 R1 和 R2 均为 n 元关系，其结果仍为 n 元关系。

记为： $R1 \cup R2 = \{t \mid t \in R1 \vee t \in R2\}$

一个并运算的结果关系 R1∪R2，具有与第一个关系 R1 相同的属性名集合。

例如，如图 2-3 所示为并运算。

R1

X	Y
X1	Y1
X2	Y1

R2

X	Y
X1	Y2
X1	Y1
X2	Y2

R1 ∪ R2

X	Y
X1	Y1
X2	Y1
X1	Y2
X2	Y2

图 2-3　并运算举例

2. 差（Difference）

两个相容可并的关系 R1 与 R2 的差，是由属于 R1 而不属于 R2 的元组 t 组成的一个新关系，即在 R1 中删去与 R2 中相同的元组后所组成的一个新关系。若 R1 和 R2 均为 n 元关系，其结果仍为 n 元关系。

记为： $R1 - R2 = \{t \mid t \in R1 \wedge t \notin R2\}$

一个差运算的结果关系 R1–R2，具有与第一个关系 R1 相同的属性名集合。

例如，如图 2-4 所示为差运算。

3. 交（Intersection）

两个相容可并的关系 R1 和 R2 的交，是由既属于 R1 又属于 R2 的所有元组 t 组成的一个新关系，记为 R1∩R2。即由 R1 和 R2 中相同的元组所组成的一个新关系。若 R1 和 R2 均为 n 元关系，其结果仍为 n 元关系。

记为：$$R1∩R2＝\{t \mid t∈R1 \wedge t∈R2\}$$

由于 R1∩R2＝R1－（R1－R2），或 R1∩R2＝R2－（R2－R1），因此交操作可以用差来表示。一个交运算的结果关系 R1∩R2，具有与第一个关系 R1 相同的属性名集合。

例如，如图 2-5 所示为交运算。

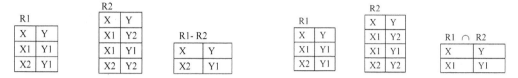

图 2-4　差运算举例　　　　　　　　　　　　　图 2-5　交运算举例

4. 乘积（广义笛卡尔积 Cartesian Product）

两个分别为 m 目和 n 目的关系 R1 和 R2 的广义笛卡尔积是一个（$m＋n$）列的元组的集合。元组的前 m 列是关系 R1 的一个元组，后 n 列是关系 R2 的一个元组。若 R1 有 k1 个元组，R2 有 k2 个元组，则关系 R1 和关系 R2 的广义笛卡尔积有 k1×k2 个元组。

记为：$R1×R2＝\{t \mid t＝<tm, tn> \wedge tm∈R1 \wedge tn∈R2\}$

例如，如图 2-6 所示为广义笛卡尔积运算。

R1			R2		
X	Y		X	Y	Z
X1	Y1		X1	Y2	Z1
X2	Y1		X1	Y1	Z2
			X2	Y2	Z1

R1×R2				
R1.X	R1.Y	R2.X	R2.Y	R2.Z
X1	Y1	X1	Y2	Z1
X1	Y1	X1	Y1	Z2
X1	Y1	X2	Y2	Z1
X2	Y1	X1	Y2	Z1
X2	Y1	X1	Y1	Z2
X2	Y1	X2	Y2	Z1

图 2-6　广义笛卡尔积运算举例

2.2.4　专门的关系运算

1. 选择（Selection）

选择又称为限制（Restriction）。选择操作是根据某些条件对关系进行水平分割，选取符合条件的元组。

关系 R 关于公式 F 的选择操作用 $σ_F(R)$ 表示，定义形式如下：
$$σ_F(R)＝\{t \mid t∈R \wedge F（t）＝true\}$$

其中：

（1）F 是选择的条件，也是一个逻辑表达式（即计算机语言中的条件表达式），其取值为逻辑值"真"或"假"。

（2）σ 为选择运算符，$σ_F(R)$ 表示从 R 中挑选满足公式 F 为真的元组所构成的关系，也可记为：$σ_F(R)＝\{t \mid t＝<t1, t2, \cdots, tk> \wedge t∈R \wedge F＝True\}$。

（3）其中的逻辑表达式 F 由逻辑运算符 ¬、∧ 或 ∨ 连接各算术表达式组成。算术表达式的基本形式如下：

$$X1\theta Y1$$

这里的 θ 表示比较运算符，它可以是 $>$、$\geqslant$、$<$、$\leqslant$、$=$ 或 $\neq$。$X1$、$Y1$ 等可以是属性名、常量或简单函数。属性名也可以用它的序号来代替。

例 2-3 查询江苏籍的全体学生。

$$\sigma_{BP='江苏'} (\text{STUDENT})$$

例 2-4 查询数学系全体学生。

$$\sigma_{DEPT='数学系'} (\text{STUDENT}) \text{ 或 } \sigma_{6='数学系'} (\text{STUDENT})$$

其中的下标"6"为 STUDENT 关系中 DEPT 的属性序号。

例 2-5 查询信息系且性别是"女"的学生。

$$\sigma_{DEPT='信息系'\wedge SEX='女'} (\text{STUDENT})$$

或

$$\sigma_{6='信息系'\wedge 3='女'} (\text{STUDENT})$$

2. 投影（Projection）

选择运算是从关系的水平方向上进行的，而投影运算则是从关系的垂直方向上进行的。投影运算是从现有的关系中选取某些属性（列），并对这些属性重新排序，最后在得出的结果中删除重复的行，从而得到一个新的关系。即从关系模式中指定若干个属性组成新的关系，其余属性列都不在运算结果中。这个操作是从列的角度进行，相当于对关系进行垂直分解，消去某些列，并重新安排列的顺序。

记作：$\Pi_A(R) = \{t[A] \mid t \in R\}$

其中 A 为 R 中的属性列。

如果 R 中的每列具有属性名，那么操作符 Π 的下标处可以用属性名表示，也可以用属性序号表示。例如关系 R（A，B，C），那么 $\Pi_{C,A}$（R）与 $\Pi_{3,1}$（R）是等价的。

例 2-6 查询学生的学号和所在系，即求学生关系 STUDENT 在学号和所在系两个属性上的投影。

$\Pi_{SNO, DEPT}$ (STUDENT)或 $\Pi_{1,6}$ (STUDENT)

例 2-7 查询教师的姓名及其职称。

$\Pi_{TN, PROF}$ (TEACHER)或 $\Pi_{2,5}$ (TEACHER)

例 2-8 查询讲授 C1 课程的教师号。

Π_{TNO} ($\sigma_{CNO='C1'}$ (TEACHING))

运算结果如图 2-7 所示。

投影之后的运算结果不仅取消了原关系中的某些列，而且还可能取消某些元组，因为取消了某些属性列后，可能出现重复行，应取消这些完全相同的行。

TNO
1001
1002

图 2-7 运算结果

例 2-9 查询外语系学生的姓名和性别，即求外语系的学生在姓名和性别属性上的投影。

$\Pi_{SN, SEX}$ ($\sigma_{DEPT='外语系'}$ (STUDENT))

3. 连接（Join）

连接运算将两个关系模式的属性名连接成一个更宽的关系模式，生成的新关系中包含满足连接条件的元组。连接也称为 θ 连接（关系 R 和 S 的 θ 连接运算），可记作：

$$R \underset{X\theta Y}{\bowtie} S = \{t_r \frown t_s \mid t_r \in R \land t_s \in S \land t_r [X] \theta t_s [Y] \text{ 为真}\}$$

其中 $\bowtie$ 为连接运算符，X 和 Y 分别为 R 和 S 上度数相等且可比的属性组，θ 为比较运算符。连接运算是从 R 和 S 的广义笛卡尔积 R×S 中选取（R 关系），在 X 属性组上的值与（S 关系）在 Y 属性组上的值满足比较关系 θ 的元组。

当 θ 为 "＝" 时，称为等值连接。

当 θ 为 "＜" 时，称为小于连接。

当 θ 为 "＞" 时，称为大于连接。

等值连接是从关系 R 与 S 的广义笛卡尔积中选取 X、Y 属性值相等的元组。

自然连接（Natural Join）是一种特殊的等值连接，它是在广义笛卡尔积 R×S 中选取同名属性上符合相等条件的元组，再进行投影，去掉重复的同名属性，组成新的关系。一般的连接操作是从行的角度进行运算，但自然连接还需要取消重复列，所以是同时从行和列的角度进行运算。

等值连接（Equi-Join）和自然连接（Natural Join）是连接运算中两种最为重要且最为常用的连接。

例 2-10　图 2-8 中的（a）、（b）为关系 R 与 S；（c）为 $R \underset{C<D}{\bowtie} S$，即 R 和 S 的小于连接（C＜D）；（d）为 $R \underset{C=D}{\bowtie} S$，即 R 和 S 的等值连接（C＝D）；（e）为 $R \underset{R.X=S.X}{\bowtie} S$，即 R 和 S 的等值连接（R.X＝S.X）；（f）为 $R \bowtie S$，即 R 和 S 的自然连接。

R		
X	Y	C
X1	Y1	1
X2	Y1	3
X3	Y2	5
X3	Y2	7

（a）关系 R

S	
X	D
X1	1
X2	2
X3	3
X4	4

（b）关系 S

R.X	Y	C	S.X	D
X1	Y1	1	X2	2
X1	Y1	1	X3	3
X1	Y1	1	X4	4
X2	Y1	3	X4	4

（c）小于连接（C＜D）

R.X	Y	C	S.X	D
X1	Y1	1	X1	1
X2	Y1	3	X3	3

（d）等值连接（C＝D）

R.X	Y	C	S.X	D
X1	Y1	1	X1	1
X2	Y1	3	X2	2
X3	Y2	5	X3	3
X3	Y2	7	X3	3

（e）等值连接（R.X＝S.X）

X	Y	C	D
X1	Y1	1	1
X2	Y1	3	2
X3	Y2	5	3
X3	Y2	7	3

（f）自然连接

图 2-8　连接运算举例

4. 除（Division）

设关系 R 和 S 的元数分别为 r 和 s（设 r＞s＞0），则 R÷S 表示从关系 R 的元组变量中去掉包含 S 在相同属性组上的投影，所组成的新元组变量的集合。假设关系为 R（X，Y）和 S（Y，Z），其中 X、Y、Z 为属性组，R 中的 Y 与 S 中的 Y 可以有不同的属性名，但必须来自相同的域集。除法运算为非基本运算，可以表示如下：

$$R÷S = \Pi_x(R) - \Pi_x(\Pi_x(R) \times S - R)$$

例 2-11　求 R÷S。

在如图 2-9 所示的关系 R 中，A 可以取 4 个值｛a1，a2，a3，a4｝。其中：

（1）a1 的象集为{（b1，c2），（b2，c1）}。

（2）a2 的象集为{（b1，c5）}。

（3）a3 的象集为{（b5，c3）}。

（4）a4 的象集为{（b6，c4）}。

S 在（B，C）上的投影为{（b1，c2），（b2，c1）}。

显然只有 a1 的象集（B，C）$_{a1}$ 包含 S 在（B，C）属性组上的投影，所以 R÷S＝{a1}。

R			S			R÷S
A	B	C	B	C	D	A
a1	b1	c2	b1	c2	d1	a1
a1	b2	c1	b2	c1	d2	
a2	b1	c5				
a3	b5	c3				
a4	b6	c4				

图 2-9　除运算举例一

例 2-12　求 R÷S。

在图 2-10 中，（a1，b1）的象集为{（c1，d1），（c2，d2）}；（a2，b2）的象集为{（c2，d2）}；（a3，b3）的象集为{（c3，d3）}。S 在（C，D）上的投影为{（c1，d1），（c2，d2）}，所以 R÷S＝{（a1，b1）}。

R				S				R÷S	
A	B	C	D	C	D	F	G	A	B
a1	b1	c1	d1	c1	d1	f1	g1	a1	b1
a1	b1	c2	d2	c2	d2	f2	g1		
a2	b2	c2	d2						
a3	b3	c3	d3						

图 2-10　除运算举例二

例 2-13　查找信息系学生都选修的课程号。

首先建立两个临时关系，如下：

R=$\Pi_{SNO,CNO}$ (ENROLL)

S=$\Pi_{SNO}\sigma_{DEPT ='信息系'}$ (STUDENT)

然后进行除运算 R÷S。

2.2.5　用关系代数表示关系操作

将由 5 种基本关系代数运算（∪、－、×、σ、Π）经过有限次复合的式子称为关系代数表达式。这种表达式的运算结果仍是一个关系。可以用关系代数表达式表示各种数据查询操作。

例 2-14　求年龄在 20 岁以下的女学生。

$$\sigma_{SEX='女'\wedge AGE<20} (STUDENT)$$

例 2-15　求成绩及格的学生的学号。

$$\Pi_{SNO}(\sigma_{GRADE>=60}\,(ENROLL))$$

例 2-16 求学生王红所属的院系。

$$\Pi_{DEPT}(\sigma_{SN='王红'}\,(STUDENT))$$

例 2-17 查找信息系中年龄为 18 至 20 岁的学生姓名。

$$\Pi_{SN}\,(\sigma_{DEPT='信息系'\,\wedge\,AGE>=18\,\wedge\,AGE<=20}\,(STUDENT))$$

例 2-18 检索课程号为 C2 且成绩高于 80 分的所有学生的姓名。

$$\Pi_{SN}\,(\sigma_{CNO='C2'\,\wedge\,GRADE>80}\,(ENROLL)\bowtie STUDENT)$$

或

$$\Pi_{SN}\,(\sigma_{CNO='C2'\,\wedge\,GRADE>80}\,(ENROLL)\bowtie \Pi_{SNO,\,SN}\,(STUDENT))$$

例 2-19 查询至少选修一门专业基础课的学生姓名。

$$\Pi_{SN}\,(\sigma_{CT='专业基础'}\,(COURSE)\bowtie ENROLL\bowtie STUDENT)$$

或

$$\Pi_{SN}\,(\Pi_{SNO}\,(\Pi_{CNO}(\sigma_{CT='专业基础'}\,(COURSE))\bowtie$$

$$\Pi_{SNO,\,CNO}\,(ENROLL\,))\bowtie \Pi_{SNO,\,SN}(STUDENT))$$

例 2-20 查询选修学号为 990101 的学生所选修的所有课程的学生学号。

$$\Pi_{SNO,\,CNO}(ENROLL\,)\div\Pi_{CNO}\,(\sigma_{SNO='990101'}\,(ENROLL))$$

例 2-21 求选修全部课程的学生的学号和姓名。

$$\Pi_{SNO,\,CNO}\,(ENROLL\,)\div\Pi_{CNO}\,(COURSE)\bowtie \Pi_{SNO,\,SN}(STUDENT)$$

2.3 关 系 演 算

前面介绍的关系代数语言是通过规定对关系的运算进行查询的，即要求用户说明运算的顺序，通知系统每一步应该怎样做，它属于过程化的语言。下面要介绍的关系演算语言是通过规定查询的结果应满足什么条件来表达查询要求的，只需提出要达到的要求，通知系统要做什么，而将怎样做的问题交给系统去解决。所以关系演算语言是非过程化的语言，使用起来更加方便、灵活，受到广大用户的欢迎。

2.3.1 元组关系演算

元组关系演算以元组变量作为谓词变元的基本对象。E.F.Codd 提出的 ALPHA 语言是一种典型的元组关系演算语言。这种语言虽然没有实际实现，但很有名气，关系数据库管理系统 INGRES 所使用的 QUEL 语言就是参照 ALPHA 语言开发的，与 ALPHA 语言十分相似。

ALPHA 语言主要有 GET、PUT、HOLD、UPDATE、DELETE、DROP 6 条语句。

语句的基本格式如下：

操作语句　工作空间名（表达式）：[操作条件]

（1）<操作语句>::=GET | PUT | HOLD | UPDATE | DELETE | DROP。

（2）<工作空间名>::=内存空间，可以用一个字母表示，通常用 W 表示，也可以用别的字母表示。工作空间是用户与系统的通信区。

（3）<表达式>::=（<简单项 1>，<简单项 2>，…，<简单项 n>）。表达式用来指定语句的操作对象。

<简单项1>::=<关系名>|<关系名>.<属性名>|<元组变量>.<属性名>。

(4)<操作条件>::=<原子公式>|¬<公式>|<公式>∧<公式>|<公式>∨<公式>|∃x<公式>|∀x<公式>|<公式>⇒<公式>|<空>；它是用谓词公式表示的逻辑表达式，只有满足此条件的元组才能进行操作。这是一个可选项，默认情况下表示无条件执行操作符规定的操作。除此之外，还可以在基本格式上添加排序要求、定额要求等。

一、检索操作——GET 语句

1. 简单检索（即不带条件的检索）

例 2-22 查询所有学生的姓名。

$$GET \quad W \ (STUDENT.SN)$$

这里的操作条件为空，表示无条件查询。W 为工作空间名。

例 2-23 查询所有教师的数据。

$$GET \quad W \ (TEACHER)$$

例 2-24 查询所有被选修的课程号码。

$$GET \quad W \ (ENROLL.CNO)$$

目标为选课关系 ENROLL 中的属性 CNO，代表所有被选修的课程号码，查询结果自动消去重复行。

2. 限定的检索（即带操作条件的检索）

例 2-25 查询职称为"教授"的教师姓名。

$$GET \quad W \quad TEACHER.TN):TEACHER.PROF='教授'$$

例 2-26 查询数学系中籍贯为"江苏"的学生的姓名和学号。

$$GET \quad W(STUDENT.SN, \ STUDENT.SNO):$$
$$STUDENT.DEPT='数学系'∧STUDENT.BP='江苏'$$

例 2-27 查询年龄大于 30 岁的教师的姓名和年龄。

$$GET \quad W(TEACHER.TN, \ TEACHER.AGE):TEACHER.AGE>30$$

3. 带排序的检索（DOWN 表示降序；UP 表示升序）

例 2-28 查询学号为 990101 的学生所选修的课程号及成绩，并按成绩降序排列。

$$GET \quad W(ENROLL.CNO, \ ENROLL.GRADE):$$
$$ENROLL.SNO='990101' \ DOWN \ ENROLL.GRADE$$

例 2-29 查询信息系学生的姓名、年龄，并按年龄升序排列。

$$GET \quad W \ (STUDENT.SN, \ STUDENT.AGE):STUDENT. \ DEPT='信息系' UP \ STUDENT.AGE$$

4. 带定额的检索（指定检索出元组的个数，方法是在 W 后的括号中添加定额数量）

例 2-30 查询一个男教师的姓名和教师号。

$$GET \quad W(1)(TEACHER.TN, \ TEACHER.TNO):TEACHER.SEX='男'$$

这里的（1）表示查询结果中男教师的个数，取出教师表中第一个男教师的教师号和姓名。另外，排序和定额可以一起使用。

例 2-31 查询副教授中年龄最大的 5 个教师的姓名及年龄。

$$GET \quad W(5)(TEACHER.TN, \ TEACHER.AGE):TEACHER.PROF='副教授'DOWN \quad TEACHER.AGE$$

例 2-32 查询年龄最小的女教师的教师号和姓名。

```
GET  W(1)(TEACHER. TNO, TEACHER.TN):TEACHER.SEX='女'  UP  TEACHER.AGE
```

5. 用元组变量的检索

元组变量是一个变量，代表关系中的元组。元组变量是动态的概念，一个关系可以设置多个元组变量。因为元组变量是在某一关系范围内变化的，所以元组变量又称为范围变量（Range variable）。元组变量主要有两方面的用途。

①简化关系名。如果关系的名字很长，使用起来会感到不方便，此时可以设置一个较短名字的元组变量来简化关系名。

②在操作条件中使用量词时必须用元组变量。

例 2-33 查询选修 C1 号课程的所有学生的学号。

```
RANGE  ENROLL  X
GET  W(X.SNO): X.CNO='C1'
```

使用 RANGE 来说明元组变量，X 为关系 ENROLL 中的元组变量。X 的作用是简化关系名 ENROLL。

6. 用全称量词（∀）、存在量词（∃）的检索（涉及多关系）

在操作条件中使用量词时必须使用元组变量。受量词约束的元组变量称为约束元组变量，不受量词约束的元组变量称为自由元组变量。

例 2-34 查询选修"专业基础"课程的学生学号。

```
RANGE  COURSE  CX
GET  W (ENROLL.SNO):
∃CX（CX.CNO＝ENROLL.CNO∧CX.CT='专业基础'）
```

例 2-35 查询未选修 C1 号课程的学生姓名。

```
RANGE  ENROLL  EX
GET  W (STUDENT.SN):  ∀EX (EX.SNO≠STUDENT.SNO∨EX.CNO≠'C1')
```

本例也可以用存在量词表示如下：

```
RANGE  ENROLL  EX
GET W (STUDENT.SN): ¬∃EX (EX.SNO=STUDENT.SNO∧EX.CNO='C1')
```

例 2-36 查询选修全部课程的学生姓名。

```
RANGE  COURSE  CX
        ENROLL  EX
GET  W (STUDENT .SN):
∀CX∃EX (EX.SNO=STUDENT.SNO∧CX.CNO =EX.CNO)
```

7. 用蕴函（Implication）的检索

例 2-37 查询至少选修了 990101 学生所选课程的学生学号。

```
RANGE  COURSE  CX
        ENROLL  EX
        ENROLL  EY
GET W(STUDENT.SNO):
∀CX(∃EX(EX.SNO='990101'∧EX.CNO=CX.CNO)
```

$$\Rightarrow \exists EY(EY.SNO=STUDENT.SNO \land EY.CNO=CX.CNO))$$

以上语句的执行过程：对 COURSE 中的所有课程，依次检查每一门课程，查看 990101 是否选修了该课程，如果选修了，再查看某一个学生是否也选修了该门课程。如果对于 990101 所选的每门课程，该学生都选修了，则该学生为满足要求的学生，将所有这样的学生全都查找出来即可。

8. 集函数

用户在使用查询语言时，经常要进行一些简单的运算，例如要统计符合某一查询条件的元组数，或求某个关系中所有元组在某属性上分量的最小值或平均值等。为了方便用户，增强基本的检索能力，关系数据语言中建立了有关这类运算的标准函数库供用户选用。这类函数通常称为集函数（Aggregation function）或内部函数（Build-in function）或库函数。

常用的集函数见表 2-2 所示。

表 2-2　集函数

函 数 名	功 能
AVG	按列计算平均值
COUNT	按列计算元组个数
TOTAL	按列计算值的总和
MAX	求一列中的最大值
MIN	求一列中的最小值

例 2-38　求学号为 990101 的学生的总分。

```
GET W(TOTAL (ENROLL.GRADE)):STUDENT.SNO='990101'
```

例 2-39　求学校共有多少个系。

```
GET W(COUNT(STUDENT.DEPT))
```

COUNT 函数自动消去重复行，可计算字段 DEPT 中不同值的数目。

二、更新操作

更新操作包括修改、插入和删除。

1. 修改——用 UPDATE 语句实现

修改的具体操作分为以下三步。

（1）读数据：使用 HOLD 语句将要修改的元组从数据库中读到工作空间中。

（2）修改：利用宿主语言修改工作空间中元组的属性。

（3）送回：使用 UPDATE 语句将修改后的元组送回数据库中。

例 2-40　将学号为 990104 的学生的姓名由"朱珠"改名为"朱灵"。

```
HOLD W(STUDENT.SNO, STUDENT.SN):STUDENT.SNO='990104'
                        /*从 STUDENT 关系中读出 990104 学生的数据*/
MOVE '朱灵' TO W.SN        /*用宿主语言进行修改*/
UPDATE W                  /*把修改后的元组送回 STUDENT 关系*/
```

注意：单纯检索数据使用 GET 语句即可，但为修改数据而读取元组时必须使用 HOLD 语句，HOLD 语句是带并发控制的 GET 语句。在例 2-40 中用 HOLD 语句来读取 990104 的数据，而不是用 GET 语句。

如果修改操作涉及到两个关系，就要执行两次 HOLD−MOVE−UPDATE 操作序列。在 ALPHA 语言中，不允许修改关系的主关键字。例如不能使用 UPDATE 语句修改教师表（TEACHER）中的教师号；也不能用 UPDATE 语句修改学生表（STUDENT）中的学号。如果需要修改关系中某个元组的主关键字值，只能先用删除操作删除该元组，然后再把具有新主关键字值的元组插入到关系中。

2．插入——用 PUT 语句实现

插入操作使用 PUT 语句实现，具体操作分为以下两步。

（1）建立新元组：利用宿主语言在工作空间中建立新元组。

（2）写数据：使用 PUT 语句将新元组写入到指定的关系中。

例 2-41　在 TEACHING 表中插入一条授课记录（1003，C3）。

```
MOVE '1003' TO W.TNO
MOVE 'C3' TO W.CNO
PUT W(TEACHING)
```

注意：PUT 语句只对一个关系操作，也就是说表达式必须为单个关系名。如果插入操作涉及多个关系，必须执行多次 PUT 操作。

3．删除——用 DELETE 语句实现

ALPHA 语言中的删除操作不但可以删除关系中的一些元组，还可以删除一个关系。

删除操作使用 DELETE 语句实现，具体操作分为以下两步。

（1）读数据：使用 HOLD 语句将要删除的元组从数据库中读到工作空间中。

（2）删除：使用 DELETE 语句删除该元组。

例 2-42　删除王红同学的学生信息。

```
HOLD W(STUDENT):STUDENT.SN='王红'
DELETE  W
```

例 2-43　删除全部学生的信息。

```
HOLD W(STUDENT)
DELETE  W
```

由于 ENROLL 关系与 STUDENT 关系之间具有参照关系，为保证参照完整性，删除 STUDENT 关系中的全部元组时，相应地要删除 ENROLL 关系中的全部元组（手动删除或由 DBMS 自动执行）。

```
HOLD W(ENROLL)
DELETE  W
```

例 2-44　将教师号 1003 改为 1005。

```
HOLD W(TEACHER):TEACHER.TNO='1003'
DELETE  W
MOVE'1005'TO W.TNO
MOVE '葛海'    TO W.TN
MOVE '男'      TO W.SEX
MOVE '42'      TO W.AGE
MOVE '教授'    TO W.PROF
MOVE '2800'  TO W.SAL
MOVE '2200'  TO W.EA
MOVE '信息系' TO W.DEPT
```

```
PUT W(TEACHER)
```

由于修改的是 TEACHER 关系中某个元组的主关键字值，只能先删除该元组，然后再把具有新主关键字值的元组插入到关系中。

2.3.2 域关系演算

域关系演算是关系演算的另一种形式，它以元组变量的分量即域变量作为谓词变元的基本对象。元组关系演算的表达式中用的是元组变量，而域关系演算的表达式中用的是元组变量的分量，简称为域变量。

域关系演算语言的典型代表是 QBE 语言。QBE 是 Query By Example 的缩写，也称为示例查询。它是一种很有特色的基于屏幕表格的查询语言，而查询结果也是以表格形式显示，易学易用。QBE 语言是 1975 年由 IBM 公司约克城高级研究试验室的 M.M.Zloof 提出的，该语言于 1978 年在 IBM 370 上实现。

使用 QBE 语言的步骤如下：

（1）用户根据要求向系统申请一张或几张表格，显示在终端屏幕上。

（2）用户在空白表格的左上角的一栏内输入关系名。

（3）系统根据用户输入的关系名在第一行从左至右自动填写该关系的各个属性名。

（4）用户在关系名或属性名下方的一栏内填写相应的操作命令，操作命令包括 P.（打印或显示）、U.（修改）、I.（插入）、D.（删除）。如果要打印或显示整个元组，应将"P."填写在关系名的下方，如果只需打印或显示某一属性，应将"P."填写在相应属性名的下方。

QBE 操作的表格形式如图 2-11 所示。

关系名	属性名 1	属性名 2	…	属性名 n
操作命令	属性值或查询条件	属性值或查询条件	…	属性值或查询条件

图 2-11 QBE 操作的框架

下面仍基于教学管理数据库说明 QBE 的用法。

一、检索操作

1. 简单查询

例 2-45 求职称为"教授"的所有教师的姓名。

操作步骤如下：

（1）用户提出要求。

（2）屏幕显示空白表格。

（3）用户在最左上角输入关系名。

TEACHER				

（4）系统显示该关系的属性名。

TEACHER	TNO	TN	SEX	AGE	PROF	SAL	EA	DEPT

（5）用户在表格中构造查询要求。

TEACHER	TNO	TN	SEX	AGE	PROF	SAL	EA	DEPT
		P.王甜			教授			

其中的"王甜"是示例元素，即域变量。QBE 要求示例元素下面一定要加下划线。"教授"是查询条件，不用加下划线。P.是操作符，表示打印（Print），实际上就是显示。

示例元素是这个域中可能的一个值，它不必是查询结果中的元素。比如要求职称为教授的教师，只要给出任意的一个教师名即可，而不一定是职称为教授的某个教师名。

查询条件中可以使用比较运算符＞、≥、＜、≤、＝和≠，其中＝可以省略。本例中的查询条件是"PROF＝'教授'"，其中"＝"被省略。

（6）屏幕显示查询结果。

TEACHER	TNO	TN	SEX	AGE	PROF	SAL	EA	DEPT
		葛海						

根据用户构造的查询要求，这里只显示职称为教授的教师姓名的属性值。

例 2-46 显示全体教师的信息。

方法一：将"P."填写在关系名的下方。

TEACHER	TNO	TN	SEX	AGE	PROF	SAL	EA	DEPT
P.								

注意：只有要查询的属性包括所有的属性时，将"P."填写在关系名的下方。

方法二：将"P."填在各个属性名的下方。

TEACHER	TNO	TN	SEX	AGE	PROF	SAL	EA	DEPT
	P.1003	P.葛海	P.男	P.42	P.教授	P.2800	P.2200	P.信息系

2. 条件查询

例 2-47 查询所有男教师的姓名。

TEACHER	TNO	TN	SEX	AGE	PROF	SAL	EA	DEPT
		P.葛海	男					

例 2-48 查询年龄大于 30 岁的女教师的姓名。

本例的查询条件是 AGE＞30 和 SEX＝'女'两个条件的与。

在 QBE 中，表示两个条件的与有两种方法。

方法一：把两个条件写在同一行上。

TEACHER	TNO	TN	SEX	AGE	PROF	SAL	EA	DEPT
		P.林丽	女	＞30				

方法二：把两个条件写在不同行上，但必须使用相同的示例元素。

TEACHER	TNO	TN	SEX	AGE	PROF	SAL	EA	DEPT
		P.林丽		＞30				
		P.林丽	女					

例 2-49 查询年龄大于 30 岁或者女教师的姓名。

本例的查询条件是 AGE＞30 和 SEX＝'女'两个条件的或。

在 QBE 中，表示两个条件的或，要把两个条件写在不同行上，且必须使用不同的示例元素。

TEACHER	TNO	TN	SEX	AGE	PROF	SAL	EA	DEPT
		P. 林丽		>30				
		P. 王甜	女					

例 2-50 查询选修 C1 号课程的学生姓名。

本例的查询涉及两个关系：STUDENT 和 ENROLL，这两个关系具有公共的属性 SNO，SNO 作为连接属性，把具有相同 SNO 值的两个关系连接起来，SNO 在两个表中的值要相同。

STUDENT	SNO	SN	SEX	AGE	BP	DEPT
	990101	P.王红				

ENROLL	SNO	CNO	GRADE
	990101	C1	

例 2-51 查询未选修 C1 号课程的学生的姓名。

查询条件中的未选修需使用逻辑非来表示。QBE 中的逻辑非运算符为¬，可填写在关系名下方。

STUDENT	SNO	SN	SEX	AGE	BP	DEPT
	990101	P.王红				

ENROLL	SNO	CNO	GRADE
¬	990101	C1	

本例中，如果 990101 同学选修 C1 号课程的情况为假，则符合查询的条件，显示 990101 同学的名字，然后再查询其他同学。

例 2-52 查询选修两门以上课程的学生的学号。

ENROLL	SNO	CNO	GRADE
	P.990101	C1	
	990101	¬ C1	

3. 排序查询

对查询结果按照某个属性值的升序排列时，在相应的属性下方填入"AO."，降序排列时，填入"DO."。

如果按照多个属性值同时排序，则用"AO（i）."或"DO（i）."表示，其中 i 为排序的优先级，i 值越小，优先级越高。

例 2-53 查询全体男教师的姓名，要求查询结果按年龄的升序排列，年龄相同者按教师号的降序排列。

TEACHER	TNO	TN	SEX	AGE	PROF	SAL	EA	DEPT
	DO（2）.	P.沈东	男	AO（1）.				

4. 集函数查询

同 ALPHA 语言类似，为了方便用户，QBE 语言也提供了一些有关运算的集函数，见表 2-3 所示。

表 2-3　QBE 中的集函数

函　数　名	功　　能
AVG	按列计算平均值
CNT	按列值计算元组个数
SUM	按列计算值的总和
MAX	求一列中的最大值
MIN	求一列中的最小值

例 2-54 学号为 990101 的学生的总分。

ENROLL	SNO	CNO	GRADE
	990101		P.SUM.ALL.

例 2-55 男教师的平均年龄。

TEACHER	TNO	TN	SEX	AGE	PROF	SAL	EA	DEPT
			男	P.AVG .ALL.				

二、更新操作

1. 修改

修改操作符为"U."。关系的主关键字不允许修改，如果需要修改某个元组的主关键字值，只能间接进行，即首先删除该元组，然后再插入具有新的主关键字值的元组。

例 2-56 把教师号为 1102 的教师的年龄改为 45。

方法一：将操作符"U."填在值上。

TEACHER	TNO	TN	SEX	AGE	PROF	SAL	EA	DEPT
	1102			U.45				

方法二：将操作符"U."填在关系上。

TEACHER	TNO	TN	SEX	AGE	PROF	SAL	EA	DEPT
U.	1102			45				

这里，主关键字 1102 标明要修改的元组，"U." 标明所在的行是修改后的新值。由于主关键字是不能修改的，所以即使在第二种写法中，系统也不会混淆要修改的属性。

例 2-57 将韩强同学转到信息系。

STUDENT	SNO	SN	SEX	AGE	BP	DEPT
		韩强				U.信息系

此时就不能把 "U." 写在关系名的下面。

例 2-58 将学号为 990101 的学生的年龄增加 1 岁。

该修改操作涉及表达式，所以只能将操作符 "U." 填在关系上。

STUDENT	SNO	SN	SEX	AGE	BP	DEPT
U.	990101			<u>21</u>		
	990101			<u>21</u>+1		

2. 插入

插入操作符为 "I."。

例 2-59 在 ENROLL 表中插入一条选课记录（990101，C1）。

ENROLL	SNO	CNO	GRADE
I.	990101	C1	

注意：新插入的元组必须具有主关键字值，其他属性值可以为空，如本例中 GRADE 为空。

3. 删除

删除操作符为 "D."。

例 2-60 删除教师 1102。

TEACHER	TNO	TN	SEX	AGE	PROF	SAL	EA	DEPT
D.	1102							

由于 TEACHING 关系与 TEACHER 关系之间具有参照关系，为保证参照完整性，删除 1102 教师后，通常还应删除 1102 教师教授的全部课程。

TEACHING	TNO	CNO
D.	1102	

例 2-61 删除 990101 同学选修 C5 号课程的信息。

ENROLL	SNO	CNO	GRADE
D.	990101	C5	

2.4 查 询 优 化

2.4.1 查询优化问题的提出

什么是查询优化？为什么要查询优化呢？对于给定的查询，选择代价最小的操作序列，使查询过程既省时间，又具有较高的效率，这就是所谓的查询优化。查询优化在关系数据库系统中有着非常重要的地位。对于关系数据库系统，用户只要提出做什么，而由系统解决怎么做的问题。具体来说，为了提高效率、减少运行时间，关系数据库的查询优化在查询语言处理程序执行查询操作之前，先由系统对用户的查询语句进行转换，将其转换为一串所需执行时间较少的关系运算，并为这些运算选择较优的存取路径。

查询优化的优点不仅在于用户不必考虑如何最好地表达查询以获得较好的效率，而且在于系统可以比用户程序的优化做得更好。查询优化的总目标是选择有效的策略，求得给定的关系表达式的值。

查询优化可以分为高低两层。高层优化是将用户的查询表达式进行等价变换，得到与原来查询等价的并且较优的查询表达式，这种优化也称为代数优化；另一类优化是根据数据库中所提供的存取路径结合用户查询的特点，为每个查询操作选择一个较优的路径，这种优化也称为非代数优化。查询优化由 DBMS 自动进行，对用户是透明的。

2.4.2　优化的一般策略

这里假定讨论的是基于关系代数的查询语言，其优化的基本思想与方法也适用于其他类型的查询语言。在关系代数运算中，笛卡尔积和连接运算是最费时间的。为此，引出以下几条启发式规则，用于对表达式进行转换，以减少中间关系的大小。

（1）选择运算尽早进行。

在优化策略中，这是最重要、最基本的一条。一个关系经过选择运算后，它的元组往往会减少许多。选择运算常常可使执行时间节约几个数量级，使计算的中间结果变小。因此尽早地执行选择运算有利于提高查询的执行效率。

（2）提前执行投影运算。

投影运算可以减小元组规模，减少元组数目，因此，应该提前执行投影运算。但一般投影运算不宜提前到选择操作的前面。

（3）选择运算序列或投影运算序列合并处理。

对同一个关系，如果有若干个连续的选择运算或投影运算，则可以把它们合并成一个选择操作或投影操作。因为对一个关系 R 进行选择运算或投影运算，一般要对 R 的元组扫描一次；如果进行多次选择运算或投影运算，那么对 R 的元组就要扫描多次。而合并成一个运算后，仅需扫描一次，可以在扫描此关系的同时完成所有的运算，以避免重复扫描关系，从而提高执行效率。

（4）将乘积与随后的选择运算合并为连接运算。

在表达式中，当乘积运算后面跟选择运算时，应该合并为连接运算，使选择与乘积同时完成，因为连接特别是等值连接运算要比同样关系上的乘积运算节省很多时间。

（5）简化多余的运算。

在关系表达式中，有些中间结果往往会出现空关系。当一个关系操作中的变量有一个空关系时，那么这个运算是多余的运算，可以简化。有些操作虽然不包含空关系，但是它的两个自变量是同一个关系，则也可简化，例如 R∪R 可简化成 R。

（6）寻找公共子表达式并将结果加以存储。

对于有公共子表达式的运算，应将子表达式的结果存于外存。这样当从外存中读出它比计算它的时间少时就可节约操作时间，特别当公共子表达式出现频繁时效果更好。查询视图时，定义视图的表达式就是公共子表达式。

（7）让投影运算与其前或其后的其他运算同时进行。

没有必要只是为了消去某些属性而扫描一遍关系，通常可以让投影运算与其他运算同时进行，以避免重复扫描文件。

（8）对文件进行预处理。

预处理方法主要有两种：在连接属性上建立索引；对关系排序，然后执行连接。第一种称为索引连接方法，第二种称为排序合并（SORT-MERGE）连接方法。

2.4.3 关系代数等价变换规则

前面介绍的优化策略大部分涉及到代数表达式的变换，第 2 章、第 3 章中介绍的各种查询语言也都可以转换成关系代数表达式。因此，研究优化问题实际上就是研究关系代数表达式的变换问题，而研究关系代数表达式的优化最好从研究关系表达式的等价变换规则开始。下面介绍一些常用的等价变换规则。

常用的等价变换规则有以下几个。

1. 连接或乘积的交换律

设 E1 和 E2 是关系代数表达式，F 是连接条件，则有：

$$E1 \times E2 \equiv E2 \times E1$$

$$E1 \bowtie E2 \equiv E2 \bowtie E1$$

$$E1 \underset{F}{\bowtie} E2 \equiv E2 \underset{F}{\bowtie} E1$$

2. 连接或乘积的结合律

设 E1、E2、E3 是关系代数表达式，F1 和 F2 是连接运算的条件，则有：

$$(E1 \times E2) \times E3 \equiv E1 \times (E2 \times E3)$$

$$(E1 \bowtie E2) \bowtie E3 \equiv E1 \bowtie (E2 \bowtie E3)$$

$$(E1 \underset{F1}{\bowtie} E2) \underset{F2}{\bowtie} E3 \equiv E1 \underset{F1}{\bowtie} (E2 \underset{F2}{\bowtie} E3)$$

3. 投影的串接律

$$\Pi_{A1, A2, \cdots, An} (\Pi_{B1, B2, \cdots, Bm} (E)) \equiv \Pi_{A1, A2, \cdots, An} (E)$$

上式中，设 E 是一个关系代数表达式，Ai（$i=1, 2, \cdots, n$）和 Bj（$j=1, 2, \cdots, m$）是 E 的某些属性名，且{A1, A2, $\cdots$, An}构成{Bl, B2, $\cdots$, Bm}的子集。

4. 选择的交换/串接律

$$\sigma_{F1} (\sigma_{F2} (E)) \equiv \sigma_{F1 \wedge F2} (E)$$

上式中，E 是关系代数表达式，F1 和 F2 是选择条件。选择的串接律说明选择条件可以合并，这样就可一次检查全部条件。

5. 选择与投影的交换/串接律

$$\sigma_F (\Pi_{A1, A2, \cdots, An} (E)) \equiv \Pi_{A1, A2, \cdots, An} (\sigma_F (E))$$

上式中，设选择公式 F 只涉及属性 A1，$\cdots$，An，其中的选择、投影运算可同时执行，以便缩短时间。

若 F 中有不属于 A1，$\cdots$，An 的属性 B1，$\cdots$，Bm，则有更一般的规则如下：

$$\Pi_{A1, A2, \cdots, An} (\sigma_F (E))$$

$$\equiv\Pi_{A1,\,A2,\,\cdots,\,An}\,(\sigma_F\,(\Pi_{A1,\,A2,\,\cdots,\,An,\,B1,\,B2,\,\cdots,\,Bm}\,(E)))$$

6. 选择与乘积的交换律

选择先于乘积执行在优化中很重要，若公式 F 中仅涉及 E1（或 E2）的属性，则有：

$$\sigma_F\,(E1\times E2)\equiv\sigma_F\,(E1)\times E2\;(或\;E1\times\sigma_F\,(E2))$$

更一般地，如果 F＝F1∧F2，且 F1 只涉及 E1 中的属性，F2 只涉及 E2 中的属性，则有：

$$\sigma_F\,(E1\times E2)\equiv\sigma_{F1}\,(E1)\times\sigma_{F2}\,(E2)$$

当 F1 涉及 E1、E2 的属性，而 F2 仅涉及 E2 的属性时，则有：

$$\sigma_F\,(E1\times E2)\equiv\sigma_{F1}\,(E1\times\sigma_{F2}\,(E2))$$

可使部分选择在乘积前先执行。

7. 投影与乘积的交换律

设 E1、E2 是两个关系代数表达式，A1，A2，…，An 是 E1 的属性，B1，B2，…，Bm 是 E2 的属性，则有：

$$\Pi_{A1,\,A2,\,\cdots,\,An,\,B1,\,B2,\,\cdots,\,Bm}\,(E1\times E2)$$
$$\equiv\Pi_{A1,\,A2,\,\cdots,\,An}(E1)\times\Pi_{B1,\,B2,\,\cdots,\,Bm}(E2)$$

8. 选择对并的交换律

设 E＝E1∪E2，E1、E2 有相同的属性名，则有：

$$\sigma_F(E1\cup E2)\equiv\sigma_F(E1)\cup\sigma_F(E2)$$

9. 投影对并的交换律

设 E1 和 E2 有相同的属性名，则有：

$$\Pi_{A1,\,A2,\,\cdots,\,An}(E1\cup E2)\equiv\Pi_{A1,\,A2,\,\cdots,\,An}(E1)\cup\Pi_{A1,\,A2,\,\cdots,\,An}(E2)$$

10. 选择与差运算的交换律

设 E1 与 E2 有相同的属性名，则有：

$$\sigma_F(E1-E2)\equiv\sigma_F(E1)-\sigma_F(E2)$$

2.4.4　查询优化算法

查询优化的过程常用查询树描述。查询树是关系代数表达式的一种图形表示，它能清晰地描述出关系代数表达式中关系操作的顺序。用查询树表示关系代数序列的方法是：以基本关系为叶节点，以各个运算为中间节点，以输出关系为根节点。对于各个运算，不仅标明运算的记号，还列出了定义各运算的属性及限制条件。树中没有明显标明作为关系运算的输入输出的中间关系，实际上每个运算之后都会产生一个临时关系。

下面给出一个通用的优化算法，该算法的要点是优先执行选择和投影。

算法：关系表达式的优化。

输入：一个关系表达式的查询树。

输出：一个优化后的查询树。

步骤如下：

（1）利用前面介绍的关系代数等价变换规则 4 把查询树中形如 $\sigma_{F1,\,F2,\,\cdots,\,Fn}$（E）的选择运算变换如下：

$$\sigma_{F1}(\sigma_{F2}(\cdots(\sigma_{Fn}(E))\cdots))$$

（2）对每一个选择，利用关系代数等价变换规则 4、5、6、8 和 10 尽可能把它移到树的叶端。

（3）对每一个投影，利用关系代数等价变换规则 3、5、7 和 9 尽可能把它移到树的叶端。

注意：关系代数等价变换规则 3 使一些投影消失，而规则 5 把一个投影分为两个，其中一个有可能被移向树的叶端。若某一投影是针对某一表达式中的全部属性，则可消去这一投影。

（4）利用关系代数等价变换规则 3～5 把选择和投影运算合并成单个选择、单个投影或一个选择后跟一个投影等三种情况，使多个选择或投影能同时执行，或在一次扫描中全部完成，尽管这种变换似乎违背投影尽可能早做的原则，但这样做效率更高。

（5）把得到的查询树的内部节点分组，每一双目运算（×、⋈、∪、−）和它所有的直接祖先（σ、Π 运算）为一组。如果其后代直到叶子全是单目运算（σ、Π），则也将它们并入该组，但当双目运算是乘积（×），而且其后的选择不能与它结合为连接运算时除外，可把这些单目运算单独分为一组。

（6）生成一个程序，每组节点的计算是程序中的一步。各步的顺序是任意的，但要保证任何一组的计算在它的祖先组之前进行。

（7）输出经优化后的查询树。

例如查询选修了公共基础课的学生的学号。

```
SELECT  SNO
FROM  COURSE, ENROLL
WHERE  COURSE.CNO=ENROLL.CNO AND CT='公共基础'
```

先将其转换为语法树，如图 2-12 所示。然后利用关系代数表达式的优化算法进行优化，如图 2-13 所示。再利用关系代数等价变换规则 4 和 6 把选择"σCT='公共基础'"移到叶端，如图 2-14 所示。

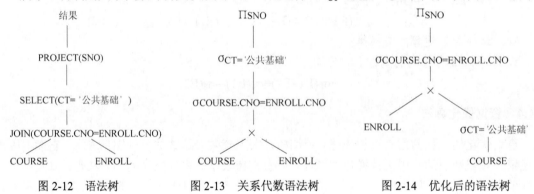

图 2-12　语法树　　　图 2-13　关系代数语法树　　　图 2-14　优化后的语法树

2.5　小　　结

关系数据库系统是目前使用最广泛的数据库系统，而关系数据库系统基于关系数据模型。本章系统地介绍了关系数据模型的一些基本概念和术语，其中包括关系的形式化定义和特性、关键字、关系模型的数据完整性及其关系操作等。还介绍了关系代数和关系演算两种关系运算，结合实例重点讲述了关系代数、元组关系演算语言（ALPHA）和域关系演算语言（QBE）的具体使用方法。

查询处理是数据库管理系统的核心，而查询优化技术又是查询处理的关键，本章也介绍了查询优化的一些策略和规则。

习　　题

1. 解释下列术语：关系、属性、元组、分量、关系模式、域。

2. 简述关系的特性。

3. 什么是关键字？关键字主要有哪几种？它们之间有什么联系和区别？

4. 关系数据语言可以分为哪三类？每一类的代表性语言是什么？

5. 下面是两个关系 R 和 S，请分别画出分别表示 R∪S、R∩S、R−S 和 R×S 的图，这里 R 和 S 的属性名相同，应在属性名前注上相应的关系名，例如 R.A、S.A 等。并画出表示 $\Pi_{C,A}(R)$、$\Pi_{2,1}(R)$ 和 $\sigma_{B={}'B1'}(R)$ 的图。

R

A	B	C
A1	B1	C1
A2	B2	C2
A3	B1	C3

S

A	B	C
A2	B2	C2
A4	B4	C4

6. 下面为两个关系 R 和 S，请分别画出表示以下 4 种情况的图。

① R 和 S 的大于连接（Y＞A）。

② R 和 S 的等值连接（Y＝A）。

③ R 和 S 的等值连接（R.X＝S.X）。

④ R 和 S 的自然连接。

R

X	Y	Z
xm	2	za
xn	3	zb
xj	4	zc

S

X	A	B
xm	1	bm
xm	5	bn
xn	3	bj

7. 下面为一个图书数据库，包括作者（AUTHOR）、图书（BOOK）、读者（READER）、销售（SELL）4 个关系模式。

AUTHOR

作者号 zno	作者名 zn	性别 zsex	籍贯 zbp
z1	成功	男	江苏
z2	雪儿	女	山东
z3	李明	男	上海

BOOK

图书号 tno	图书名 tn	图书价格（元）tj	出版社 tpub
t1	祖国的天空	30	高等教育出版社
t2	我的一家	45	人民邮电出版社
t3	苹果的故事	70	苏州大学出版社
t4	天使是什么	84	苏州大学出版社

READER

读者号 dno	读者名 dn	读者性别 dsex	读者籍贯 dbp
d1	吴号	男	山东
d2	严艳	女	江苏
d3	谭蜜	女	上海

SELL

作者号 zno	图书号 tno	读者号 dno
z1	t1	d1
z2	t3	d1
z2	t2	d3

试分别用关系代数、ALPHA 语言、QBE 语言完成下列查询。

（1）查询图书号为 t1 的作者号。

（2）查询所有作者的作者号、作者名、性别和籍贯。

（3）查询籍贯是山东的男作者的姓名。

（4）查询购买图书号为 t1 的读者的姓名。

（5）查询购买 t1 图书的女读者的籍贯。

（6）查询不是高等教育出版社出版的图书的作者的姓名。

（7）查询购买人民邮电出版社出版的所有图书的读者号。

（8）查询至少购买了 d1 读者购买的全部书籍的读者号。

8．对于第 7 题中的图书数据库，试分别用 ALPHA 语言和 QBE 语言完成下列查询。

（1）查询在高教出版社出版过图书的作者的数量。

（2）把所有价格为 30 元的图书的价格改为 40 元。

（3）删除所有的山东读者及相应的 SELL 记录。

（4）在 SELL 表中插入一条销售记录（z3，t4，d2）。

9．写出查询优化的一般策略。

第3章 关系数据库语言 SQL

SQL 是目前应用最广的关系数据库语言。当前流行的关系数据库管理系统如 Oracle、SQL Server、Sybase、FoxPro 以及 Microsoft Access 等都支持 SQL 语言，可以说学好 SQL 语言是学习关系型数据库的基础。本章将介绍如何使用结构化查询语言（SQL）来操作数据库。

3.1 SQL 概述

3.1.1 SQL 语言及其发展

SQL（Structure Query Language）语言是一种操纵数据库的结构化查询语言。它是关系数据库的标准语言，对关系模型的发展和商用 DBMS 的研制起着重要的作用，是介于关系代数和关系演算之间的一种语言。

SQL 充分体现了关系数据语言的特点和优点。从对数据库的随机查询到数据库的管理和程序设计，SQL 几乎无所不能，功能十分丰富。由于功能很强，使用方便灵活，1986 年美国国家标准化组织 ANSI 指定 SQL 语言作为关系数据库系统的标准语言。随后国际标准化组织（ISO）也做出了同样的决定。

SQL 可读作 sequel，也可以按单个字母的读音读作 S-Q-L。这两种发音都是正确的，每种发音各有大量的支持者。

SQL 自 1974 年诞生以来，其发展的基本过程如下：

（1）1974 年，由 Boyce 和 Chamberlin 提出，当时称为 SEQUEL。

（2）1976 年，IBM 公司的 Sanjase 研究所在研制 RDBMS SYSTEMR 时改为 SQL。

（3）1979 年，Oracle 公司发表第一个基于 SQL 的商业化 RDBMS 产品。

（4）1982 年，IBM 公司推出第一个 RDBMS 语言 SQL/DS。

（5）1985 年，IBM 公司推出第二个 RDBMS 语言 DB2。

（6）1986 年，美国国家标准化组织 ANSI 指定 SQL 语言作为关系数据库系统的标准语言。

（7）1987 年，国际标准化组织 ISO 颁布了关系数据库语言标准——结构化查询语言 SQL，称为 SQL86。

（8）1989 年，ISO 颁布增强了完整性特征的标准 SQL89。

（9）1992 年，ISO 颁布功能更为强大的标准 SQL2（又称为 SQL92）。

（10）1999 年，在 SQL2 的基础上增加了面向对象的内容，形成新标准 SQL3（又称为 SQL99）。

目前，SQL 广泛应用于各种大型数据库，如 Srbase、Informix、Oraxle、DB2、Ingres 等，也适用于各种小型数据库，如 Foxpro、Access 等。

3.1.2　SQL 语言的主要特点

SQL 语言有以下几个特点。

（1）SQL 语言是类似于英语的自然语言，简洁易学，灵活易用。

（2）SQL 语言是一种非过程化的语言，即用户只要提出干什么即可，不用关心具体的操作过程。数据存取路径的选择以及 SQL 语句的操作过程由系统自动完成，大大减轻了用户的负担。

（3）SQL 语言是一种面向集合进行操作的语言，不仅查找结果可以是元组的集合，而且一次插入、删除、更新操作的对象也可以是元组的集合。

（4）SQL 语言既是自含式语言，又是嵌入式语言，所以既可以独立使用，也可以嵌入到其他高级语言中。

（5）对数据提供自动导航，提供从已知数据查找未知数据的过程和方法。

（6）SQL 语言提供查询优化器，由系统决定对指定数据存取的最佳路径。SQL 是一个标准的数据库语言，是面向集合的描述性非过程化语言。它功能强，效率高，简单，易学易维护。

SQL 语言具有以上优点，但也存在这样一个问题：它是非过程性语言，即大多数语句都是独立执行的，与上下文无关，而绝大部分应用都是一个完整的过程，显然用 SQL 完全实现这些功能是很困难的。大多数数据库公司为了解决此问题，做了如下两方面的工作。

（1）扩充 SQL，在 SQL 中引入过程性结构。

（2）把 SQL 嵌入到高级语言中，以便完成一个完整的应用。

3.1.3　基本表和视图

1.　基本表（Base Table）

基本表是 SQL 语言中存放数据、查找数据以及更新数据的基本数据结构。数据库中的数据都存储在基本表中。基本表是本身独立存在的表，不是从其他表导出来的。一个关系对应一个基本表，一个或多个基本表对应一个存储文件。

在 SQL 语言中，基本表有严格的定义，它是一种二维表，由行和列组成。对于这种表有如下规定。

（1）每一张表都有一个名字，通常称为基本表名或关系名。表名必须以字母或汉字开头，不允许重名。

（2）一张基本表可以由若干列组成，列名唯一，列名也称作属性名。列决定了表中数据的类型。

（3）基本表中的一行称为一个元组，它相当于一条记录。每一行包含一组实际数据。向表中添加新数据，即添加了一条新记录。

（4）同一列的数据必须具有相同的数据类型。

（5）基本表中的每一个列值必须是不可分割的基本数据项。

当用户需要新的数据结构或表存放数据时，首先要生成一个基本表。

2.　视图（View）

视图是一个虚拟的表，是从一个或几个基本表或其他视图导出来的表。它本身不独立存在于数据库中，数据库中只存放视图的定义，而不存放视图对应的数据，这些数据仍存放在导出视图的基本表中。当基本表中的数据发生变化时，从视图中查询到的数据也随之改变。可以把视图看做普通的关系一样予以建立、查询、修改或者删除。

在用户看来，视图是通过不同路径去查看一个基本表，就像一个窗口一样，通过窗户看外面的高楼，可以看到高楼的不同部分，而透过视图可以看到数据库中自己感兴趣的内容。

例如，在 2.1.3 节中的教学管理数据库中有学生关系表 STUDENT（SNO，SN，SEX，AGE，BP，DEPT），此表为基本表，对应一个存储文件。可以在其基础上定义一个女生情况表 STUDENT_GIRL（SNO，SN，SEX，AGE，BP，DEPT）。

（1）女生情况表是从 STUDENT 中选择 SEX='女'的各个行，然后在 SNO、SN、SEX、AGE、BP、DEPT 上投影得到的。

（2）数据库中只存储 STUDENT_GIRL 的定义，而 STUDENT_GIRL 中的记录不重复存储。

3.1.4 SQL 的数据类型

当用 SQL 语句定义表时，需要为表中的每一个字段设置一个数据类型，用来指定字段所存放的数据的类型。

已经推出的各种版本的 SQL 产品，在数据类型的划分和定义方面与 SQL 标准有一定的差异，许多 SQL 产品比 SQL 标准扩充了很多数据类型，如 TEXT（文本）、MONEY（货币）、GRAPHIC（图形）、IMAGE（图像）、GENERAL（通用）、MEMO（备注）等。下面对各种版本的 SQL 中主要的数据类型作大致的介绍，以便读者在遇到时能够认识并会使用。

1. 数值型

（1）整数数据类型。

1）INTEGER：用于定义数据类型为整数型。INTEGER 可简写为 INT。一般其长度固定是 4，精度固定是 10，小数位数则固定是 0，这表示字段能存放 10 位没有小数点的整数。存储大小是 4 个字节。

INT 型数据的表示范围一般是从−2 147 483 648～2 147 483 647。各种版本的 SQL 有所差异。

2）SMALLINT：为了节省内存空间，可以使用 SMALLINT 型数据，用于定义数据类型为短整数型。SMALLINT 型数据一般可以存储从−32 768～32 767 的整数。各种版本的 SQL 有所差异。这种数据类型的使用方法与 INT 型完全相同。

3）TINYINT：如果还需要进一步节省空间，可使用 TINYINT 型数据。这种类型的使用方法也与 INT 型相同，不同的是这种类型的字段一般只能存储从 0～255 的整数。各种版本的 SQL 有所差异。TINYINT 型字段不能用来存储负数。

一个 TINYINT 型数据只占用一个字节；一个 INT 型数据占用 4 个字节。使用时，应该先预测一下一个字段所需要存储的数值最大可能是多大，然后选择适当的数据类型。

（2）精确数值类型。

1）NUMERIC（p，s）：可以使用 NUMERIC 型数据同时表示一个数的整数部分和小数部分。用于定义数据类型为数值型，并给定精度 p（总的有效位数）或标度 s（十进制小数点右侧的位数）。如果省略精度说明，则精度由执行机构确定。如果省略标度，则默认为 0。最好说明被定义数据的精度和标度，以免使用全精度及不必要的空间。

精度是指数据中数字的位数，包括小数点左侧的整数部分和小数点右侧的小数部分；标度是指数字小数点右侧的位数。

例 3-1　数字 12345.678，其精度为 8，标度为 3。

例 3-2　x　NUMERIC（5，3）

以上定义了 x 是精度为 5、标度为 3 的数值型。

2）DECIMAL（p，s）：定义数据类型为数值型，且给定精度 p 或标度 s，共 p 位，其中小数点后有 s 位。DECIMAL 类似于 NUMERIC，不同的是 DECIMAL 的精度实际上由执行机构确定。若使用默认精度和标度值，则与 NUMERIC 相同，但建议使用 DECIMAL。

DECIMAL 可简写为 DEC。

例 3-3　y　DEC（7，2）

以上定义了 y 是由执行机构确定的精度大于或等于 7 且标度为 2 的数值型。

（3）近似浮点数值数据类型。

1）FLOAT（p）：定义数据类型为浮点数值型，其精度等于或大于给定的精度 p。如果省略精度，则精度由执行机构确定。

例 3-4　x1　FLOAT（8）

以上定义 x1 是精度大于或等于 8 的浮点数值型。

2）REAL：定义数据类型为浮点数值型，它的精度由执行机构确定。

3）DOUBLE　PRECISION：定义数据类型为双精度浮点数值型，它的精度由执行机构确定，且比 REAL 的精度大。

（4）货币数据类型。

1）MONEY：MONEY 型数据可以存储从 −922 337 203 685 477.580 8～922 337 203 685 477.580 7 的数。各种版本的 SQL 有所差异。如果需要存储更大的金额，可以使用 NUMERIC 类型。

2）SMALLMONEY：SMALLMONEY 型数据只能存储从 −214 748.364 8～214 748.364 7 的数。各种版本的 SQL 有所差异。如果可以的话，应该用 SMALLMONEY 型数据来代替 MONEY 型数据，以节省空间。

2. 字符串型

（1）CHARACTER（n）。

用来定义固定长度的字符串，并给定串的长度（n 为字符数）。如果省略长度值，则默认长度为 1。CHARACTER 可以简写为 CHAR。

例 3-5　x2　CHAR（10）

以上定义了 x2 是长度为 10 的字符串。

（2）VARCHAR（n）。

定义可变长字符串。

注意数据类型后面的括号中的数字，这个数字用于指定这个字段所允许存放的字符串的最大长度，其最大长度为 n。如果字符串太长，会被截断，只保留 n 个字符。

VARCHAR 类型可以存储的字符串最长为 255 个字符。要存储更长的字符串数据，可以使用文本型数据。

VARCHAR 型和 CHAR 型的不同是：假如向一个长度为 40 个字符的 VARCHAR 型字段中输入数据 I AM A STUDENT，当以后从这个字段中取出此数据时，所取出的数据的长度为 14 个字符——字符串 I AM A STUDENT 的长度。现在假如把字符串输入一个长度为 40 个字符的

CHAR 型字段中，那么当取出数据时，所取出的数据的长度将是 40 个字符，字符串的后面会被附加多余的空格。

使用 VARCHAR 型字段的好处是它比 CHAR 型字段占用更少的内存和磁盘空间。

3. 文本型（TEXT）

字符型数据限制字符串的长度不能超过 255 个字符。而使用文本型数据，可以存放超过 20 亿个字符的字符串。当需要存储大量的字符时，应该使用文本型数据。

文本型数据没有长度，而字符型数据是有长度的。一个文本型字段中的数据通常要么为空，要么很大。但无论何时，只要能避免使用文本型字段，就不要用它。文本型字段既大又慢，滥用文本型字段会使服务器速度变慢。文本型字段还会占用大量的磁盘空间。

4. 位串型

（1）BIT（n）：定义数据类型为二进制位串，其长度为 n。

例 3-6 a BIT（8）

以上定义了 a 是长度为 8 的二进制位串。

（2）BIT VARYING（n）：定义可变长的二进制位串，其最大长度为 n。

5. 日期型

（1）DATE：定义日期，包含年、月、日，其形式为 YYYY-MM-DD。

例 3-7 hao_date DATE

以上定义了 hao_date 为日期型，可存放日期数据，如 2004-01-02。

（2）TIME：定义时间，包含时、分、秒，其形式为 HH:MM:SS。

（3）TIMESTAMP：定义时间戳，包含年、月、日、时、分、秒，其形式为 YYYY-MM-DD HH:MM:SS [.nnnnnn]，其中 nnnnnn 为秒以下的时间值。

6. 逻辑型（BOOLEAN）

定义布尔数，其值可以是 TRUE（真）、FALSE（假）、UNKNOWN（未知）。

以上这些数据类型，对于数值型数据，可以执行算术运算和比较运算，但其他类型数据则只能执行比较运算，不能执行算术运算。

3.1.5 SQL 的语句类型

一、SQL 语言的分类

SQL 语言具有数据定义、数据查询、数据操纵、数据控制 4 大功能。其全部功能可以用 9 个动词概括，见表 3-1 所示。

表 3-1 SQL 语言的动词

SQL 功能	动　　词
数据定义	CREATE、DROP、ALTER
数据查询	SELECT
数据操纵	INSERT、UPDATE、DELETE
数据控制	GRANT、REVOKE

可以把 SQL 语言分为 4 大类。

1. 查询语言（Query Language，简称 QL）

查询语言用来查询数据。查询操作只检索信息，不改变数据库中的信息。

2. 数据操纵语言（Data Manipulation Language，简称 DML）

DML 的命令用来增、删、改数据库中的数据，数据操纵语言 DML 主要有以下三种形式。

（1）插入：INSERT。

（2）更新：UPDATE。

（3）删除：DELETE。

3. 数据定义语言（Data Definition Language，简称 DDL）

DDL 用来创建各种数据库中的对象，包括数据库模式、表、视图、索引、聚簇等，它的基本语句有：CREATE TABLE（表）/VIEW（视图）/INDEX（索引）/SYN（同义词）/CLUSTER（聚簇）等。

4. 数据控制语言（Data Control Language，简称 DCL）

数据控制语言 DCL 用来授予或回收访问数据库的某种特权、完整性规则的描述，并控制数据库操纵事务发生的时间及效果，对数据库实行监视等。

二、符号约定

在 SQL 语句的基本格式（如表的建立、查询、删除等的语法格式）中使用了变型的巴科斯范式（Backus-Naur Form，BNF）标记。下面介绍有关的约定符号。

（1）{　　}

表示必须选择其中的一项或多项。大括号不是语句的一部分，具体使用时不要把它包含在 SQL 语句中。

（2）[　　]

表示其中的内容可以省略不写，也可写出。中括号不是语句的一部分，具体使用时不要把它包含在 SQL 语句中。

（3）<　　>

表示其中的内容是语法元素的名称。尖括号不是语句的一部分，具体使用时不要把它包含在 SQL 语句中。

（4）|

竖直线用于把语法元素组分开，表示或者的意思，在构造 SQL 语句时必须选择其中的一个元素。竖直线不是语句的一部分，具体使用时不要把它包含在 SQL 语句中。

（5）…

表示其前面的内容可重复多次。省略号不是语句的一部分，具体使用时不要把省略号包含在 SQL 语句中。

3.2　SQL 的数据定义

3.2.1　建立表和删除表

1. 建立表

在 SQL 语言中，使用语句 CREATE TABLE 创建数据表，其基本语法格式如下：

CREATE　TABLE<表名>

（列名 1 数据类型［默认值，列约束］，

列名 2 数据类型［默认值，列约束］，

…

列名 n 数据类型［默认值，列约束］，

［表约束］）；

其中：

- <表名>是所要定义的基本表的名字，最多为 128 个字符，如 STUDENTS、SC、C 等。SQL 和其他计算机语言一样，保留一些字作为专用，例如查询语句中的 SELECT、ALTER、DROP 等。不能用保留字作为表名或列名。
- 默认值（DEFAULT）表示某一字段的默认值，当没有输入数据时，则使用此默认值。
- 对于基本表的约束分为列约束和表约束，列约束是对某一个特定列的约束，表约束通常用于对多个列一起进行约束。

例 3-8　建立一个学生表。

```
CREATE TABLE  STUDENT
(SNO CHAR (8),
SN VARCHAR (20),
SEX CHAR (2)DEFAULT'男',
AGE INT,
BP VARCHAR (20),
DEPT VARCHAR (20));
```

执行以上的语句后，即生成学生基本表的表框架，此表为一个空表。其中，SEX 列的默认值为"男"。

例 3-9　建立选课关系表 ENROLL。

```
CREATE TABLE ENROLL
(SNO CHAR (8),
CNO CHAR (8),
GRADE NUMERIC (3));
```

2. 定义完整性约束

建立表的同时还可以定义与该表有关的完整性约束。表的完整性约束是对表的某种约束条件，防止对数据的意外破坏。

下面介绍 4 种类型的完整性约束。

（1）NULL/NOT NULL/UNIQUE 约束

NULL 不是 0，也不是填入字符串 NULL，而是表示"不知道"、"不确定"或"没有数据"。当某一字段一定要有值的时候，可以设置为 NOT NULL。NOT NULL 表示某个属性的分量值不能为空。该约束只能用于定义列约束。例如主关键字列不允许出现空值，否则就失去了唯一标识记录的作用。

其语法格式如下：

［CONSTRAINT <约束名>］［NULL|NOT NULL］

例 3-10　建立一个 STUDENT 表，对 SNO 字段进行 NOT NULL 约束。

```
CREATE TABLE STUDENT
(SNO CHAR (8)CONSTRAINT S_CONS NOT NULL,
SN VARCHAR (20),
SEX CHAR (2)DEFAULT'男',
AGE INT,
BP VARCHAR (20),
DEPT VARCHAR (20));
```

当 SNO 为空时，系统给出错误信息，未定义 NOT NULL 约束时，系统默认为 NULL。其中 S_CONS 为指定的约束名称，当省略约束名称时，系统自动产生一个名字。以下语句的功能同上，只是省略了约束名称。一般在定义时都省略约束名称，用以下的方法定义。

```
CREATE TABLE STUDENT
(SNO CHAR (8)NOT NULL,
SN VARCHAR (20),
SEX CHAR (2)DEFAULT'男',
AGE INT,
BP VARCHAR (20),
DEPT VARCHAR (20));
```

UNIQUE 表示对某个属性进行只能取唯一值的约束，用于指明基本表在某一列或多个列的组合上的取值必须唯一。UNIQUE 既可用于列约束，也可用于表约束。定义了 UNIQUE 约束的列称为唯一键。唯一键允许为空，但系统为保证其唯一性，最多只能出现一个 NULL 值。

UNIQUE 用于定义列约束时，其语法格式如下：

[CONSTRAINT<约束名>] UNIQUE

其中：CONSTRAINT 和约束名称可以省略。

例 3-11 建立一个 S 表，定义 SN 为唯一键。

```
CREATE TABLE S
(SNO CHAR (8),
SN CHAR (8)UNIQUE,
SEX CHAR (2),
AGE INT);
```

UNIQUE 用于定义表约束时，其语法格式如下：

```
[CONSTRAINT<约束名>]UNIQUE (<列名>[{,<列名>}])
```

例 3-12 建立一个 S 表，定义 SN＋SEX 为唯一键。

```
CREATE TABLE S
(SNO CHAR (8),
SN CHAR (8),
SEX CHAR (2),
UNIQUE (SN, SEX));
```

该例中系统为 SN＋SEX 建立唯一索引，确保同一性别的学生没有重名。

（2）PRIMARY KEY 约束在 CREATE TABLE 语句中说明主关键字有两种方法：

①在关系模式中列出属性时说明某个属性为主关键字；②在关系模式的属性表之后另行说明。

PRIMARY KEY 约束用于定义基本表的主关键字，起唯一标识作用，其值不能为 NULL，也不能重复，以此来保证实体的完整性。

PRIMARY KEY 通过建立唯一索引来保证基本表在主键列取值的唯一性。与 UNIQUE 约束有些类似，但它们之间存在着很大的区别：①在一个基本表中只能定义一个 PRIMARY KEY 约束（因为一个基本表中只有一个主关键字），但可定义多个 UNIQUE 约束；②对于指定为 PRIMARY KEY 的一个列或多个列的组合，其中任何一个列都不能出现空值，而对于 UNIQUE 所约束的唯一键，则允许为空。

注意： 不能为同一个列或一组列既定义 UNIQUE 约束，又定义 PRIMARY KEY 约束。

PRIMARY KEY 既可用于列约束，也可用于表约束。

PRIMARY KEY 用于定义列约束时，其语法格式如下：

```
[CONSTRAINT <约束名>]PRIMARY KEY
```

例 3-13 建立一个 COURSE 表，定义 CNO 为 COURSE 的主关键字。

```
CREATE TABLE COURSE (
        CNO CHAR (8)PRIMARY KEY,
        CN VARCHAR (20),
        CT VARCHAR (20),
        CREDIT SMALLINT);
```

例 3-14 建立一个 MovieStar 表，定义 name 为主关键字，ID 为唯一键。

```
CREATE TABLE MovieStaR (
    name CHAR (20)PRIMARY KEY,
    ID CHAR (18)UNIQUE,
    address VARCHAR (40),
    gender CHAR (2),
birthday DATE);
```

PRIMARY KEY 用于定义表约束时，即将某些列的组合定义为主关键字，其语法格式如下：

```
[CONSTRAINT <约束名>]PRIMARY KEY (<列名>[{<列名>}])
```

例 3-15 建立一个 ENROLL 表，定义 SNO＋CNO 为 ENROLL 的主关键字。

```
CREATE TABLE ENROLL
(SNO CHAR (8)NOT NULL,
CNO CHAR (8)NOT NULL,
GRADE NUMERIC(3),
PRIMARY KEY(SNO, CNO));
```

（3）FOREIGN KEY 约束

FOREIGN KEY 约束指定某一个列或一组列作为外来关键字，其中包含外来关键字的表称为从表，而被参照的包含外来关键字所引用的主关键字或唯一键的表称为主表。系统保证从表在外来关键字上的取值要么是主表中的某一个主关键字值或唯一键值，要么取空值，以此保证两个表之间的连接，确保实体的参照完整性。

FOREIGN KEY 既可用于列约束，也可用于表约束，其语法格式如下：

```
[CONSTRAINT<约束名>]
FOREIGN KEY (<列名 1>) REFERENCES<主表名> (<列名 2>)
```

例 3-16 建立一个 ENROLL 表，定义 SNO、CNO 为 ENROLL 的外来关键字。

```
CREATE TABLE ENROLL
```

```
(SNO CHAR (8)NOT NULL,
CNO CHAR (8)NOT NULL,
GRADE NUMERIC (3),
PRIMARY KEY (SNO,CNO),
FOREIGN KEY (SNO) REFERENCES STUDENT (SNO),
FOREIGN KEY (CNO)REFERENCES COURSE (CNO);
```

（4）CHECK 约束

CHECK 约束用来规定一个表的一个列或多个列的组合只能包含该规则定义的集合中的值，如可以限定一个字段只能是 0～100 的整数，以此来保证域的完整性。

CHECK 既可用于列约束，也可用于表约束，其语法格式如下：

```
[CONSTRAINT<约束名>]CHECK (<条件>)
```

例 3-17　建立教师学生数据库中的表 ENROLL，定义 GRADE 要么为空，要么其取值为 0～100 之间。

```
CREATE TABLE ENROLL
(SNO CHAR (8)NOT NULL,
CNO CHAR (8)NOT NULL,
GRADE INT,
PRIMARY KEY(SNO, CNO),
FOREIGN KEY(SNO)REFERENCES STUDENT(SNO),
FOREIGN KEY(CNO)REFERENCES COURSE(CNO),
CHECK((GRADE  IS NULL)OR (GRADE  BETWEEN  0 AND 100)));
```

例 3-18　建立一个包含完整性定义的 S 表。

```
CREATE TABLE S
(SNO CHAR (8)PRIMARY KEY,
SN CHAR (8)NOT NULL,
AGE NUMERIC (2)NOT NULL,
CHECK (AGE BETWEEN 15 AND 50),
SEX CHAR (2)DEFAULT'男',
DEPT CHAR (10)NOT NULL);
```

3．删除表

可以删除一个表，删除表的一般语法格式如下：

```
DROP  TABLE<表名>[[CASCADE|RESTRICT];
```

其中：

- CASCADE 方式表示在删除表时，该表中的数据、表本身以及在该表上所创建的索引和视图将全部删除。
- RESTRICT 方式表示只有在清除了表中的全部记录行数据，以及在该表上所创建的索引和视图后，才能删除一个空表，否则拒绝删除表。

未指定 CASCADE 和 RESTRICT 时，默认采用 CASCADE 方式。

使用 DROP TABLE 命令时一定要小心，一旦一个表被删除之后，将无法恢复它。

例 3-19　删除课程表 COURSE。

```
DROP TABLE COURSE;
```

3.2.2　扩充表与修改表

由于应用环境和应用需求的变化，经常需要修改基本表的结构，比如增加新列和完整性约束、修改原有的列定义和完整性约束等。SQL 语言中使用 ALTER TABLE 命令来完成这一功能。

1. 在现存表中增加新列或修改列

ALTER 语句的格式如下：

```
ALTER TABLE<表名>
[ADD<新列名><数据类型>[完整性约束]]
[MODIFY<列名><数据类型>[,<列名><数据类型>]…];
```

该语句的功能是在原有表的所有列的右边扩充新列，或者修改表中的某列。

例 3-20　在 STUDENT 表中增加出生年月。

```
ALTER TABLE STUDENT
ADD BIRTHDAY DATE;
```

例 3-21　在 STUDENT 表中增加班号列和家庭住址列。

```
ALTER TABLE STUDENT
ADD
CLASS_NO CHAR (6),
HOME CHAR (40);
```

例 3-22　在 COURSE 表中增加学时列。

```
ALTER TABLE COURSE
ADD XS INT NULL;
```

注意：使用以上方式增加的新列自动填充 NULL 值。新增加的列不能定义为 NOT NULL，因为表中可能已经有了许多记录，否则可能会破坏已有的数据。

例 3-23　修改 STUDENT 表中的 SN CHAR (8)为 VARCHAR (8)。

```
ALTER TABLE STUDENT
MODIFY SN VARCHAR (8);
```

例 3-24　把基本表 STUDENT 中 DEPT 的长度修改为 6。

```
ALTER TABLE STUDENT
MODIFY DEPT CHAR (6);
```

2. 修改基本表的名字

使用 RENAME 命令，可以改变基本表的名字，其语法格式如下：

```
RENAME<旧表名>TO<新表名>;
```

例 3-25　将 STUDENT 表的名字更改为 STU。

```
RENAME STUDENT TO STU;
```

3. 删除已存在的某个列

ALTER 语句的形式如下：

```
ALTER TABLE<表名>
DROP[COLUMN]<列名>[CASCADE|RESTRICT];
```

其中：

- CASCADE 方式表示在基本表中删除某列时，所有引用该列的视图和约束也会自动被删除。
- RESTRICT 方式表示在没有视图或约束引用该属性时，才能在基本表中删除该列，否则拒绝删除操作。

未指定 CASCADE 和 RESTRICT 时，在基本表中删除某列时，所有引用该列的视图和约束也会自动被删除。

例 3-26 把 STUDENT 表中的 BP 列删除。

```
ALTER TABLE STUDENT
DROP COLUMN BP;
```

例 3-27 在基本表 STUDENT 中删除年龄（AGE）列，并把引用该列的所有视图和约束也一起删除。

```
ALTER TABLE STUDENT
DROP AGE CASCADE;
```

以上语句可删除 AGE 列及相应的数据。

4．补充主关键字定义

一个表的主关键字不仅可以在建表时确定，还可以在建表以后用 ALTER 语句补充定义。

语句格式如下：

```
ALTER TABLE<表名>
ADD PRIMARY KEY(<列名表>);
```

例 3-28 补充定义 ENROLL 表的主关键字。

```
ALTER TABLE ENROLL
ADD PRIMARY KEY (SNO,CNO);
```

5．删除主关键字

ALTER 语句的形式如下：

```
ALTER TABLE <表名>
DROP PRIMARY KEY;
```

6．补充完整性约束定义

例 3-29 在 ENROLL 表中增加完整性约束定义，使 GRADE 在 0～100 之间。

```
ALTER TABLE ENROLL
ADD
CONSTRAINT SCORE_CHK CHECK (GRADE BETWEEN 0 AND 100);
```

7．删除完整性约束定义

其语法格式如下：

```
ALTER TABLE<表名>
DROP CONSTRAINT<约束名>;
```

例 3-30 删除 ENROLL 表中的 SCORE_CHK 约束。

```
ALTER TABLE ENROLL
DROP CONSTRAINT SCORE_CHK;
```

3.2.3　建立与删除索引

在日常生活中会经常遇到索引，例如图书目录、词典索引等。索引是数据库随机检索的常用手段，它实际上就是记录的关键字与其相应地址的对应表。例如，要在本书中查找有关"SQL 查询"的内容时，应该先通过目录找到"SQL 查询"所对应的页码，然后从相应的页码中找出所要的信息。这种方法比直接翻阅书的内容要快。如果把数据库表比作一本书，则表的索引就像书的目录一样，通过索引可极大地提高查询速度。

用户可以根据应用环境的需要，在基本表上建立一个或多个索引，以提供多种存取路径，加快查找速度。对于一个较大的表来说，通过添加索引，一个通常要花费几个小时完成的查询只要几分钟就可以完成。建立与删除索引一般由数据库管理员 DBA 或表的属主（即建立表的人）负责完成，系统在存取数据时会自动选择合适的索引作为存取路径，用户不必也不能选择索引。

1. 建立索引

格式如下：

```
CREATE [UNIQUE] [CLUSTER] INDEX<索引名>
ON<表名>(<列名> [<次序>] [, <列名> [<次序>]]…);
```

其中：

- <表名>是要建立索引的基本表的名字。
- 索引可以建立在该表的一列或多列上，各列之间用逗号分隔。
- 每个<列名>后面还可以用<次序>指定索引值的排列次序，可选择 ASC（升序）或 DESC（降序），默认值为 ASC。

2. 索引的分类

（1）聚簇索引和非聚簇索引

按照索引记录的存放位置可分为聚簇索引和非聚簇索引。

- 聚簇索引（CLUSTER）：按照索引的字段排列记录，并且依照排好的顺序将记录存储在表中。表中的元组按聚簇索引的顺序物理地存放。
- 非聚簇索引：按照索引的字段排列记录，但是排列的结果并不会存储在表中，而是另外存储。在非聚簇索引中，表中元组存储的物理顺序与索引的顺序无关。

用户可以在经常查询的列上建立聚簇索引，以提高查询效率。在一个基本表中最多只能建立一个聚簇索引，因为一个表中的记录只能以一种物理顺序存放，但可以有多个非聚簇索引。

从建立了聚簇索引的表中取出数据要比从建立了非聚簇索引的表快。也可以对一个表同时建立聚簇索引和非聚簇索引。

当需要取出一定范围内的数据时，用聚簇索引比用非聚簇索引好。但建立聚簇索引后，更新索引列数据时，往往会导致表中记录的物理顺序的变更，代价较大，因此对于经常更新的列不宜建立聚簇索引。对一个表建立非聚簇索引时也要慎重考虑。如果一个表需要频繁地更新数据，那么不要对它建立太多的非聚簇索引。另外，如果硬盘和内存空间有限，也应该限制使用非聚簇索引的数量。

例 3-31　在学生表 STUDENT 中按学号建立聚簇索引。

```
CREATE CLUSTER INDEX SSNO
ON STUDENT (SNO);
```

以上使用关键字 CLUSTER 建立了一个聚簇索引，STUDENT 表中的记录将按照 SNO 值的升序存放。

注意：一个表只能有一个聚簇索引。

例 3-32 在学生表 STUDENT 中按姓名建立索引。

```
CREATE INDEX SSN
ON STUDENT (SN DESC);
```

以上语句建立了一个名为 SSN 的非聚簇索引。可以给一个索引起任何名字，但一般应该在索引名中包含索引的字段名，这对以后弄清楚建立该索引的意图是很有帮助的。

（2）唯一索引。唯一索引（UNIQUE）表示此索引的每一个索引值的取值唯一。这与表的 PRIMARY KEY 的特性类似，因此唯一索引常用于 PRIMARY KEY 的字段上，以区别每一条记录。

聚簇索引和非聚簇索引的索引都可以被指定为唯一索引。如果对一个字段建立了唯一索引，将不能向这个字段输入重复的值。

例 3-33 为表 COURSE 中的列 CNO 建立唯一索引。

```
CREATE UNIQUE INDEX KHCNO
ON COURSE (CNO);
```

（3）复合索引

复合索引是将两个字段或多个字段组合起来建立的索引。

例 3-34 为表 ENROLL 中的列 SNO 和 CNO 建立唯一索引，且 SNO 为升序，CNO 为降序。

```
CREATE UNIQUE INDEX SNOCNO
ON ENROLL (SNO ASC, CNO DESC);
```

以上语句可为 ENROLL 表建立一个索引名为 SNOCNO 的唯一索引，此索引为 SNO 和 CNO 两列的复合索引，即对 ENROLL 表中的行先按 SNO 的递增顺序索引，对于相同的 SNO，再按 CNO 的递减顺序索引。由于有 UNIQUE 的限制，所以该索引在（SNO，CNO）组合列的排序上具有唯一性，不存在重复值。

3. 删除索引

索引一旦建立，就由数据库系统负责使用、维护，用户不需要干预。

建立索引是为了提高查询速度，对于索引的数目没有限制，但随着索引的增多，在数据更新时，系统会花费许多时间来维护索引。因此对于仅用于查询的表可多建索引，对于数据更新频繁的表则应少建索引。而且，应删除不必要的索引。

如果需要改变一个索引的类型，必须删除原来的索引再重建一个。当索引不需要时，可用 DROP INDEX 语句删除。

删除索引的语句格式如下：

```
DROP INDEX <表名.索引名>;
```

注意：在 DROP INDEX 语句中要包含表的名字。

例 3-35 删除 STUDENT 表中按姓名建立的索引。

```
DROP INDEX STUDENT.SSN;
```

在该例中，删除的索引是 SSN，它是表 STUDENT 的索引。

3.3 SQL 的数据查询

SQL 的主要功能之一是实现数据库查询。查询语句采用以下的 SELECT—FROM—WHERE 句型。

```
SELECT A1,···,An
FROM R1, ···,Rm
WHERE F;
```

这个句型是从关系代数表达式演变而来的。在关系代数中最常用的式子是以下的表达式。

$$\Pi_{A1, \cdots, An}(\sigma_F(R1 \times \cdots \times Rm))$$

这里的 R1、···、Rm 为关系名，F 是条件表达式，A1、···、An 为属性。

查询语句完整的语法如下：

```
SELECT[DISTINCT|ALL]*/选择列表[INTO 新表名]
FROM<表名或视图名>[{,<表名或视图名>}···]
[WHERE 行条件表达式]
[GROUP BY 列名序列]
[HAVING 组条件表达式]
[ORDER BY 列名[ASC|DESC],···];
```

SQL 语句的书写是自由格式，以上查询语句可以写成几行，也可写成连续的一行。

SELECT 语句的第一部分指名要选取的列，可以是星号（*）或选择列表。选择列表是由"，"分隔的多个项，这些项可以是列名、常数或者系统内部函数。最后按 SELECT 子句中给出的列名或列表达式的值输出结果。其他选项的含义如下：

- ALL 检索所有符合条件的元组，这是默认值。
- DISTINCT 检索去掉重复组的所有元组。
- INTO 子句用于指定所要生成的新表的名称。

SELECT 语句的第二部分 FROM 子句用于指定要查询的表或者视图，用逗号相互隔开。

SELECT 语句的第三部分 WHERE 子句用于指明要选择满足什么条件的记录。

可选项 GROUP BY 子句是分组查询子句，把一个表按某一指定列（或一些列）上的值相等的原则进行分组，与指定列值相等的元组分在一组。如果 GROUP BY 子句带 HAVING 短语，则输出同时满足 HAVING 条件的元组。可选项 ORDER BY 子句可以根据一个列或者多个列来排序查询结果，按 ASC 升序排列或按 DESC 降序排列。默认为升序。

下面分类详细说明查询语句的格式和使用方法。

3.3.1 单表查询

在 SELECT 语句中，要列出多少个字段就可以列出多少个。注意，要把字段名用逗号隔开。也可以用星号（*）从一个表中取出所有的字段。

1. 从表中取出指定的列（相当于关系代数中的投影）

例 3-36 `SELECT*`

```
     FROM ENROLL;
```

以上语句等价于　SELECT SNO，CNO，GRADE FROM ENROLL。

该 SELECT 语句执行后，表中所有字段的值都被取出。在 SQL 查询中经常会使用星号。例如可以使用星号来查看一个表中所有列的名字，要实现该操作，只需在执行完 SELECT 语句后查看一下查询结果的列标题。

例 3-37
```
SELECT CNO,GRADE
    FROM ENROLL;
```

2．查询满足条件的元组

查询满足条件的元组可通过 WHERE 子句实现。WHERE 子句常用的查询条件见表 3-2 所示。

表 3-2　WHERE 子句常用的查询条件

查 询 条 件	谓　　　词
比较大小	＝、＞、＜、＞＝、＜＝、!＝（等价于＜＞）、!＞、!＜、NOT＋比较符
确定范围	BETWEEN…AND…，NOT BETWEEN…AND…
多重条件	AND、OR、NOT
确定集合	IN、NOT IN
字符串匹配	LIKE、NOT LIKE
空值判断	IS NULL、IS NOT NULL

（1）比较大小。条件表达式中可以出现算术比较运算符（＜、＜＝、＞、＞＝、＝、!＝等），用于限定值的范围。任何一个含有空值（NULL）的比较操作的结果的取值都为"假"。

例 3-38　查询信息系全体学生的姓名。

```
SELECT SN
FROM STUDENT
WHERE DEPT='信息系';
```

例 3-39　查询所有年龄在 30 岁以下的教师的情况。

```
SELECT *
FROM TEACHER
WHERE AGE<30;
```

或

```
SELECT *
FROM TEACHER
WHERE NOT AGE>=30;
```

（2）确定范围。比较运算符谓词 BETWEEN…AND…和 NOT　BETWEEN…AND…可以用来判断列值是否满足指定的区间，其中 BETWEEN 后是范围的下限（即低值），AND 后是范围的上限（即高值）。

例 3-40　查询年龄在 20 到 24 岁（包括 20 岁和 24 岁）之间的学生的姓名、年龄。

```
SELECT SN,AGE
FROM STUDENT
```

```
WHERE AGE BETWEEN 20 AND 24;
```

例 3-41　查询年龄不在 20～24 岁之间的学生的姓名、年龄。

```
SELECT SN,AGE
FROM STUDENT
WHERE AGE NOT BETWEEN 20 AND 24;
```

（3）多重条件查询。当 WHERE 子句需要指定一个以上的查询条件时，则需要使用逻辑运算符 AND、OR 和 NOT 将其连接成复合的逻辑表达式。其优先级由高到低为 NOT、AND、OR，但用户可以使用括号改变优先级。

例 3-42　查询选修 C1 号或 C2 号课程且分数大于等于 85 分的学生的学号、课程号和成绩。

```
SELECT SNO,CNO,GRADE
FROM ENROLL
WHERE (CNO='C1'OR CNO='C2')AND GRADE>=85;
```

（4）确定集合。IN 和 NOT IN 用于判断是否为指定集合的成员。

例 3-43　查询选修课程号为 C1 或 C2 或 C3 的学生的学号、课程号和成绩。

```
SELECT SNO,CNO,GRADE
FROM ENROLL
WHERE CNO IN ('C1', 'C2', 'C3');
```

以上语句也可以使用逻辑运算符 OR 实现。

```
SELECT SNO,CNO,GRADE
FROM ENROLL
WHERE CNO='C1'OR CNO='C2'OR CNO='C3';
```

由此可见，关键字 IN 相当于多个 OR 的缩写形式。

利用 NOT IN 可以查询指定集合外的元组。

例 3-44　查询没有选修 C1，也没有选修 C2 的学生的学号、课程号和成绩。

```
SELECT SNO,CNO,GRADE
FROM ENROLL
WHERE CNO NOT IN ('C1', 'C2');
```

或

```
SELECT SNO,CNO,GRADE
FROM ENROLL
WHERE CNO!='C1'AND CNO!='C2';
```

（5）字符串匹配。前面的一些例子均属于完全匹配查询，当不知道完全精确的值时，用户还可以使用谓词 LIKE 或 NOT LIKE 进行部分匹配查询（也称为模糊查询）。

条件表达式中字的符串匹配操作符是 LIKE，其一般语法格式如下：

（[NOT]LIKE'<匹配串>' [ESCAPE'<换码字符>']

以上格式的含义是查找指定的属性列值与<匹配串>相匹配的元组。<匹配串>可以是一个完整的字符串，也可使用以下两个通配符。

- %（百分号）：代表任意长度（长度可以为 0）的字符串。例如 a%b 表示以 a 开头，以 b 结尾的任意长度的字符串，如 acb、addgb、ab 等都满足该匹配串。

- _ （下划线）：代表单个字符。例如 a_b 表示以 a 开头，以 b 结尾的长度为三的任意字符串，如 acb、afb 等都满足该匹配串。

例 3-45 查询教师号为 1102 的教师的详细情况。

```
SELECT *
FROM TEACHER
WHERE TNO LIKE '1102';
```

该例要求找出与教师号 1102 相同的教师的信息。这里没有使用通配符。在匹配串中不包含通配符时，通常可用"＝"代替 LIKE，如下：

```
SELECT *
FROM TEACHER
WHERE TNO='1102';
```

用"!="或"<>"（不等号）可以代替 NOT LIKE。

例 3-46 找出姓为"欧阳"的单名学生的学号。

```
SELECT SNO
FROM STUDENT
WHERE SN LIKE'欧阳__';
```

注意：由于一个汉字相当于两个字符，所以使用两个下划线表示一个汉字的单名。

例 3-47 找出所有名叫"王×明"的或姓"张"的同学的信息。

```
SELECT *
FROM STUDENT
WHERE SN LIKE'王_ _明'OR SN LIKE'张%';
```

例 3-48 找出不姓"刘"的学生的姓名、学号和性别。

```
SELECT SN,SNO,SEX
FROM STUDENT
WHERE SN NOT LIKE'刘%';
```

如果用户要查询的字符串本身就包含"%"或"_"，这时需要使用 ESCAPE'<换码字符>'短语对通配符进行转义。

例 3-49 找出课程名为"AUTO_Design"的课程号和学分。

```
SELECT CNO,CREDIT
FROM COURSE
WHERE CN LIKE'AUTO\_Design'ESCAPE'\';
```

注意：ESCAPE'\'短语表示"\"为换码字符，这样匹配串中紧跟在"\"后面的字符"_"不再具有通配符的含义，转义为普通的"_"字符。

例 3-50 找出课程名以"DB_"开头，并且倒数第三个字符为 i 的课程信息。

```
SELECT*
FROM  COUSRE
WHERE  CNAME  LIKE  'DB\_%i_ _'  ESCAPE'\'
```

注意：这里的匹配串为"DB_%i_ _"。第一个"_"前面有换码字符"\"，所以它被转义为普通的"_"字符。而"%"前、第二个和第三个"_"前面均没有换码字符"\"，所以它们仍作为通配符。

（6）涉及空值的查询。空值（NULL）不是 0，也不是填入字符串 NULL，而是表示"不知道"、"不确定"或"没有数据"。通常没有为一个列输入值时，该列的值就是空值。空值不同于 0 和空格，它不占用任何存储空间。例如，某些学生选课后没有参加考试，他们有选课记录，但没有考试成绩，考试成绩为空值，这与参加考试而成绩为 0 分不同。

可用 IS［NOT］NULL 来测试空值。

注意：这里的 IS 不能用等号（＝）代替。

例 3-51　找出学生表中籍贯是空值的学生的姓名和性别。

```
SELECT SN,SEX
FROM STUDENT
WHERE BP IS NULL;
```

该例中的空值条件为 IS NULL，不能写成 BP＝NULL。

例 3-52　找出已经登记课程成绩的学生的学号及其选修的课程号。

```
SELECT SNO,CNO
FROM ENROLL
WHERE GRADE IS NOT NULL;
```

3．对选出的记录进行排序

通过使用 ORDER BY 子句，可以强制一个查询结果按升序或降序排列。

例 3-53　找出年龄在 20 到 24 岁之间的学生的学号、姓名和年龄，并按年龄的升序排列。

```
SELECT SNO,SN,AGE
FROM STUDENT
WHERE AGE BETWEEN 20 AND 24
ORDER BY AGE;
```

可同时对多个列使用 ORDER BY 子句。

例 3-54　同时按升序显示字段 BP 和字段 AGE，需要对两个字段都进行排序。

```
SELECT BP,AGE
FROM STUDENT
ORDER BY BP,AGE;
```

以上查询的结果显示籍贯（BP）和学生年龄（AGE）两个字段。首先按 BP 字段进行排序，然后按字段 AGE 进行排序。

关键字 ASC 表示升序（默认），DESC 表示降序。

例 3-55　查询选修了 C1 号课程的学生信息，查询结果包含学号和成绩（成绩高的排在前面）。

```
SELECT SNO,GRADE
FROM ENROLL
WHERE CNO='C1'
ORDER BY GRADE DESC;
```

例 3-56　查询选修课程号为 C2 或 C3 或 C4 或 C5 的学生的学号、课程号和成绩，查询结果按学号的升序排列，学号相同的再按成绩的降序排列。

```
SELECT SNO,CNO,GRADE
FROM ENROLL
WHERE CNO IN('C2','C3','C4','C5')
ORDER BY SNO,GRADE DESC;
```

例 3-57　查询学生信息，要求输出结果先按学号的升序排列，再按年龄的降序排列。

```
SELECT *
FROME STUDENT
ORDER BY SNO ASC,AGE DESC;
```

不是特别需要时，不要对查询结果进行排序，因为服务器完成这项工作的代价较大。

4. 用 DISTINCT 取消重复记录

如果某一列中有重复的值，但希望相同的值只被选取一次，可以使用关键字 DISTINCT 来实现。

例 3-58
```
SELECT DISTINCT SNO
FROM ENROLL
WHERE SNO='990101';
```

以上的 SELECT 语句执行时，只返回一个记录。通过在 SELECT 语句中包含关键字 DISTINCT，可以删除所有重复的值。

例如对于选课关系表（ENROLL），若想查询所有选修了课程的学生的学号，可以使用关键字 DISTINCT。每个学生的学号只选取一次，尽管有的学生选修了不止一门课。

例 3-59　查询选修了课程的学生号。

```
SELECT DISTINCT SNO
FROM ENROLL;
```

3.3.2　多表查询

用 SQL 查询可以从一个表中取出数据，也可以用 SELECT 语句同时从多个表中取出数据。通过子查询和连接查询可以实现同时对多个表的查询操作，并将查询结果组合成一个表。

1. 子查询

在 SQL 语言中，一个 SELECT—FROM—WHERE 语句称为一个查询块。将一个查询块（这里称为查询块 1）嵌套在另一个查询块（称为查询块 2）的 WHERE 子句或 HAVING 短语的条件中的查询称为嵌套查询。其中的查询块 1 称为子查询或内层查询，包含子查询的查询块 2 称为主查询或父查询或外层查询。

子查询包含下面介绍的普通子查询和 3.3.4 节将要介绍的相关子查询。

子查询的语法形式如下：

```
    SELECT[DISTINCT]{*|<列名表>}
FROM<表名>
WHERE<列名>[NOT]IN|<列名><运算符>[ANY|SOME|ALL]
(SELECT<列名>
FROM<表名>
[WHERE<搜索条件>]);
```

子查询都是括在圆括号中，并可有选择地跟在 IN、ANY（SOME）、ALL 和 EXISTS 等谓词的后面。

嵌套查询在执行时由内向外处理，每个子查询是在上一级外层查询处理之前完成，父查询要用到子查询的结果。SQL 语言允许多层嵌套查询，即一个子查询中还可以嵌套其他的子查询。需要特别指出的是，子查询的 SELECT 语句中不能使用 ORDER BY 子句，ORDER BY 子句永远只能对最终查询结果进行排序。

例 3-60　查询与沈东教师职称相同的教师号、姓名。

```
SELECT TNO,TN
FROM TEACHER
WHERE PROF=(SELECT PROF
            FROM TEACHER
            WHERE TN='沈东');
```

此查询相当于分成两个查询块来执行。先执行以下的子查询：

```
SELECT PROF
FROM TEACHER
WHERE TN='沈东';
```

以上的子查询向主查询只返回一个值，即沈东教师的职称"讲师"，然后以此作为父查询的条件，相当于再执行父查询，查询所有职称为"讲师"的教师号、教师姓名。

```
SELECT TNO,TN
FROM TEACHER
WHERE PROF='讲师';
```

（1）带有 IN 谓词的子查询

在嵌套查询中，子查询的结果往往是一个集合，所以谓词 IN 是嵌套查询中最常使用的谓词。

例 3-61　找出未选修 C1 课程的学生的学号、姓名。

```
SELECT SNO,SN
FROM STUDENT
WHERE SNO NOT IN
  (SELECT SNO
  FROM ENROLL
  WHERE CNO='C1');
```

例 3-62　查询英语课不及格的男生名单。

```
SELECT SN
FROM STUDENT
WHERE SEX='男'AND SNO IN(
    SELECT SNO
    FROM ENROLL
    WHERE GRADE<60 AND CNO IN(
        SELECT CNO
        FROM COURSE
        WHERE CN='英语'));
```

（2）带有 SOME 或 ALL 的子查询。

当子查询的返回值不止一个，是一个集合时，则不能直接使用比较运算符，可以在比较运算符和子查询之间插入 SOME（或 ANY）或 ALL。ALL 的含义为全部。<>ALL 等价于 NOT IN。SQL 规定 SOME 和 ANY 是同义词。早期的 SQL 用 ANY，现在多用 SOME。

使用 SOME 或 ALL 谓词的同时必须使用比较运算符，其语义见表 3-3 所示。

表 3-3 使用 SOME 或 ALL 谓词时同时使用比较运算符的语义

>SOME	大于子查询中的某个值	>ALL	大于子查询中的所有值
<SOME	小于子查询中的某个值	<ALL	小于子查询中的所有值
>=SOME	大于等于子查询中的某个值	>=ALL	大于等于子查询中的所有值
<=SOME	小于等于子查询中的某个值	<=ALL	小于等于子查询中的所有值
=SOME	等于子查询中的某个值	=ALL	等于子查询中的所有值
!=SOME 或<>SOME	不等于子查询中的某个值	!=ALL 或<>ALL	不等于子查询中的所有值

例 3-63 找出不是最小年龄的学生。

```
SELECT *
FROM STUDENT
WHERE AGE>SOME(SELECT AGE
              FROM STUDENT);
```

其中：SOME 的含义为任意一个。

例 3-64 查询其他省份中比江苏籍所有学生年龄都小的学生名单。

```
SELECT SN,AGE
FROM STUDENT
WHERE AGE<ALL
        (SELECT AGE
        FROM STUDENT
        WHERE BP='江苏');
AND BP< >'江苏'/*这是主查询块中的条件*/
```

例 3-65 找出具有最高平均成绩的学号及平均成绩。

```
    SELECT SNO,AVG(GRADE)
FROM ENROLL
GROUP BY SNO
HAVING AVG(GRADE)>=ALL（SELECT AVG(GRADE)
                      FROM ENROLL
                      GROUP BY SNO);
```

2. 连接查询

所谓连接查询就是通过连接使查询的数据从多个表中检索取得。在 SELECT 的 FROM 子句中写上所有有关的表名，可用 WHERE 子句给出连接条件和必要的选择条件予以限制。

对涉及两个或两个以上的表进行查询，最基本的方法是采用连接查询。

例 3-66 列出所有学生的学号、姓名、课程号、成绩。

```
    SELECT STUDENT.SNO,SN,CNO,GRADE
FROM STUDENT, ENROLL
WHERE STUDENT.SNO=ENROLL.SNO;
```

注意：当两个列名相同时（如本例中的 SNO），必须在其列名前加上所属表的名字和一个圆点"·"以示区别。表的连接除使用"＝"外，还可使用比较运算符＜＞（！＝）、＞、＞＝、＜、＜＝以及 BETWEEN、LIKE、IN 等谓词。

例 3-67 列出课程成绩在 60 分以上的女学生的姓名、课程名和成绩。

```
SELECT SN,CN,GRADE
FROM STUDENT,COURSE, ENROLL
WHERE SEX='女'AND GRADE>60 AND
      STUDENT.SNO=ENROLL.SNO AND
      ENROLL.CNO=COURSE.CNO;
```

上例涉及三个表，当对两个以上的表进行连接时，称为多表连接。当一个表与其自身进行连接时，称为表的自身连接。

例 3-68 查询所有比沈东年龄大的教师的姓名、年龄和沈东的年龄。

要查询的内容均在同一个表 TEACHER 中，可以对表 TEACHER 分别取两个别名，一个是 X，另一个是 Y。将 X、Y 中满足比沈东年龄大的行连接起来，这实际上是同一个表 TEACHER 的自身连接。

```
SELECT X.TN,X.AGE AS AGE_a,Y.AGE AS AGE_b
FROM TEACHER AS X, TEACHER AS Y
WHERE X.AGE>Y.AGE AND Y.TN='沈东';
```

3.3.3 表达式与函数的使用

在数据查询中，用户不仅需要查询表中直接存储的数据，而且还查询直接存储的数据经过加工运算后的结果，这可以利用表达式与函数来实现。

1. 算术表达式

在 SELECT 子句中可以使用算术表达式，算术表达式由算术运算符＋、－、*、/与列名或数值常量所组成。SQL 规定，在包含运算符＋、－、*、/的算术表达式中，若有一个值是空值（NULL），则该算术表达式的值也是空值。

另外，在 WHERE 子句中可以使用算术表达式。在 ORDER BY 子句中也可以使用算术表达式，按照一定的计算数值进行排序。

例 3-69 查询各课程的学时数（一个学分的授课时数为 16 学时）。

```
SELECT CN,COURSE_TIME=CREDIT*16
FROM COURSE;
```

查询结果如下：

CN	COURSE_TIME
数据库	48
汉字处理	48
英语	64
德育	64
高等数学	80
数据结构	64

73

例 3-70 把表 TEACHER 中所有教师的工资加倍显示。

```
SELECT SAL*2
FROM TEACHER;
```

通过例 2 中的这种方法操作字段不会改变存储在表中的教师工资。对字段的运算只会影响 SELECT 语句的输出，而不会影响表中的数据。

可以使用连接运算符（它看起来像个加号）来连接两个字符型字段。

例 3-71 `SELECT TNO+","+TN"JIAOSHI"`
     `FROM TEACHER;`

在该例中，将字段 TNO 和字段 TN 组合在一起，中间用一个逗号隔开，并把查询结果的标题指定为 JIAOSHI。以上语句的执行结果如下：

JIAOSHI

————————————

1001，沈东

1102，林丽

1003，葛海

1120，王甜

2．聚集函数

要对一个表中的记录或列进行数据统计，需要使用聚集函数。SQL 提供的聚集函数（又称为集函数或集合函数）见表 3-4 所示。

表 3-4　聚集函数

聚　集　函　数	作　　　　用
COUNT（［DISTINCT｜ALL］*）	统计元组个数（统计表中的记录数）
COUNT（［DISTINCT｜ALL］<列名>）	统计一列中值的个数
SUM（［DISTINCT｜ALL］<列名>）	计算一列值的总和（数值型）
AVG（［DISTINCT｜ALL］<列名>）	求某一列值的平均值（数值型）
MAX（［DISTINCT｜ALL］<列名>）	计算一列值中的最大值
MIN（［DISTINCT｜ALL］<列名>）	计算一列值中的最小值

当使用一个聚集函数时，它只返回一个数，该数值代表这几个统计值之一。如果指定 DISTINCT 短语，则表示在计算时要取消指定列中的重复值；如果不指定 DISTINCT 短语或指定 ALL 短语（ALL 为默认值），则表示不取消重复值。

聚集函数忽略空值（NULL）。但 COUNT（*）例外，它把空值与非空值相同看待。如果所选列是空集，那么 COUNT 返回 0，其他函数则返回空值 NULL。

聚集函数不允许进行复合运算，比如 MAX（AVG（GRADE））的写法是错误的。

例 3-72 计算表 STUDENT 中学生名字 SN 的数目。

```
SELECT COUNT(SN)
FROM STUDENT;
```

例 4　计算表 STUDENT 中名字（SN）的数目，如果相同的名字出现了不止一次，该名字将会被计算多次。

例 3-73　有一个民意调查表 opinion_table，这个表中有一个名为 vote 的字段，该字段的值要么是 0，要么是 1。0 表示反对票，1 表示赞成票。统计赞成票的数量。

```
SELECT COUNT(vote)
FROM opinion_table
WHERE vote=1;
```

例 3-74　统计年龄小于等于 20 岁的学生人数。

```
SELECT COUNT(*)
FROM STUDENT
WHERE AGE<=20;
```

例 3-75　找出 ENROLL 表中不同学号的学生的数目。

```
SELECT COUNT(DISTINCT SNO)
FROM ENROLL;
```

如果相同的学号出现了不止一次，它将只被计算一次。关键字 DISTINCT 决定只有互不相同的值才被计算。

例 3-76　统计教师表 TEACHER 中所有的记录数。

```
SELECT COUNT(*)
FROM TEACHER;
```

例 8 计算教师表中记录的数目，不管它是否为空值。

例 3-77　统计课程号为 C1 的课程的最高、最低和平均成绩。

```
SELECT MAX(GRADE),MIN（GRADE）,AVG(GRADE)
FROM ENROLL
WHERE CNO='C1';
```

例 3-78　求学号为 990104 的学生的总分和平均分。

```
SELECT SUM(GRADE)AS TotalGRADE,AVG(GRADE)AS AveGRADE
FROM ENROLL
WHERE SNO='990104';
```

例 3-79　求选修 C1 号课程的最高分、最低分及其间相差的分数。

```
SELECT MAX(GRADE)AS MaxGRADE,
MIN（GRADE）AS MinGRADE,
MAX（GRADE）-MIN（GRADE）AS Diff
FROM ENROLL
WHERE CNO='C1';
```

例 3-80　列出年龄超过平均年龄的学生的姓名。

```
SELECT SN
FROM STUDENT
WHERE AGE>
    (SELECT AVG（AGE）
        FROM STUDENT);
```

3. GROUP BY 与 HAVING 子句中使用聚集函数

在 GROUP BY 子句中使用聚集函数（如 COUNT 等）时，由 GROUP BY 控制聚集函数运算的水平和范围。

例 3-81　统计各系人数。

```
SELECT COUNT(*)
FROM STUDENT
GROUP BY DEPT;
```

例 3-82　列出学生的平均成绩和所学课程门数。

```
SELECT SNO,AVG(GRADE), COURS=COUNT(*)
FROM ENROLL
GROUP BY SNO;
```

例 3-83　统计每一年龄选修课程的学生人数。

```
SELECT AGE,COUNT(DISTINCT STUDENT.SNO)
FROM STUDENT,ENROLL
WHERE STUDENT.SNO=ENROLL.SNO
GROUP BY AGE;
```

由于要统计每一年龄的学生人数，因此要把满足 WHERE 子句中条件的查询结果按年龄分组，在每一组中的学生年龄相同。此时 SELECT 子句对每一组分开进行操作，在每一组中年龄只有一个值，统计的人数是这一组中的学生人数。

GROUP　BY 分组的目的是为了统计。分组统计后的条件使用 HAVING 子句。

同样是设置查询条件，WHERE 与 HAVING 的功能是不同的，注意不要混淆。WHERE 与 HAVING 子句的根本区别在于作用的对象不同。

（1）WHERE 子句作用于基本表或视图，从中选择满足条件的元组；WHERE 所设置的查询条件是检索的每个记录必须满足的。WHERE 中不应出现聚集函数。

（2）HAVING 子句作用于元组，选择满足条件的元组，必须应用于 GROUP BY 子句之后，但 GROUP　BY 子句后可以没有 HAVING 子句。HAVING 设置的查询条件是针对成组记录行的。

当在一个 SQL 查询中同时使用 WHERE 子句、GROUP　BY 子句和 HAVING 子句时，其顺序是 WHERE、GROUP　BY、HAVING。

例 3-84　查询选修两门以上课程的学生学号和选课门数。

```
SELECT SNO,COUNT(*)AS XK_NUM
FROM ENROLL
GROUP BY SNO
HAVING COUNT(*)>=2;
```

GROUP BY 子句按 SNO 的值分组，所有具有相同 SNO 的元组为一组，对每一组使用函数 COUNT 进行计算，统计出每位学生选课的门数。HAVING 子句会去掉不满足条件 COUNT (*) >=2 的组。

例 3-85　求选课在三门以上且各门课程均及格的学生的学号及其总成绩，查询结果按总成绩的降序排列。

```
SELECT SNO, SUM(GRADE)AS TotalGRADE
```

```
FROM ENROLL
WHERE GRADE>=60
GROUP BY SNO
HAVING COUNT(*)>=3
ORDER BY SUM(GRADE)DESC;
```

以上语句为分组排序，执行过程如下：

（1）（FROM）取出整个 ENROLL。

（2）（WHERE）筛选 GRADE>=60 的元组。

（3）（GROUP BY）将选出的元组按 SNO 分组。

（4）（HAVING）筛选选课三门以上的分组。

（5）（SELECT）从剩下的组中提取学号和总成绩。

（6）（ORDER BY）将选取结果排序。

其中，ORDER BY SUM（GRADE）DESC 可以改写成 ORDER BY 2 DESC，"2" 代表查询结果的第二列。

例 3-86　统计平均成绩低于 70 分的课程号及其平均成绩。

```
SELECT CNO,AVG(GRADE)
FROM ENROLL
WHERE GRADE IS NOT NULL
GROUP BY CNO
HAVING AVG (GRADE)<70;
```

例 3-87　求基本表 STUDENT 中男同学的每一年龄组（超过 50 人）的人数，要求查询结果按人数的升序排列，人数相同按年龄的降序排列。

```
SELECT AGE,COUNT(SNO)
FROM STUDENT
WHERE  SEX='男'
GROUP BY AGE
HAVING COUNT (*)> 50
ORDER BY COUNT(SN0),AGE DESC;
```

4. SELECT 语句的语义的三种情况

SELECT 语句的语义有三种情况，下面以针对 STUDENT 表的查询为例说明。

第一种情况：SELECT 语句中未使用分组子句，也未使用聚集操作，那么 SELECT 子句的语义是对查询的结果执行投影操作。例如：

```
SELECT SNO,SN
FROM STUDENT
WHERE SEX='男';
```

第二种情况：SELECT 语句中未使用分组子句，但在 SELECT 子句中使用了聚集函数，此时 SELECT 子句的语义是对查询结果执行聚集操作。例如：

```
SELECT COUNT(*), AVG(AGE)
FROM STUDENT
WHERE SEX='男';
```

以上语句是求男同学的人数和平均年龄。

第三种情况：SELECT 语句使用了分组子句和聚集函数（有分组子句时必有聚集操作，反之则不一定），此时 SELECT 子句的语义是对查询结果的每一个分组进行聚集函数操作。例如：

```
SELECT AGE,COUNT(*)
FROM STUDENT
WHERE SEX='男'
GROUP BY AGE;
```

以上语句是求男同学每一年龄的人数。

SELECT 语句中使用分组子句的先决条件是要有聚集操作，但执行聚集操作不一定要用分组子句。例如求男同学的人数，此时聚集值只有一个，因此不必分组。但同一个聚集函数操作的值有多个时，必须使用分组子句。例如求每一年龄的学生人数，此时聚集值有多个，与年龄有关，因此必须分组。

3.3.4　相关子查询

具有外部引用的子查询称为相关子查询（Correlated Queries）。相关子查询与前面 3.3.2 节所介绍的普通子查询的不同之处在于，二者的执行方式不同。

普通子查询的执行顺序如下：

（1）首先执行子查询，然后把子查询的结果作为父查询的查询条件的值。

（2）普通子查询只执行一次，而父查询所涉及的所有记录行都与其查询结果进行比较，以确定查询结果集合。

相关子查询的执行顺序如下：

（1）首先选取父查询表中的第一行记录，内层的子查询利用此行中相关的属性值进行查询。

（2）父查询根据子查询返回的结果判断此行是否满足查询条件。如果满足条件，则把该行放入父查询的查询结果集合中。接着对下一行记录重复执行这一过程，直到处理完父查询表中的每一行数据。相关子查询的执行次数是由父查询表的行数决定的。

如果不希望得到重复的查询结果，可以在关键字 SELECT 后面加上关键字 DISTINCT。

相关子查询要使用存在测试谓词 EXISTS 和 NOT EXISTS 以及 ALL、SOME（ANY）等。谓词 EXISTS 和 NOT EXISTS 用于测试表中记录数据的存在性。

带有 EXISTS 和 NOT EXISTS 的子查询不返回任何实际数据，它只得到逻辑值"真"或"假"。在一个子查询前面加上谓词 EXISTS，则当且仅当子查询的值不为空时，外层的 WHERE 子句返回的值为"真"，否则返回的值为"假"。相反地，带有谓词 NOT EXISTS 的子查询，当该子查询结果为空时取"真"，否则取"假"。

包含 IN 的查询通常可用 EXISTS 来表示，但反过来不一定。

例 3-88　查询没有选修任何课程的学生的学号和姓名。

```
SELECT SNO, SN
FROM STUDENT
WHERE NOT EXISTS
        (SELECT *
        FROM ENROLL
        WHERE ENROLL.SNO=STUDENT.SNO);
```

注意: 例 1 中查询语句的执行过程是: 主查询针对 STUDENT 表的每一行运行一次子查询, 根据返回值测试 NOT EXESTS, 生成结果表中的一行。继续此过程, 直到遍历完表 STUDENT 的各行才获得所需的结果。

例 3-89 列出得过 100 分的学生的学号、姓名。

```
SELECT SNO,SN
FROM STUDENT
WHERE EXISTS
(SELECT *
FROM ENROLL
WHERE ENROLL.SNO＝STUDENT.SNO AND GRADE＝100);
```

例 3-90 查询不讲授课程号为 C5 的教师姓名。

```
SELECT DISTINCT TN
FROM TEACHER
WHERE 'C5' !=ALL
(SELECT CNO
FROM TEACHING
WHERE TNO＝TEACHER .TNO);
```

"!＝ALL"的含义为不等于子查询结果中的任何一个值, 也可使用 NOT IN 代替 "!＝ALL"。

前面 3.3.2 节所介绍的子查询均为普通子查询, 而例 2 中子查询的查询条件引用了父查询表中的属性值(如例 2 中 TEACHER 表的 TNO 值), 为相关子查询。

关联名是在 SELECT 语句中定义的, 与一个指定的表名同义的名字。关联名的定义方法是将它紧跟在 FROM 子句中的表名之后, 或用保留字 AS 定义。

例如: FROM COURSE C
或: FROM COURSE AS C

例 3-91 查询哪些课程只有男生选修。

```
SELECT DISTINCT CN
FROM COURSE C
WHERE'男'=ALL
        (SELECT SEX
        FROM ENROLL,STUDENT
        WHERE ENROLL.SNO=STUDENT.SNO AND
                      ENROLL.CNO=C.CNO);
```

关联名的定义只能在同一个 SELECT 语句(包括它的各级子查询)中起作用, 一旦定义好, 关联名就可以当作表名使用。关联名可以很短(只有一个字符), 以便减少按键次数。关联名的主要作用是, 当有的相关子查询与其外部查询所要查的表是同一张表时, 可用不同的关联名加以区别。

例 3-92 要求给出一张学生、籍贯列表, 该表中的学生的籍贯省份也是其他一些学生的籍贯省份。

```
SELECT SN, BP
FROM STUDENT A
WHERE EXISTS
```

```
(SELECT *
FROM STUDENT B
WHERE A.BP=B.BP AND A.SNO < > B.SNO);
```

本例是查找那些学号不同而籍贯省份相同的数据记录。如果这样的记录存在，则 EXISTS 谓词取值为"真"，输出该学生名和籍贯。否则，不输出该学生名和籍贯。

3.3.5 集合查询

SELECT 语句的查询结果是元组的集合。当两个或多个查询结果关系具有相同的列数，且各对应列具有相同的数据类型（列名可以不同）时，多个 SELECT 语句的结果可进行集合操作。集合操作主要包括并操作（UNION）、交操作（INTERSECT）和差操作（MINUS）。并不是所有的 DBMS 都支持这些操作，如在标准 SQL 中没有直接提供集合交操作和集合差操作，但可以用其他方法代替。

1．并操作

使用 UNION 子句可以把两个或两个以上的查询生成的结果集合并为一个结果集。语法如下：

```
SELECT_STATEMENT
UNION[ALL]
SELECT_STATEMENT;
```

其中：SELECT_STATEMENT 为查询语句。如果不选择可选项 ALL，则在输出总查询结果时重复的元组会自动被去掉。如果加上可选项 ALL，则表示将全部元组输出，不去掉重复的元组。

例 3-93 查询选修了 C3 号课程或者选修了 C4 号课程的学生学号。

```
SELECT SNO
FROM ENROLL
WHERE CNO='C3'
UNION
SELECT SNO
FROM ENROLL
WHERE CNO='C4';
```

例 3-94 查询信息系的学生和年龄不大于 20 岁的学生，即查询信息系的学生集合与年龄不大于 20 岁的学生集合的并集。

```
SELECT  *
FROM STUDENT
WHERE DEPT='信息系'
UNION
SELECT  *
FROM STUDENT
WHERE AGE<=20;
```

如果例 2 的题目改为：查询是信息系的并且年龄不大于 20 岁的学生，则应该用交操作（INTERSECT）。

2．交操作

查询结果的交操作是指将同时属于两个或多个 SELECT 语句的查询结果作为总的查询结

果输出。其语句格式如下：

```
SELECT_STATEMENT
INTERSECT
SELECT_STATEMENT;
```

例 3-95　查找同时选修两门课程，其课程号为 C3 和 C4 的学生的学号。

```
SELECT SNO
FROM ENROLL
WHERE CNO='C3'
INTERSECT
SELECT SNO
FROM ENROLL
WHERE CNO='C4';
```

或

```
SELECT X.SNO
FROM ENROLL X,ENROLL Y
WHERE X.SNO=Y.SNO AND X.CNO='C3'AND Y.CNO='C4';
```

3. 差操作

查询结果的差操作是指从第一个 SELECT 语句的查询结果中去掉属于第二个 SELECT 语句查询结果的元组后作为总的查询结果输出。其语句格式如下：

```
SELECT_STATEMENT
MINUS
SELECT_STATEMENT;
```

例 3-96　查询没有选修过课程的学生的学号。

```
SELECT SNO
FROM STUDENT
MINUS
SELECT SNO
FROM ENROLL;
```

3.4　SQL 的数据更新

所谓数据操纵是指对已经存在的数据库进行记录的插入、删除、修改操作。SQL 提供了三条语句来改变数据库中的记录行，即 INSERT、UPDATE、DELETE 语句，分别用于向数据库中插入新行、改变某行内容、删除某行。

3.4.1　插入数据

插入数据是把新的记录（行）插入到一个已存在的表中。插入数据使用语句 INSERT INTO。

通常有两种形式，一种使用 VALUES 子句，另一种使用子查询。前者一次只能插入一个元组，后者可以一次插入多个元组。

1. 用 VALUES 子句向表中插入数据

向表中添加一个新记录，可以使用 INSERT　VALUES 语句。

INSERT 语句形式如下:

INSERT INTO<表名>〔(<列名 1>，<列名 2>，…)〕

VALUES（属性值 1）〔,（属性值 2），…,（属性值 n）〕;

其中:

- <表名>是指要插入新记录的表。
- <列名>是可选项，指待添加数据的列。
- VALUES 子句指定待添加数据的具体值。

如果 INTO 子句中没有指明任何列名，则新插入的记录必须在每个属性列上均有值。

如果在 INSERT 语句中没有给所有的字段指定数据，那么，没有被赋值的字段的取值情况如下:

（1）如果该字段有一个默认值，则使用默认值。

（2）如果该字段可以接受空值，而且没有默认值，则会被插入空值。

（3）如果该字段不能接受空值（在表定义时说明了 NOT NULL），而且没有默认值，就会出现错误，并收到出错信息。

例 3-97　在 ENROLL 表中插入一条选课记录（990104，C2）。

```
INSERT INTO ENROLL(SNO, CNO)
VALUES('990104','C2');
```

注意：由于例 1 中 GRADE 字段可以接受空值，而且没有默认值，所以新插入的记录在 GRADE 列上取空值。

例 3-98　把教师唐免的记录加入到教师表 TEACHER 中。

```
INSERT INTO TEACHER
VALUES('1156','唐免','男',28,'讲师',1700,700,'外语系');
```

2. 用子查询向表中插入数据

INSERT 语句形式如下:

```
INSERT INTO<表名 1>〔(<列名 1>,<列名 2>,…)〕
SELECT<列名 1>,<列名 2>,…
FROM<表名 2>
WHERE<搜索条件>;
```

这种形式的 INSERT 语句可把取自其他表中的数据插入到一个表中，它不限制插入的行数。同时 SELECT 语句可以是简单查询，也可以是复杂查询，它的查询结果即插入的数据。

例 3-99　成绩优秀的学生将留下当教师，用 INSERT 语句把他们的学号（当做新教师号）和姓名加入到 TEACHER 表中。

```
INSERT INTO TEACHER (TNO,TN)
SELECT DISTINCT SNO,SN
FROM STUDENT,ENROLL
WHERE STUDENT.SNO=ENROLL.SNO AND GRADE>=90;
```

例 3-100　将 ENROLL 表中学号为 990202 的同学的选课记录复制到 NEWENROLL 表中。

```
INSERT INTO NEWENROLL(NEWSNO,NEWCNO,NEWGRADE)
```

```
SELECT SNO,CNO,GRADE
FROM ENROLL
WHERE SNO='990202';
```

该例中只有 ENROLL 表中字段 SNO 的值为 990202 的记录才被复制。

例 3-101 由 STUDENT 表中的男生记录创建新表 student2。

```
INSERT INTO student2
SELECT *
FROM STUDENT
WHERE SEX='男';
```

这种形式的 INSERT 语句用来为一个表中的记录建立备份是非常有用的。在删除一个表中的记录之前，可以先用这种方法把它们复制到另一个表中。

如果需要复制整个表，可以使用 SELECT INTO 语句。

例 3-102 创建一个名为 NEWENROLL 的新表，该表包含表 ENROLL 中的所有数据。

```
SELECT * INTO NEWENROLL
FROM ENROLL;
```

3.4.2 修改数据

当需要修改基本表中某些元组的某些列值或者修改表中已经存在的一条或多条记录（行）时，可以使用 UPDATE 语句。UPDATE 语句可以使用 WHERE 子句来选择更新特定的记录。通常也有两种形式，一种使用 SET 子句，另一种使用子查询。

1. 用 SET 子句修改表中数据

UPDATE 语句形式如下：

```
UPDATE<表名>
SET 列名=值表达式 [,列名=值表达式…]
[WHERE 条件表达式];
```

其中：

- <表名>是指要修改的表。
- SET 子句给出满足条件表达式的要修改的列及其修改后的值。
- WHERE 子句指定满足什么条件的记录为待修改的记录，WHERE 子句省略时，则修改表中的所有记录。

例 3-103 将 990027 学生转入外语系。

```
UPDATE STUDENT
SET DEPT='外语系'
WHERE SNO='990027';
```

如果不提供 WHERE 子句，表中的所有记录都将被更新。

例 3-104 把所有学生的年龄增加一岁。

```
UPDATE STUDENT
SET AGE=AGE+1;
```

2. 带子查询的修改

子查询也可以嵌套在 UPDATE 语句中，用于构造修改的条件。

例 3-105　将选修 C5 课程的学生的成绩都按照该课程的平均成绩修改。

```
UPDATE ENROLL
SET GRADE=(SELECT AVG(GRADE)
FROM ENROLL
WHERE CNO='C5')
WHERE CNO='C5';
```

该例中先计算 AVG，再进行 UPDATE。

例 3-106　学生李刚在课程号为 C1 的课程考试中作弊，该课成绩应作零分计。

```
UPDATE ENROLL
SET GRADE=0
WHERE CNO='C1'AND'李刚'=
     (SELECT SN
     FROM STUDENT
     WHERE STUDENT.SNO=ENROLL.SNO);
```

3.4.3　删除数据

要从表中删除一条或多条记录，需要使用 DELETE 语句。也可以给 DELETE 语句提供 WHERE 子句，WHERE 子句用来选择要删除的记录。

删除数据的命令格式如下：

```
DELETE FROM<表名>
[WHERE <条件表达式>];
```

其中：

- <表名>是指要删除数据的表。
- WHERE 子句指定待删除的记录应满足的条件，WHERE 子句省略时，则删除表的中所有记录（行），但表的定义仍在字典中，即 DELETE 语句删除的是表中的数据，而不是表的定义。WHERE 子句中的条件可以嵌套，也可以是来自几个基本表的复合条件。

删除数据命令的语义是从表中删除满足条件表达式的某些行（记录）。删除语句实际上是 "SELECT * FROM 基本表名 [WHERE 条件表达式]" 和 DELETE 操作的结合，每找到一个满足条件的行，就将其删掉。

例 3-107　删除 STUDENT 表中学生韩强的记录。

```
DELETE FROM STUDENT
WHERE SN='韩强';
```

例 3-108　删除 STUDENT 表中字段 SN 的值等于 "韩强" 或者 SNO 字段的值为 990027 的记录。

```
DELETE FROM STUDENT
WHERE SN='韩强'OR SNO='990027';
```

例 3-109 删除王甜教师授课的记录。

```
DELETE
FROM TEACHING
WHERE TNO=
(SELECT TNO
FROM TEACHER
WHERE TN='王甜');
```

例 3-110 删除选课而未参加考试的学生的选课信息。

```
DELETE FROM ENROLL
WHERE GRADE IS NULL;
```

例 3-111 删除所有学生的选课记录。

```
DELETE FROM ENROLL;
```

执行以上语句后，ENROLL 表变为一个空表，但其定义仍存储在数据字典中。

但是，要删除表中的所有记录但不删除这个表，最好使用 TRUNCATE TABLE 语句。因为使用 TRUNCATE TABLE 语句时，记录的删除不进行记录，所以 TRUNCATE TABLE 要比 DELETE 快得多。

例 3-112 从表 ENROLL 中删除所有选课记录。

```
TRUNCATE TABLE ENROLL;
```

3.5 视　　图

视图是从一个或几个基本表（或视图）导出的虚表。视图不是物理存在的，不占用存储空间。事实上，数据库中只存放视图的定义，实际的数据仍存放在原来的基本表中。

视图一经定义，就可以和基本表一样被查询、删除，但对视图的更新（增加、删除、修改）操作则有一定的限制。

视图有以下几个优点。

（1）视图保证了数据的逻辑独立性。对于视图的操作，比如查询，只依赖于视图的定义。当要修改构成视图的基本表时，只需修改视图定义中的子查询部分，而基于视图的查询不用改变。

（2）简化了复杂查询，简化了用户观点。为复杂的查询建立一个视图，用户不必输入复杂的查询语句，只需针对此视图做简单的查询即可。

（3）视图提供了数据的安全保护功能。DBA 可以通过视图给用户授权，只向用户提供视图而不是基本表，从而防止用户知道基本表中某些行或列的内容。可对不同的用户定义不同的视图，使用户只能看到与自己有关的数据。

3.5.1　建立视图

创建视图可使用户以多种角度观察数据库中的数据。

SQL 语言中用 CREATE　VIEW 命令建立视图，其一般格式如下：

```
CREATE VIEW<视图名>[（<视图列名 1>，<视图列名 2>,…)]
AS <SELECT 查询子句>
```

```
[WITH CHECK OPTION];
```

其中:

- SELECT 查询子句可以是任意复杂的 SELECT 语句,但通常不允许使用 ORDER BY 子句和 DISTINCT 短语。如果需要排序,则可在视图定义后,对视图查询时再进行排序。
- WITH CHECK OPTION 表示对视图进行 UPDATE、INSERT 和 DELETE 操作时要保证更新、插入或删除的行满足视图定义中的谓词条件(即查询子句中的条件表达式)。

组成视图的属性列名或者全部省略或者全部指定。如果省略了视图的各个属性列名,则隐含该视图由查询子句中 SELECT 子句目标列中的各字段组成。但在以下三种情况下,必须明确指定组成视图的列名。

(1)当视图的列名为表达式或库函数的计算结果,而不是单纯的属性名时,则需指定列名。

(2)视图由多个表连接得到,在不同的表中存在同名列,则需指定列名。

(3)需要在视图中为某个列启用新的更合适的名字时,则需指定列名。

例 3-113 基于 TEACHER 表,建立男教师的视图 TEACHER_M。

```
CREATE VIEW TEACHER_M
AS
  SELECT *
  FROM TEACHER
  WHERE SEX='男';
```

例 3-114 对于教学管理数据库中的基本表 STUDENT、ENROLL、COURSE,用户经常要用到 SNO、SN、CN 和 GRADE 等列的数据,那么可用下列语句建立视图。

```
CREATE VIEW STUDENT_GRADE(SNO,SN,CN,GRADE)
AS
  SELECT STUDENT.SNO,SN,CN,GRADE
  FROM STUDENT,ENROLL,COURSE
  WHERE STUDENT.SNO=ENROLL.SNO
        AND ENROLL.CNO=COURSE.CNO;
```

例 3-115 建立信息系学生的视图,并要求进行修改和插入操作时,仍需保证该视图只有信息系的学生。

```
CREATE VIEW XX_STUDENT
AS
 SELECT  SNO,SN, AGE
 FROM STUDENT
 WHERE DEPT='信息系'
 WITH CHECK OPTION;
```

因为要求进行修改和插入操作时,仍需保证该视图只有信息系的学生,所以加上 WITH CHECK OPTION。

DBMS 执行 CREATE VIEW 语句的结果只是把视图的定义存入数据字典,并不执行其中的 SELECT 语句。只是在对视图查询时,才按视图的定义从基本表中将数据输出。

若一个视图是从单个基本表导出的,并且只是去掉了表的某些行和某些列,但保留了主关键字,则称这类视图为行列子集视图,并且可以执行更新操作。XX_STUDENT 视图就是一个行列子集视图。

视图不仅可以建立在单个基本表上，也可以建立在多个基本表上。

例 3-116　建立选修了 C1 号课程的女学生的视图。

```
CREATE VIEW GIRL_S1 (SNO,SN,GRADE)
AS
  SELECT STUDENT.SNO,SN,GRADE
  FROM STUDENT,ENROLL
  WHERE SEX='女'AND
    STUDENT.SNO=ENTOLL.SNO AND ENROLL.CNO='C1';
```

视图不仅可以建立在一个或多个基本表上，也可以建立在一个或多个已定义好的视图上，或建立在基本表与视图上。

例 3-117　建立选修了 C1 号课程且成绩在 90 分以上的女学生的视图。

```
CREATE VIEW GIRL_S2
AS
  SELECT SNO,SN,GRADE
  FROM GIRL_S1
  WHERE GRADE>=90;
```

在定义基本表时，为了减少数据库中的冗余数据，表中只存放基本数据，由基本数据经过各种计算派生出的数据一般是不存储的。由于视图中的数据并不实际存储，所以定义视图时可以根据应用的需要设置一些派生属性列。这些派生属性由于在基本表中并不实际存在，也称它们为虚拟列。带虚拟列的视图也称为带表达式的视图。

例 3-118　定义一个反映学生出生年份的视图。

```
CREATE VIEW BIR_S(SNO,SN,SBIRTH)
AS
  SELECT SNO,SN,2004-AGE
  FROM STUDENT;
```

BIR_S 视图是一个带表达式的视图，视图中的出生年份值是通过计算得到的。

可以用带有聚集函数和 GROUP　BY 子句的查询来定义视图，这种视图称为分组视图。

例 3-119　将学生的学号及其总成绩定义为一个视图。

```
CREATE VIEW S_SUM(SNO,SG)
AS
  SELECT SNO,SUM(GRADE)
  FROM ENROLL
  GROUP BY SNO;
```

此视图的列名之一 SG 为库函数的计算结果，在定义时需指定列名。

3.5.2　删除视图

当视图不需要时，可以用 DROP VIEW 语句将其从系统中删除。

删除视图的语句格式如下：

DROP VIEW <视图名>

删除视图后，视图的定义将从数据字典中删除。但是由该视图导出的其他视图定义仍存放在数据字典中，不过那些视图已失效，用户使用时会出错，要用 DROP VIEW 语句将它们一一删除。

例 3-120 删除 STUDENT_GRADE 视图。

```
DROP VIEW STUDENT_GRADE;
```

删除数据命令 DELETE FROM<表名>不仅可以用来删除基本表中的记录，也可以用来删除视图中的记录。

例 3-121 删除教师视图 TEACHER_M 中沈东教师的记录。

```
DELETE
FROM TEACHER_M
WHERE TN='沈东';
```

该操作将转换成对基本表中记录的删除操作。

```
DELETE
FROM TEACHER
WHERE TN='沈东'AND SEX='男';
```

由于视图中的数据不是存放在视图中，即视图没有相应的存储空间，所以对视图的记录进行删除、更新等操作最终都要转换成对基本表的操作。

3.5.3 查询视图

视图定义后，对视图的查询操作如同对基本表的查询操作一样。

DBMS 执行对视图的查询时，首先进行有效性检查，检查要查询的表、视图等是否存在。如果存在，则从数据字典中取出视图的定义，把定义中的查询子句和用户的查询结合起来，转换成等价的对基本表的查询，然后再执行修改后的查询。这一转换过程称为视图消解（View Resolution）。

例 3-122 查找 TEACHER_M 视图中职称为讲师的教师号和姓名。

```
SELECT TNO, TN
FROM TEACHER_M
WHERE PROF='讲师'AND SEX='男';
```

此查询的执行过程是系统首先从数据字典中找到 TEACHER_M 的定义，然后把此定义和用户的查询结合起来，转换成等价的对基本表 TEACHER 的查询。这一转换过程就是视图消解，相当于执行以下查询：

```
SELECT TNO,TN
FROM TEACHER
WHERE PROF='讲师'AND SEX='男';
```

例 3-123 在信息系学生的视图中找出年龄大于 20 岁的学生。

```
SELECT SNO,AGE
FROM  XX_STUDENT
WHERE AGE > 20;
```

例 3-124 查询信息系选修了 C1 号课程的学生。

```
SELECT SNO,SN
FROM  XX _ STUDENT,ENROLL
```

```
WHERE XX _ STUDENT.SNO+ENROLL.SNO
AND ENROLL.CNO='C1';
```

目前大多数关系数据库系统对行列子集视图的查询均能进行正确的转换,但对非行列子集的查询则不一定能进行转换,因此该类查询应该直接对表进行。

3.5.4 更新视图

更新视图是指通过视图来插入(INSERT)、删除(DELETE)和修改(UPDATE)数据。由于视图是一张虚表,所以对视图的更新,最终实际上是转换成对基本表的更新。

在关系数据库中,并不是所有的视图都是可更新的,因为有些视图的更新不能唯一地有意义地转换成对相应基本表的更新。目前各个关系数据库系统一般都只允许对行列子集视图进行更新,而且各个系统对视图的更新还有进一步的规定,由于各系统的实现方法上的差异,这些规定也不尽相同。

例 3-125 将教师视图 TEACHER_M 中葛海的职称改为"讲师"。

```
UPDATE TEACHER_M
SET PROF='讲师'
WHERE TN='葛海';
```

转换成对基本表的修改操作如下:

```
UPDATE TEACHER
SET PROF='讲师'
WHERE TN='葛海'AND SEX='男';
```

例 3-126 向信息系学生视图 XX_STUDENT 中插入一个新的学生记录,其中学号为990035,姓名为杨如,年龄为 21 岁。

```
INSERT INTO XX _ STUDENT
VALUES('990035','杨如',21);
```

例 3-127 删除信息系学生视图 XX_STUDENT 中学号为 990035 的记录。

```
DELETE FROM XX_STUDENT
WHERE SNO='990035';
```

另外,如果要防止用户通过视图对数据进行增、删、改,有意或无意地对不属于视图范围内的基本表数据进行操作时,可在视图定义时加上 WITH CHECK OPTION 子句。这样在视图上增、删、改数据时,DBMS 会检查视图定义中子查询的 WHERE 子句中的条件,若操纵的元组不满足条件,则拒绝执行该操作。

3.6 SQL 的数据控制

数据库中的数据由多个用户共享,为保证数据库的安全,SQL 语言提供数据控制语句 DCL (Data Control Language)对数据库进行统一的控制管理。SQL 数据控制的功能主要包括数据的安全性控制、完整性控制、并发控制和恢复等。

在 SQL 语言中,有两种安全机制。一种是视图机制,当用户通过视图访问数据库时,他们不能访问此视图以外的数据,它提供了一定的安全性。而另一种主要的安全机制是权限机制。

权限机制的基本思想是给用户授予不同类型的权限，在必要时，可以收回授权，将用户能够进行的数据库操作以及所操作的数据限定在指定的范围内，禁止用户超越权限对数据库进行非法的操作，从而保证数据库的安全性。

下面介绍 SQL 中有关授予和回收用户的表/视图特权的基本命令和用法。

3.6.1 授权

一个 SQL 特权允许一个被授权者在给定的数据库对象上进行特定的操作。授权操作的数据库对象包括表/视图、列、域等。授权的操作包括 INSERT、UPDATE、DELETE、SELECT、REFERENCES、TRIGGER、UNDER、USAGE、EXECUTE 等。

授予表/视图特权的基本语句形式如下：

```
GRANT{<权限1>,<权限2>,…|ALL}
ON<表名>|<视图名>
TO{<用户名>|PUBLIC}
[WITH GRANT OPTION];
```

其语义为将指定的表/视图特权授予指定的用户。

其中：

- ALL 代表所有的表/视图权限。
- 权限中对基本表的权限有 SELECT、CREATE、INSERT、UPDATE、DELETE、ALTER、INDEX、ALL 等。对视图的权限有 SELECT、INSERT、UPDATE、DELETE、ALL 等。
- ON 子句用于指定要授予表/视图特权的基本表名、视图名等。
- PUBLIC 代表数据库中的全部用户，每一个合法登录的数据库用户都是 PUBLIC 的成员。
- WITH GRANT OPTION 为可选项，指定后允许在给用户授予表/视图特权时，同时授予一种特殊的权限，即被授权的用户可以把授予他的特权继续授予其他用户。

例 3-128 为用户 U1 授予表的创建权。

```
RANT CREATE TABLE
TO U1;
```

例 3-129 把对 ENROLL 表的 INSERT 权限授予 U5 用户，并允许他将此权限授予其他用户。

```
GRANT INSERT
ON ENROLL
TO U5
WITH GRANT OPTION;
```

例 3-130 把对 STUDENT 表和 COURSE 表的全部操作权限授予用户 U2 和 U3。

```
GRANT ALL
ON STUDENT,COURSE
TO U2,U3;
```

例 3-131 把对 ENROLL 表的查询权限授予所有用户。

```
GRANT SELECT
ON ENROLL
TO PUBLIC;
```

例 3-132 将查询 TEACHER 表和修改教师职称的权限授予 U3,并允许他将此权限授予其他用户。

```
GRANT SELECT,UPDATE(PROF)
ON TEACHER
TO U3
WITH GRANT OPTION;
```

U3 具有此对象权限,并可使用 GRANT 命令给其他用户授权,例如 U3 将此权限授予 U4,如下:

```
GRANT SELECT, UPDATE (PROF)
ON TEACHER
TO U4;
```

被授权的 U4 如果也有 WITH GRANT OPTION,即继续授权的许可,则可以把获得的权限再授予其他用户。

3.6.2 回收权限

授予的权限可以由 DBA 或其他授权者用 REVOKE 语句收回。

回收表/视图特权的基本语句形式如下:

```
REVOKE{<权限>|ALL}
ON<表名>|<视图名>
FROM{<用户1>,<用户2>,…|PUBLIC}
```

例 3-133 收回用户 U1 所拥有的 CREATE TABLE 权限。

```
REVOKE CREATE TABLE
FROM U1;
```

例 3-134 把用户 U7 修改学生学号的权限收回。

```
REVOKE UPDATE(SNO)
ON STUDENT
FROM U7;
```

例 3-135 把用户 U5 对 ENROLL 表的 INSERT 权限收回。

```
REVOKE INSERT
ON ENROLL
FROM U5;
```

例 3-136 收回用户 U3 查询 TEACHER 表和修改教师职称的权限。

```
REVOKE SELECT, UPDATE (PROF)
ON TEACHER
FROM U3;
```

在 3.6.1 的例 5 中,U3 将查询 TEACHER 表和修改教师职称的权限授予了 U4。在收回 U3

对 TEACHER 表的权限的同时，系统会自动收回 U4 对 TEACHER 表的相关权限。但如果 U4 还从其他用户处获得了查询 TEACHER 表和修改教师职称的权限，则他们仍具有此权限，系统只收回直接或间接从 U3 处获得的权限。

3.7 嵌入式 SQL

3.7.1 嵌入式 SQL 的一般形式

SQL 语言有两种使用方式。一种是交互式 SQL（ISQL），是在终端交互方式下使用，独立使用 SQL 语言进行数据库操作。一般 DBMS 都提供联机交互工具，用户可直接输入 SQL 命令对数据库进行操作，由 DBMS 来进行解释。交互式 SQL 是非过程语言，大多数语句的执行都是独立的，与上下文无关，适用于终端用户、应用程序员和 DBA。另一种是嵌入式 SQL，嵌入在高级程序设计语言即宿主语言（或称为主语言）中使用，用于提供给应用程序员开发应用程序，使 SQL 的数据库处理功能和高级语言的过程型结构相结合互补。高级语言可以是 C、ADA、PASCAL、COBOL、FORTRAN 或 PL/1 等。

由于使用环境的不同，交互式 SQL 语言和包含在宿主语言中的嵌入式 SQL 语言会有许多细节上的差异。

嵌入式 SQL 的语句分为两类：可执行 SQL 语句和说明性 SQL 语句。可执行 SQL 语句与交互式 SQL 语句一样，产生对数据库的实际调用操作，它包括数据定义、数据控制、数据操纵三种。说明性 SQL 语句用于定义变量和检错，用于静态的说明。

一个含有嵌入式 SQL 语句的高级语言程序的使用步骤如图 3-1 所示。

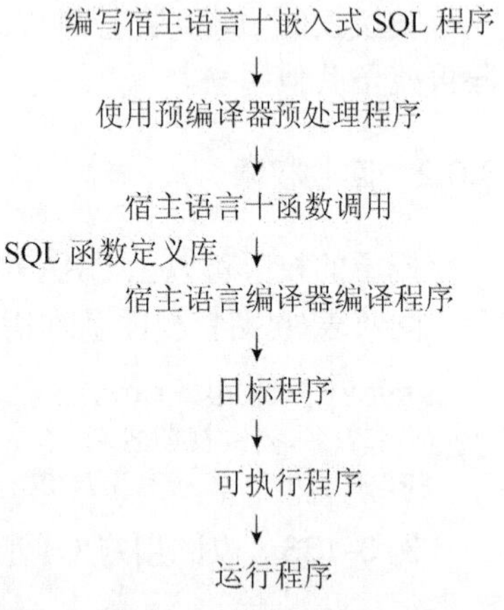

编写宿主语言＋嵌入式 SQL 程序
↓
使用预编译器预处理程序
↓
宿主语言＋函数调用
SQL 函数定义库   ↓
宿主语言编译器编译程序
↓
目标程序
↓
可执行程序
↓
运行程序

图 3-1 使用步骤

3.7.2 嵌入式 SQL 语句与主语言之间的通信

不同的高级语言的设计目标不同，其实现方法、支持的程序设计技术和应用形式都有一些差异。下面以目前应用较广泛的 C 语言作为宿主语言，介绍嵌入式 SQL 应用中的有关问题。除了 C 语言独有的一些约定外，其中涉及到的有关概念、应用技术和应用方法也适用于其他高级语言。

下面举一个含有 SQL 语句的 C 程序的例子，通过它介绍内嵌 SQL 语句的 C 程序的基本结构和组成。

例 3-137 创建者 ZHANG 在数据库 bk_db 中建立了一个名为 BOOK 的表，表中的属性列包括图书号（tno）、图书名（tn）、图书价格（tj）和出版社（tpub）。

```
# include <stdio.h>
EXEC SQL INCLUDE SQLCA;
EXEC SQL BEGIN DECLARE SECTION;
VARCHAR ud[20];
```

```
  CHAR SQLSTATE[6];
  EXEC SQL END DECLARE SECTION;
  void main( )
{
  strcpy(ud, "ZHANG");
  EXEC SQL CONNECT TO bk_db USER:ud;
  if (…<>"00"&&…<> "01")
  printf("Connection failed. SQLSTATE=%s. \n", SQLSTATE);
  EXEC SQL CREATE TABLE BOOK
  (tno CHAR(8)NOT NULL PRIMARY KEY,
  tn CHAR(8),
  tj MONEY,
  tpub CHAR(20));
  if(…<> "00"&&…<> "01")
  printf("Fail to create table. SQLSTATE=%s.\n", SQLSTATE);
  else printf("Table BOOK created");
  EXEC SQL COMMIT WORK RELEASE;
  exit (0);
}
```

1. 区分 SQL 语句与宿主语言语句

在嵌入到宿主语言中的每一条 SQL 语句的前面添加前缀 EXEC SQL，SQL 语句的结束标志则随主语言的不同而不同，例如在 PL/1 和 C 中以分号"；"结束，在 COBOL 中以 END-EXEC 结束。

例如一条交互形式的 SQL 语句：DELETE FROM STUDENT，嵌入到 C 程序中应写作：EXEC SQL DELETE FROM STUDENT。

可以判断出例 1 中哪些是 SQL 语句，哪些是宿主语言语句。

2. DECLARE 段

在例 1 中首先出现了 SQLCA。SQLCA 是一个数据结构，在应用程序中用 EXEC SQL INCLUDE SQLCA 加以定义。SQL 语句执行后，系统反馈给应用程序若干信息，主要包括描述系统当前工作状态和运行环境的各种数据，这些信息将送到 SQL 通信区 SQLCA 中。应用程序从 SQLCA 中取出这些状态信息，据此决定接下来执行的语句。

下面介绍 SQLCA 的组成。

```
STRUCT SQLCA
{CHAR SQLCAID[8]                          ;----标识通信区
LONG SQLABC                              ;---通信区的长度
LONG  SQLCODE                           ;---保留最近执行的 SQL 语句的状态码
STRUCT { UNSIGNED SHORT SQLERRML        ;-----信息文本长度
}SQLERRM;
CHAR SQLERRP[8];
LONG SQLERRD[6];
CHAR SQLWARN[8];
CHAR SQLEXT[8];
}
STRUCT SQLCA SQLCA;
```

其中，SQLCA 中有一个存放每次执行 SQL 语句后返回代码的变量 SQLCODE。SQLCODE 在程序中常用到，它保留了最近执行的 SQL 语句的状态码。应用程序每执行完一条 SQL 语句之后都应该测试一下 SQLCODE 的值，以了解该 SQL 语句的执行情况并做相应的处理。SQLCODE 状态码值有如下几种情况。

- 0：表示该 SQL 语句被正确执行，没有发生错误和例外。
- >0：已经执行了该语句，但遇到一个例外（如没有找到任何数据）。
- <0：表示由于数据库、系统、网络或应用程序的错误，未执行该 SQL 语句。当出现此类错误时，当前事务一般应回滚。

嵌入的 SQL 语言和宿主语言之间可通过共享变量（也称为宿主变量）进行数据的传递。

接下来应用程序首部的 DECLARE SECTION 定义了所有在 SQL 语句中用到的宿主变量，宿主变量既可在 C 语句中使用，也可在 SQL 语句中使用。

例如 可以定义下面的共享变量声明段。

```
EXEC SQL BEGIN DECLARE SECTION;
int num;
char studioName[15],studioAddr[50];
char SQLSTATE[6];
EXEC SQL END DECLARE SECTION;
```

在例 1 的 DECLARE 段中先定义了一个宿主变量 ud [20]。宿主变量在 SQL 语句中使用时，其前面应加冒号"："，以便与 SQL 本身的变量（属性名）相区别。而宿主变量在自身的高级语言（如 C 语言）语句中使用时则不必加冒号。

宿主变量的数据类型可以是自身的高级语言的数据类型的一种，同时必须与 SQL 数据值所对应的列（属性）的数据类型相兼容。

在例 1 的 DECLARE 段中还定义了一个共享变量 SQLSTATE，它是 SQL2 和 SQL3 标准规定的一个特殊的共享变量 SQLSTATE，用于在宿主语言中检测可执行 SQL 语句的执行结果。

SQLSTATE 是一个由 5 个字符构成的字符数组，可以在 DECLARE 段中定义，如例 1 中的 CHAR SQLSTATE [6]，定义长度为 6 是因为 C 语言中的字符串变量都含有结束符"\0"。在每一个 SQL 语句之后，DBMS 将一个状态代码放入 SQLSTATE。状态代码的前两个数字或字母是类，接下来的三个数字或字母是子类。最重要的几个类如下：

（1）类 00 是 SUCCESS，表示操作成功，一切正常。

（2）类 01 是 SUCCESS WITH INFO 或 WARNING，表示警告。

（3）类 02 是 NO DATA。每一个 FETCH 循环将监视这个信息，当没有数据可取时，FETCH 将引起 NO DATA。

（4）所有其他类是各种 ERROR，表示 SQL 语句出错。

所有宿主变量和指示器变量必须在 SQL 语句的 DECLARE 段中的 EXEC SQL BEGIN DECLARE SECTION 和 EXEC SQL END DECLARE SECTION 之间进行说明。指示器变量有时也称为指示变量。指示变量与一个宿主变量相关联，并且要紧跟在所指的宿主变量之后，中间不能有逗号或空格。宿主变量利用指示变量赋空值或检测是否为空值。

指示器变量的说明基本上与一般的 SQL 变量一样，但必须定义成 2 字节的整型，如 SHORT、INT。在 SQL 语句中引用时，其前也应加"："（冒号）。在 C 语句中，可直接引用，不必加冒号。当指示器变量为－1 时，表示空值。

为了更好地说明指示变量，下面看一个例子。

例 3-138　假设有一个院系（DEPT）表，包括院系号（DEPTNO）和院系名（DNAME）。

```
EXEC SQL BEGIN DECLARE SECTION;
int  dept－number;
short  ind－num;
char  dept－name;
EXEC SQL END DECLARE SECTION;
Scanf("%d%s",&dept－number,dept－name);
If (dept－number==0);
ind－num=－1;
Else;
ind－num=0;
EXEC SQL INSERT INTO DEPT(DEPTNO, DNAME);
VALUES(:dept－number :ind-num,:dept－name);
```

例 2 中，ind－num 是 dept－number 的指示器变量。当输入的 dept－number 值为 0 时，指示器变量 ind－num 的值为－1，则向 DEPT 表的 DEPTNO 列插入空值。

3. CONNECT 语句

在对数据库中的数据进行存取操作之前，应用程序必须连接并登录到数据库。可通过连接语句 CONNECT 完成，其格式如下：

EXEC SQL CONNECT TO＜数据库名＞USER＜用户名＞；

在例 1 中也用到了 CONNECT 语句，CONNECT 也应该是应用程序首部的内容。CONNECT 语句必须是应用程序中的第一条可执行 SQL 语句，即在物理位置上 CONNECT 语句位于所有的可执行 SQL 语句之前。

4. 程序体

在程序首部之后就是程序体，程序体由 C 和 SQL 的执行语句组成，进行对数据库的操作。SQL 语句可以对数据库中的数据进行定义、查询、操纵、控制，也可以对数据库实体（列、索引、表、视图等）进行操作。

当对数据库的操作完成后，需要提交和退出数据库，应使用下列命令。

COMMIT WORK RELEASE；

3.7.3　无游标的操作

不用游标的 SQL 语句有：说明性语句；数据定义语句；数据控制语句；查询结果为单记录的 SELECT 语句；非 CURRENT 形式的 UPDATE 语句；非 CURRENT 形式的 DELETE 语句和 INSERT 语句等。

在嵌入式 SQL 中，所有的说明性语句及数据定义与控制语句都不需要使用游标（游标的概念可参看后面的带游标的查询操作），因为它们不需要返回结果数据，也不需要使用宿主变量。INSERT 语句也不需要使用游标，但通常需要使用宿主变量。

1. 说明性语句

说明性语句是专为在嵌入式 SQL 中说明主变量等而设置的，主要有两条语句。

EXEC SQL BEGIN DECLARE SECTION；

```
EXEC SQL END DECLARE SECTION;
```

2. 数据定义语句

例 3-139　建立选课关系表 ENROLL。

```
EXEC SQL CREATE TABLE ENROLL;
(SNO CHAR (8)NOT NULL,
CNO CHAR (8),
GRADE NUMBER (3));
```

数据定义语句中不允许使用宿主变量，例如下列语句是错误的。

```
EXEC SQL DROP TABLE: STUDENT;
```

3. 数据控制语句

例 3-140　收回 PUBLIC 对表 STUDENT 的查询权限。

```
EXEC SQL REVOKE SELECT;
ON STUDENT;
FROM PUBLIC;
```

4. 查询结果没有记录或单记录的 SELECT 语句

在嵌入式 SQL 中，查询结果没有记录或只返回一行的 SELECT 语句需要用 INTO 子句指定查询结果的存放位置。INTO 后的宿主变量也可以是数组。宿主变量前要用 ":" 标志。该语句的一般格式如下：

```
EXEC SQL SELECT〔ALL│DISTINCT〕<目标列表达式>〔,<目标列表达式>〕…
INTO<宿主变量>〔<指示变量>〕〔,<宿主变量>〔<指示变量>〕〕…
FROM<表名或视图名>〔,<表名或视图名>〕…
〔WHERE<条件表达式>〕;
〔GROUP BY<列名1>〔HAVING <条件表达式>〕〕;
〔ORDER BY<列名2>〔ASC│DESC〕〕;
```

例 3-141　假设已将要查询的供应商号（sno）赋给了主变量 givesno，从供应商表（gsb）中在供应商号（sno）与主变量 givesno 一致的地方选择供应商姓名（sname）和供应商等级（status），把结果传送到主变量 hname 和 htatus 中。

```
EXEC SQL SELECT sname,status;
INTO: hname,:htatus
FROM gsb
WHERE sno=:givesno;
```

例 3-142　从学生表 STUDENT 中找出学号为 990027 的学生的姓名和年龄，分别存到宿主变量 PN 和 AGE 中。

```
EXEC SQL SELECT SN,AGE
INTO: PN,:AGE
FROM STUDENT
WHERE SNO='990027';
```

注意：例 3 和例 4 的 SELECT 语句（带 INTO 子句）只返回一行或 0 行。如果它返回两行或多行就会引起运行错误。保证 SELECT 语句最多只返回一行的唯一办法就是加上一个与主关键字进行等值比较的条件子句（如例 3 和例 4 中的 WHERE 子句），或者使用不带 GROUP

BY 子句的聚集函数（如 SUM、MAX 等）。

5. 非 CURRENT 形式的 UPDATE 语句

非 CURRENT 形式的 UPDATE 语句和 DELETE 语句可一次修改或删除所有满足条件的记录，是集合操作。

例 3-143 把表 TEACHER 中沈东的职称改为"副教授"（假设预先已定义宿主变量 PN 并存放名字"沈东"）。

```
EXEC SQL UPDATE TEACHER;
SET PROF='副教授'
WHERE TN=:PN;
```

例 3-144 将全体学生 C1 号课程的考试成绩增加若干分。假设增加的分数已赋给主变量 Raise。

```
EXEC SQL UPDATE ENROLL
SET GRADE=GRADE+:Raise
WHERE CNO='C1';
```

6. 非 CURRENT 形式的 DELETE 语句

例 3-145 删除教师表中沈东的记录（假设预先已定义宿主变量 PN 并存放名字"沈东"）。

```
EXEC SQL DELETE
FROM TEACHER
WHERE TN=:PN;
```

7. INSERT 语句

例 3-146 将宿主变量 PSNO、PCNO、GRADE 中的值插入到表 ENROLL 中。

```
EXEC SQL INSERT
INTO ENROLL(SNO, CNO,GRADE)
VALUES(:PSNO,:PCNO,:GRADE);
```

3.7.4 带游标的查询操作

大多数情况下，由于 SQL 每次处理数据的结果是一个二维表，而高级语言一般每次处理一个记录，为协调两种处理方式的差别，采取游标（Cursor）机制解决。

游标（Cursor）是系统为用户开设的一个数据缓冲区，用于存放 SQL 语句的执行结果，每个游标区都有一个名字。用户可以通过游标逐一获取记录，并赋给宿主变量，交由宿主语言进一步处理。

操作游标有 4 条语句，游标必须先定义。有关游标的语句如下：

（1）游标定义语句（DECLARE CURSOR）。

（2）游标打开语句（OPEN CURSOR）。

（3）游标推进语句，取一行数据（FETCH）。

（4）游标关闭语句（CLOSE CURSOR）。

定义游标实际上就是将一个游标和一个 SELECT 查询语句关联起来。打开游标语句根据游标名对应的 SELECT 语句进行查询操作，把所有满足查询条件的行组成一个集合，此集合称为游标活动集（Active Set）或结果集，并把游标指针置于其顶端。然后通过取数据操作

（FETCH）一行一行地移动游标指针，返回结果集中的数据，把它们传送给宿主变量。查询完成后，应关闭游标。

1. 定义游标

游标定义语句的语法格式如下：

EXEC SQL DECLARE<游标名>CURSOR FOR

<SELECT 查询语句>；

其中，SELECT 语句可以是简单查询，也可以是复杂的连接查询和嵌套查询。

例 3-147 在选课关系表中，查询选修了由宿主变量 C1 的值给出的课程号的课程的全部学生的学号和成绩。

```
EXEC SQL DECLARE CC CURSOR FOR
SELECT SNO, GRADE
FROM ENROLL
WHERE CNO=: C1;
```

DECLARE CURSOR 是一个说明语句，它只定义游标 CC，并不运行使用游标。游标必须在打开（OPEN）之后才能使用。每一个游标只能关联一个 SELECT 查询语句。

注意：

（1）定义游标必须在对游标操作之前完成。

（2）游标定义后，其作用范围是整个程序。所以对于一个程序来讲，可以包含多个定义游标语句，但两个定义游标语句说明同一个游标名显然是错误的。

2. 打开游标

打开游标语句的一般形式如下：

EXEC SQL OPEN<游标名>；

例 3-148 打开游标 CC。

```
EXEC SQL OPEN CC;
```

3. 取数据

只有在游标打开之后才能取数据，即执行 FETCH 语句。

通过游标取数据的语句的一般形式如下：

EXEC SQL FETCH<游标名>

INTO:<宿主变量 1>，:<宿主变量 2>，…

FETCH 语句通常用在一个循环结构中，通过循环执行 FETCH 语句逐个地把结果集中的行取到 INTO 后的宿主变量中，并借助宿主程序对其进行处理，直到所有结果集中的数据都处理完毕。此时没有数据可取，再次执行 FETCH 将使 SQLSTATE 的类值变为 02，即 NO DATA。

若要把游标指针移到曾经取过的记录行，需要先关闭游标再打开，使游标指针重新位于查询结果集中的第一条记录前，然后每执行一次 FETCH 语句就把游标指针移到结果集的下一行位置，一行行向前推进。

例 3-149 把游标 CC 的检索结果赋给宿主变量 CS1、CGRADE。

```
EXEC SQL FETCH CC
INTO:CS1,:CGRADE;
```

为进一步方便用户处理数据，现在许多关系数据库管理系统都对 FETCH 语句做了扩充，允许用户向任意方向以任意步长移动游标指针，而不仅仅是将游标指针向前推进一行。

4. 关闭游标

可用 CLOSE 语句关闭游标，释放结果集占用的缓冲区及其他资源。

关闭游标语句的一般形式如下：

EXEC SQL CLOSE ＜游标名＞;

例 3-150　关闭游标 CSR1。

EXEC SQL CLOSE CSR1;

游标被关闭后，就不再和原来的查询结果集相联系，不能再进行取数操作。但被关闭的游标可以再次被打开，与新的查询结果相联系。

下面看一个游标操作的例子。

例 3-151　查询某个职称的教师的部分信息。要查询的职称名放在主变量 zhicheng 中，由用户在程序运行过程中指定。

```
…
EXEC SQL INCLUDE SQLCA;
EXEC SQL BEGIN DECLARE SECTION;
…
                              /*说明宿主变量 zhicheng、HTNO、HTN、HSEX、HAGE 等*/
…
…
EXEC SQL END DECLARE SECTION;
…
…
gets(zhicheng);           /*为宿主变量 zhicheng 赋值*/
…
EXEC SQL DECLARE TX CURSOR FOR
  SELECT TNO, TN, SEX, AGE
  FROM TEACHER
  WHERE PROF=: zhicheng;    /*语句 1：说明游标*/
EXEC SQL OPEN TX;            /*语句 2：打开游标*/
   WHILE(1)                 /* 用循环结构逐条处理结果集中的记录*/
   {
   EXEC SQL FETCH TX INTO : HTNO, : HTN,: HSEX,: HAGE;
/*语句 3：游标指针向前推进一条记录，然后从结果集中取出当前记录，送给相应的宿主变量 */
   if(SQLCA.SQLCODE!=SUCCESS)
   break;
/*若所有查询结果都已经处理完成或出现 SQL 语句错误，则退出循环*/
/*由宿主语言语句进行进一步处理*/
   …
   …
   };
EXEC SQL CLOSE TX;           /* 语句 4：关闭游标 */
   …
   …
```

例 5 中要查询与宿主变量 zhicheng 中所存放的职称相同的所有教师的教师号、教师名、教师性别和教师年龄，首先定义游标 TX，将其与查询结果集（即 zhicheng 中存放的职称的所有教师的教师号、教师名、性别和教师年龄）相联系（语句 1），但这时相应的 SELECT 语句并没有真正执行。然后打开游标 TX，这时执行与 TX 相联系的 SELECT 语句，即查询与 zhicheng 中所存放的职称相同的所有教师的教师号、教师名、教师性别和教师年龄（语句 2），之后 TX 处于活动状态。在游标处于活动状态时，可以修改或删除游标指向的元组。

接下来在一个循环结构中逐行取结果集中的数据，分别将教师号、教师名、教师性别和教师年龄送至宿主变量 HTNO、HTN、HSEX、HAGE 中（语句 3），宿主语言语句将对这些宿主变量做进一步处理。最后关闭游标 TX（语句 4），TX 不再与 zhicheng 中存放的职称的教师数据相联系。

3.7.5 动态 SQL 简介

前面介绍的嵌入式 SQL 语句都是静态 SQL 语句。所谓的静态 SQL 语句是指 SQL 语句事先编入嵌入式 SQL 中，语句中主变量的个数、数据类型以及所要进行的操作在预编译时都是已知的、确定的，在经过预编译器编译之后形成目标程序*.BOJ，然后执行目标程序即可。但是，如果在预编译时出现下列情况，就必须使用动态 SQL 语句。

（1）要执行的 SQL 语句内容未知。

（2）宿主变量的个数未知。

（3）宿主变量的数据类型未知。

（4）SQL 语句中引用的数据库对象（如列、索引、基本表、视图、用户名等）未知。

所谓的动态 SQL 语句是指在程序运行过程中，根据不同的情况，动态地定义、编译和执行某些 SQL 语句。即允许用户在程序运行时临时输入完整的 SQL 语句。对于查询语句，SELECT 子句中的列名、FROM 子句中的表名或视图名、WHERE 子句和 HAVING 短语中的条件等均可由用户临时构造。

动态 SQL 语句根据功能可分为 4 种，分别为非查询的无参数动态语句、非查询的带参数动态语句、动态查询语句和使用描述符的动态语句。

1．非查询的无参数动态语句

使用 EXECUTE IMMEDIATE 语句执行，其格式如下：

EXEC SQL EXECUTE IMMEDIATE〈：字符串宿主变量〉；

其中，〈：字符串宿主变量〉指定存放动态 SQL 语句的变量名。

非查询的无参数动态语句也称为立即执行语句，适用于只执行一次的语句。预备语句中组合而成的 SQL 语句只需执行一次，并且只向 SQLCA 返回执行成功或失败的状态信息，无其他信息。

例 3-152 `EXEC SQL EXECUTE IMMEDIATE sql_string;`

2．非查询的带参数动态语句

此语句表示预编译/执行，能够预编译一次而执行多次。语句的执行分为两部分。

（1）首先对 SQL 语句进行语法分析，其语句格式如下：

EXEC SQL PREPARE〈动态 SQL 语句名〉FROM〈：字符串宿主变量〉；

这个语句可以在程序运行时由用户输入组合起来。此时，这个语句并不执行。

（2）执行动态 SQL 语句，其语句格式如下：

EXEC SQL EXECUTE<动态 SQL 语句名> ［USING<宿主变量表>］；

其中，宿主变量表的格式如下：

：宿主变量名 1［：指示变量 1］［，：宿主变量名 2［：指示变量 2］…］

这是先预处理，后执行，适用于需反复执行的语句。并且当预备语句中组合而成的 SQL 语句的条件值尚缺时，可以在执行语句时用 USING 短语补上。

例 3-153 EXEC SQL PREPARE S FROM :sql_string;

预处理，生成 S 语句（S 是 SQL 标识符，表示 SQL 语句）。

EXEC SQL EXECUTE S;

根据 S 语句进行操作，可重复执行。

PREPARE 语句做两项工作。

①预编译 SQL 语句。

②给出 SQL 语句的语句名。

注意：SQL 语句不能是查询语句；PREPARE 和 EXECUTE 可包含宿主变量。

（3）动态查询语句

动态查询语句用于处理动态语句是查询语句的情况。由于查询的结果可能是多行，所以仍利用游标机制实现。其语句格式如下：

```
EXEC SQL PREPARE 〈语句名〉FROM 〈:字符串宿主变量〉;
EXEC SQL DECLARE 〈游标名〉CURSOR  FOR 〈语句名〉;
EXEC SQL OPEN 〈游标名〉[USING: 宿主变量 1[,:宿主变量 2]…];
EXEC SQL FETCH 〈游标名〉INTO: 宿主变量 1[,:宿主变量 2]…;
EXEC SQL CLOSE 〈游标名〉;
```

（4）使用描述符的动态语句

在前面的三种动态语句中，要求在编写程序时已知输入数据和输出数据。如果程序员在编写应用程序时不知道输入宿主变量和输出宿主变量的数目和类型，而直到程序运行动态语句时才能确定，这种情况可使用描述符动态语句解决。

例 3-154 下面的两个 C 语言的程序段说明了动态 SQL 语句的使用方法。

```
①EXEC SQL BEGIN DECLARE SECTION;
char  *query;
EXEC SQL END DECLARE SECTION;
scanf("%s",query);            /*从键盘输入一个 SQL 语句*/
EXEC SQL PREPARE que FROM: query;
EXEC SQL EXECUTE que;
```

以上程序段表示从键盘输入一个 SQL 语句到字符数组中，字符指针 query 指向字符串的第一个字符。

如果执行语句只执行一次，那么程序段最后的两个语句可合并成一个语句。

```
EXEC SQL EXECUTE IMMEDIATE: query;
②char *query = UPDATE ENROLL
SET GRADE = GRADE * 1.1
WHERE CNO = "? ";
EXEC SQL PREPARE dynprog FROM :query ;
char C[5]="C4";
EXEC SQL EXECUTE dynprog USING:C;
```

以上程序段中的第一个 char 语句表示用户组合成一个 SQL 语句，但有一个值（课程号）

还不能确定，因此用"？"表示。第二个语句是动态 SQL 预备语句。第三个语句（char 语句）表示取到了课程号值。第四个语句是动态 SQL 执行语句，"？"的值从共享变量 C 中取出。

3.8 小　　结

目前，SQL 语言已成为数据库系统的共同语言，它将整个数据库世界连接为一个统一的整体。

本章系统而详尽地介绍了 SQL 语言的使用方法。主要介绍了如何建立一个表；如何插入、删除和更新一个表中的数据；如何进行 SQL 的数据控制等，并介绍了嵌入式 SQL 和动态 SQL 语句。其中重点介绍了 SQL 的核心部分内容：数据定义、数据查询、数据操纵和视图。

在讲解 SQL 语言的同时，还进一步介绍了关系数据库的有关概念，如索引和视图的概念及其作用。通过本章的学习，读者将对 SQL 有相当的了解。

习　　题

1．SQL 语言有什么特点？
2．简述基本表和视图的概念。
　（以下习题均基于本书 2.1.3 节中的教学管理数据库。）
3．用 SQL 建立教学管理数据库中的 STUDENT 表，定义 SNO 为 STUDENT 的主关键字。
4．删除表 TEACHER 中的 EA 属性列及相应的数据。
5．在 STUDENT 表中增加"爱好"属性列，要求属性类型是定长为 40 的字符串型。
6．下面用 SELECT 查询语句表示每个查询。
（1）检索选修课程号为 C2 的学生的学号与成绩。
（2）检索选修课程号为 C2 的学生的学号与姓名。
（3）检索没有选修课程号为 C2 的学生的学号与姓名。
（4）找出课程名以"DB_"开头，并且倒数第三个字符为 i 的课程信息。
（5）找出名字中第二个字为"阳"的同学姓名和学号。
（6）检索选修课程名为"数据库"的学生学号与姓名。
（7）检索选修课程号为 C2 或 C4 的学生学号。
（8）检索至少选修课程号为 C2 和 C4 的学生学号。
（9）列出信息系中男生的学号、姓名、年龄，并按年龄进行排列（升序）。
（10）找出与 990101 同龄的学生。
（11）找出年龄最小的学生。
（12）找出同系、同年龄、同性别的学生。
（13）找出学生的最小年龄。
（14）找出年龄大于 23 岁且籍贯是湖南或湖北的学生的姓名和性别。
（15）找出籍贯为山西或河北，成绩为 90 分以上的学生的姓名、籍贯和成绩。
（16）用集合查询中的并操作（UNION）查询是讲师或者年龄不小于 30 岁的教师，并按年龄的升序排列。

（17）用集合查询中的交操作（INTERSECT），查询职称为讲师并且年龄不小于 30 岁的教师，并按年龄的降序排列。

7. 根据 STUDENT 表，按 SNO 和 AGE 的降序显示字段 SNO 和字段 AGE。

8. 统计学校的院系数目和所有学生的平均年龄。

9. 列出具有两门（含两门）以上不及格的学生的学号和不及格的课目数。

10. 在 STUDENT 表中插入一条记录：990018，张三，男，27，山东。

11. 给外语系的学生增加开设必修课 C5，建立选课信息。

12. 教师林丽晋升为教授，修改表 TEACHER 中的相应记录。

13. 删除学号为 990202 的学生的选课信息。

14. 简述视图的优点。

15. 建立学生平均成绩视图。

16. 删除学生平均成绩视图。

17. 把对 STUDENT 表的查询权限和修改权限授予用户李东，并允许他将此权限授予其他用户。

18. 把对 TEACHING 表的删除权限授予用户 U1。

19. 把用户 U2 对 TEACHER 表的 INSERT 权限收回。

20. 什么是嵌入式 SQL？

21. 在嵌入式 SQL 中如何区分 SQL 语句和宿主语言语句？

22. 试编写一个含有 SQL 语句的 C 程序。

23. 在嵌入式 SQL 中，哪些语句不需要使用游标？

24. 什么是游标？如何定义、打开、推进和关闭游标？

第4章 关系的规范化理论

关系的规范化理论是关系数据库逻辑结构设计的理论基础，最早是由美国 IBM 公司的研究员 E.F.Codd 提出的。E.F.Codd 在 1970 年发表了一篇题为《A Relational Model of Data for Large Shared Data Banks》的论文，并在此文中首次提出了关系模型的概念。1981 年，E.F.Codd 因其在数据库领域的杰出贡献获得了计算机科学界的最高奖项——ACM 图灵奖。

4.1 关系模型的冗余和异常问题

关系数据库由若干关系构成，每个关系相当于一张二维表，二维表中的一行对应关系中的一个元组，表中的一列对应关系中的一个属性，关系模式就相当于这张表的结构。设计关系数据库，首先需要设计数据库中所有关系的模式。

假设现在要开发一个教学管理系统，需实现的功能包括：学生基本信息的输入、输出、查询、修改；课程基本信息的输入、输出、查询、修改；学生选课情况的输入、输出、查询、修改；学生成绩的输入、输出、查询、修改。

在该系统需处理的数据中，学生基本信息包括学生的学号、姓名、性别、年龄、籍贯、所在的系科和宿舍号，课程基本信息包括课程的代码、名称、类型和学分，成绩仅需录入总评成绩。

关于这些数据已知的事实包括：①每位学生需要选修多门课程；②输入新生的基本信息时可能尚未完成学生的选课工作，此时学生所选修的课程的门数可能为 0；③每门课程可能有多位学生选修；④要先在系统中输入课程的基本信息，再执行学生的选课操作，也就是说在输入课程的基本信息时，选修该课程的学生人数为 0；⑤每位学生所选修的每门课程经考核后都可以获得一个成绩。

表 4-1 中列出了一个可能的数据库逻辑设计方案及数据库中的部分数据。该设计方案中只包含一个关系模式：学生—课程（学号，姓名，性别，年龄，籍贯，系别，课程号，课程名，学分，成绩），由前述已知事实可确定该关系模式的主关键字为（学号，课程号）。

表 4-1 教学管理数据库的关系模式和部分数据

学号 SNO	姓名 SN	性别 SEX	年龄 AGE	籍贯 BP	系别 DEPT	课程号 CNO	课程名 CN	学分 CREDIT	成绩 GRADE
990101	王红	女	21	江苏	信息系	C5	高等数学	5	85
990202	李刚	男	18	江苏	数学系	C3	英语	4	78
990202	李刚	男	18	江苏	数学系	C1	数据库	3	83
990203	韩强	男	22	山东	外语系	C3	英语	4	92
990027	胡伟	男	23	湖南	信息系	C2	汉字处理	3	95

续表

学号 SNO	姓名 SN	性别 SEX	年龄 AGE	籍贯 BP	系别 DEPT	课程号 CNO	课程名 CN	学分 CREDIT	成绩 GRADE
990104	朱珠	女	17	福建	信息系	C6	数据结构	4	77
990101	王红	女	21	江苏	信息系	C2	汉字处理	3	84
990101	王红	女	21	江苏	信息系	C6	数据结构	4	69
990027	胡伟	男	23	湖南	信息系	C5	高等数学	5	82
990104	朱珠	女	17	福建	信息系	C5	高等数学	5	86
990027	胡伟	男	23	湖南	信息系	C6	数据结构	4	62
…	…	…	…	…	…	…	…	…	…

略加分析即可看出这样的关系模式是存在问题的，如下：

（1）由于元组间是由学号和课程号这两个属性的组合来加以区分的，根据关系模型的实体完整性规则，每个元组的学号属性和课程号属性值都不能为空。也就是说当一门课程尚无学生选修时，就无法将该课程的基本信息存入数据库中。同样，当一名学生还没有选修课程时，该学生的基本信息也无法存入数据库中。这样的现象称为插入异常。

（2）当学生毕业离校时，要把他们的信息从数据库中删除。如果此时他们所选修的某些课程尚无其他年级的学生选修，那么这些课程的基本信息就会丢失。这样的现象称为删除异常。

（3）在这样的关系中，每当有一名学生选修一门课程时，该学生的基本信息和所选修课程的基本信息就要被重复存储一次，这样的现象称为数据冗余。

（4）数据冗余不仅会造成对存储空间的极大浪费，同时也会使数据的修改操作变得复杂。在这样的关系中，如果要调整一门课程的学分，那么需要进行修改的元组个数将与选修这门课程的学生人数相等，这显然是一项费时费力、代价高昂的工作。

那么，为什么会出现这些问题呢？要怎样设计关系模式才能避免这些问题的出现呢？正是在这样不断地思考和探索的过程中，关系的规范化理论才产生并逐步完善起来。

4.2　规范化理论的主要内容

关系的规范化理论是由数据依赖、范式及规范化方法这三部分内容构成的。

数据依赖反映了实体各属性间的联系。实体的属性是对现实世界中事物特征的描述，这些属性之间是相关的。规范化理论根据实体各属性间内在联系的特点，将数据依赖分为函数依赖、多值依赖和连接依赖等。将在 4.3 节中讨论最主要的两种数据依赖——函数依赖和多值依赖。

前面所讨论的插入异常、删除异常、数据冗余、修改复杂等问题就是由于关系模式中各类数据依赖的存在而造成的，但并不是所有的数据依赖都会造成这些问题。为此，需要研究关系模式中可能存在的各类数据依赖的特点以及它们可能引起的问题，这样在设计数据库时，就可以从待开发系统的实际出发，确定所设计的关系模式中可以允许哪些类型的数据依赖存在，又必须消除哪些类型的数据依赖。

规范化理论用范式这一概念定义了关系模式所符合的不同级别的要求，从而使设计有可依据的标准。将在 4.4 节中讨论相关的内容。

属于低级范式的关系模式经过模式分解可以转换为若干符合高一级范式要求的关系模式，这样的转换过程称为关系模式的规范化。在模式分解的过程中，如果所采用的方法不恰当，有可能造成其上函数依赖等信息的丢失。在 4.5 节中将介绍一些对关系模式进行规范化的算法。

4.3 数 据 依 赖

数据依赖反映了实体各属性间的联系。规范化理论根据属性间各类联系的不同特点对数据依赖进行了分类，其中最主要的是函数依赖和多值依赖。

通过对客观世界中事物之间以及事物内部各要素之间存在的关系进行分析，可以确定所设计的关系模式中各个属性之间存在的联系，并可以借助属性间依赖关系图等工具对分析的结果加以描述。根据分析结果以及规范化理论中对各类数据依赖的定义，就可以确定所设计的关系模式上存在哪些类型的数据依赖。

4.3.1 属性间的联系

实体的属性描述了现实世界中事物的特征。事物可以有多个特征，实体也可以有多个属性。事物的特征中有的体现了该类事物与其他事物间的区别与联系，有的则体现了同类事物不同个体间的区别与联系。实体各属性间的联系体现了事物特征的作用，应从客观事实出发，对实体各属性间的联系加以分析。

通过观察可以发现，实体中某个或某些属性的值一旦确定，另一些属性的值也就确定了。例如，在 4.1 节讨论的关系模式"学生－课程"中，由于每门课程只能有一个课程号，同时一个课程号也只能属于一门课程，所以课程号这个属性的取值一旦确定，其对应的课程也就确定了，相应地，该课程的课程名和学分这两个属性的值也就确定了，也就是说课程号这个属性的取值能决定课程名和学分这两个属性的取值。同样的道理，由于每位学生只能有一个学号，同时一个学号也只能属于一位学生，所以学号这个属性的取值一旦确定，其对应的学生也就确定了，相应地，该学生的姓名、性别、年龄、籍贯、系别等属性的值也就确定了，也就是说学号这个属性的取值能决定姓名、性别、年龄、籍贯、系别等多个属性的取值。"学生－课程"关系模式中，成绩这个属性的值需要由学号和课程号这两个属性的值共同决定，这是因为每位学生的每门课程都可以有一个成绩，且最多只有一个成绩。

可以用属性间依赖关系图来描述关系模式中各属性间的联系。如图 4-1 所示为"学生－课程"关系模式的属性间依赖关系图。

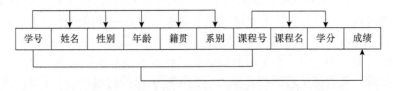

图 4-1 "学生－课程"关系模式的属性间依赖关系图

在有些实体中，某个或某些属性的一个取值可以决定另外一些属性的一组取值。

设有关系模式：教师信息（工号，姓名，联系电话，主讲课程），且已知事实：①每位教师有且仅有一个工号，一个工号也只能属于一位教师；②不同的教师可能有相同的姓名；③每位教师可能有多个联系电话；④每位教师可能主讲多门课程；⑤每门课程可能由多位教师主讲。表 4-2 中列出了该关系模式以及可能的部分数据。

表 4-2　教师信息关系模式和部分数据

工号 NO	姓名 TN	联系电话 TELE	主讲课程 CN	工号 NO	姓名 TN	联系电话 TELE	主讲课程 CN
087321	吴小敏	13802130201	离散数学	087322	王　凡	88834394	程序设计
087321	吴小敏	82102120	离散数学	087322	王　凡	15902345874	数据结构
087321	吴小敏	13802130201	组合数学	087322	王　凡	35274093	数据结构
087321	吴小敏	82102120	组合数学	087322	王　凡	88834394	数据结构
087322	王　凡	15902345874	程序设计	087323	吴小江	28109876	数据结构
087322	王　凡	35274093	程序设计	…	…	…	…

在这个关系模式中，属性集 A＝{工号，姓名，主讲课程}上的每个取值都对应属性集 B＝{联系电话}上的一组取值，而且只要工号属性的取值相同，所对应的那组联系电话值也必相同。例如属性集 A 上的取值{087321，吴小敏，离散数学}对应属性集 B 上的取值{13802130201}和{82102120}；属性集 A 上的取值{087321，吴小敏，组合数学}也对应属性集 B 上的取值{13802130201}和{82102120}；属性集 A 上的取值{087322，王凡，程序设计}对应属性集 B 上的取值{35274093}、{88834394}和{15902345874}；属性集 A 上的取值{087322，王凡，数据结构}也对应属性集 B 上的取值{35274093}、{88834394}和{15902345874}；属性集 A 上的取值{087323，吴小江，数据结构}则对应属性集 B 上的取值{28109876}。如图 4-2 所示为"教师信息"关系模式的属性间依赖关系图。

图 4-2　"教师信息"关系模式的属性间依赖关系图

4.3.2　函数依赖

1. 函数依赖的概念

定义 1：设有关系模式 R，U 为 R 中全体属性的集合，X 和 Y 都是 U 的子集，r 是 R 的一个任意的关系实例，t 和 v 是从 r 中任意选出的两个元组。当 t 和 v 在 X 上的取值相等，即 t[X]＝v[X] 时，必然可以推出它们在 Y 上的值也相等，即 t[Y]＝v[Y]，则称属性集 X 函数决定属性集 Y，或属性集 Y 函数依赖于属性集 X，记作 X→Y，并称 X→Y 为 R 的一个函数依赖。

例如对于 4.1 节中所讨论的关系模式"学生－课程"，其属性全集为 U＝{学号，姓名，性别，年龄，籍贯，系别，课程号，课程名，学分，成绩}。设有属性集 X＝{学号}，属性集 Y＝{姓名，性别，年龄，籍贯，系别}，显然 X 和 Y 都是 U 的子集。对于该关系模式的任意关系实例 r，其中的每个元组都代表一位学生。若在 r 中任选两个元组 t 和 v，则 t 和 v 也必然各自代表一位学生。元组 t 在 X 上的取值 t［X］为 t 所代表的学生的学号，元组 v 在 X 上的取值 v［X］为 v 所代表的学生的学号，若 t［x］=V［x］，则说明 t 所描述的学生的学号和 V 所描述的学生的学号相同，由于一个学号只能分配给一个学生，一个学生也只能拥有一个学号，可见 t 和 V 描述的是同一个学生，所以 t 和 V 在姓名、性别、年龄、籍贯、系别这些属性上的取值必然也相同，也就是说必有 t［Y］=v［Y］。这样，可以说属性集 X＝{学号}函数决定属性集 Y＝{姓名，性别，年龄，籍贯，系别}，或者说属性集 Y＝{姓名，性别，年龄，籍贯，系别}函数依赖于属性集 X＝{学号}。

在函数依赖的定义中，关系模式 R 上的函数依赖 X→Y 是否成立，与关系实例 r 的选择是没有关系的，也就是说 X→Y 应对所有基于 R 的关系都成立。因此，判定两个属性集间是否具有函数依赖关系，主要应从这些属性在客观世界中的实际意义出发。必要时也可以从所设计系统的实际关系出发，添加一些特殊的约定。

例如在"学生－课程"关系模式中，若约定姓名不能相同，则属性集 X＝{姓名}就可以决定属性集 Y＝{学号，性别，年龄，籍贯，系别}。

2. 平凡函数依赖和非平凡函数依赖

在函数依赖的定义中，如果所选的属性集 Y 是属性集 X 的子集，那么函数依赖 X→Y 必然是成立的。

例如在关系模式"学生－课程"中，若取属性集 X＝{姓名，年龄，籍贯}，属性集 Y＝{姓名，籍贯}，在该关系模式的任意关系实例 r 中任选两个元组 t 和 v，若元组 t 在 X 上的取值 t［X］等于元组 v 在 X 上的取值 v［X］，则表示 t［姓名］=v［姓名］，且 t［年龄］=v［年龄］，且 t［籍贯］=v［籍贯］，从而必可得 t［Y］=v［Y］，即 X→Y 成立。这些函数依赖称为平凡函数依赖。

定义 2：设有关系模式 R，U 为 R 中全体属性的集合，X 和 Y 都是 U 的子集，且有 Y⊆X。此时 R 上必有函数依赖 X→Y 成立，这样的函数依赖称为关系模式 R 的平凡函数依赖。

定义 3：如果 X→Y 是关系模式 R 上的函数依赖，且 Y⊄X，则称 X→Y 为 R 的非平凡函数依赖。

一般情况下，只分析关系模式上的非平凡函数依赖。

3. 部分函数依赖和完全函数依赖

根据函数依赖的定义，如果关系模式 R 上有函数依赖 X→Y 成立，那么对于任何包含 X 的 R 上的属性集 C，必有 C→Y 成立。

例如在关系模式"学生－课程"中，若取属性集 X＝{学号}，属性集 Y＝{姓名，性别，年龄，籍贯，系别}，根据前面的分析，必有函数依赖 X→Y 成立。那么对于任意包含 X 的属性集 C＝{学号，…}，如果在该关系模式的任意关系实例 r 中任选两个元组 t 和 v，且元组 t 在 C 上的取值 t［C］等于元组 v 在 C 上的取值 v［C］，则必有 t［学号］=v［学号］，又因为函数依赖 X→Y 在该关系模式上成立，从而必可得 t［Y］=v［Y］。根据函数依赖的定义可知，函数依赖 C→Y 也是必然成立的。在这样的函数依赖中，属性集 C 中只有一部分属性是真正起了决定作用的，因此，把这样的函数依赖称为部分函数依赖。

定义 4：设有关系模式 R，U 为 R 中全体属性的集合，X 和 Y 都是 U 的子集，X→Y 是 R 上的一个函数依赖。若存在 R 上的属性集 Z⊂X，有函数依赖 Z→Y 成立，则称属性集 X 部分函数决定属性集 Y，或属性集 Y 部分函数依赖于属性集 X，并称 X→Y 为 R 的一个部分函数依赖。

定义 5：若 X→Y 是关系模式 R 上的一个函数依赖,且对于 X 的任意子集 Z,函数依赖 Z→Y 均不成立,则称属性集 X 完全函数决定属性集 Y,或属性集 Y 完全函数依赖于属性集 X,并称 X→Y 为 R 的一个完全函数依赖。

4. 传递函数依赖

定义 6：设有关系模式 R,U 为其全体属性的集合,X、Y、Z 都是 U 的子集,且 Y⊈X。若 R 上有函数依赖 X→Y 和 Y→Z 成立,但 Y→X 不成立,则称属性集 X 传递函数决定属性集 Z 或属性集 Z 传递函数依赖于属性集 X。

例如为一个图书借阅信息管理系统设计的关系模式"图书借阅"为：图书借阅(图书编号,书名,作者,出版社,单价,当前借阅证号,当前借阅者姓名,借阅日期),并已知事实：①每本图书当前只能被一位读者借阅；②每位读者可以借多本图书；③每位读者有且仅有一张借阅证；④每张借阅证的编号是各不相同的；⑤可能存在同名的读者。

通过对上述事实的分析,可得关系模式"图书借阅"的属性间依赖关系图,如图 4-3 所示。

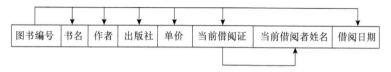

图 4-3 "图书借阅"关系模式的属性间依赖关系图

若令属性集 X={图书编号},Y={当前借阅证},Z={当前借阅者姓名},则属性集 X 函数决定属性集 Y,属性集 Y 函数决定属性集 Z,但属性集 Y 函数不能决定属性集 X,从而可得属性集 Z 传递函数依赖于属性集 X。

4.3.3 多值依赖

定义 7：设有关系模式 R,U 为其全体属性的集合,X、Y、Z 是 U 的子集,且 Z=U−X−Y,r 是 R 的一个任意的关系实例。若 r 在属性集 X∪Z 上的每个取值对应于属性集 Y 上的一组取值,且这组值仅决定于属性集 X 的值而与属性集 Z 无关,则称 X 多值决定 Y 或 Y 多值依赖于 X,记为 X→→Y。

例如在 4.3.1 中讨论的关系模式"教师信息"中,其属性全集 U={工号,姓名,联系电话,主讲课程}。对于属性集{工号,姓名,主讲课程}上的每个取值,属性集 Y={联系电话}都有一组值与之对应,且这组值仅决定于属性集 X={工号},与属性集 Z=U−X−Y={姓名,主讲课程}无关,从而可得属性集 Y={联系电话}多值依赖于属性集 X={工号}。

在多值依赖的定义中,如果属性集 Z=U−X−Y 为空,则称这样的多值依赖为平凡多值依赖,否则称为非平凡多值依赖。一般情况下,只分析关系模式上的非平凡多值依赖。

多值依赖与函数依赖有两点主要的区别。

(1)若函数依赖 X→Y 在属性集 W 上成立,且 W⊂U,则必可得 X→Y 在 U 上成立,但若多值依赖 X→→Y 在属性集 W 上成立,且 W⊂U,却未必可得 X→→Y 在 U 上成立。

由函数依赖的定义可知,函数依赖 X→Y 是否成立,取决于关系模式 R 下所有可能的关系实例中各元组在属性集 X 和属性集 Y 上的取值情况。若函数依赖 X→Y 在属性集 W 上成立,且 W⊂U，由于属性集 Z=U−W 中的属性的取值情况对函数依赖 X→Y 是否成立并无影响，所以必可得 X→Y 在属性集 U 上也成立。

由多值依赖的定义可知，多值依赖 X→→Y 是否成立，不仅与关系模式 R 下所有可能的关系实例中各元组在属性集 X 和属性集 Y 上的取值情况相关，还与各元组在属性集 Z=U−X−Y 上的取值情况相关，所以多值依赖 X→→Y 在属性集 W 上成立，且 W⊂U，未必可得 X→→Y 在 U 上成立。例如在关系模式"教师信息"中增加属性"电话类别"，新的关系模式及部分数据见表 4-3 所示。

表 4-3 添加新属性后的教师信息关系模式和部分数据

工号 TNO	姓名 TN	联系电话 TELE	电话类别 TELECA	主讲课程 CN
087321	吴小敏	13802130201	手机	离散数学
087321	吴小敏	82102120	固话	离散数学
087321	吴小敏	13802130201	手机	组合数学
087321	吴小敏	82102120	固话	组合数学
087322	王 凡	15902345874	手机	程序设计
087322	王 凡	35274093	固话	程序设计
087322	王 凡	88834394	固话	程序设计
087322	王 凡	15902345874	手机	数据结构
087322	王 凡	35274093	固话	数据结构
087322	王 凡	88834394	固话	数据结构
087323	吴小江	28109876	固话	数据结构
…	…	…		…

此时，属性集{工号，姓名，电话类别，主讲课程}上的每个取值仍可对应属性集 Y={联系电话}上的一组值，但这组值不再仅决定于属性集 X={工号}，而是决定于属性集{工号，电话类别}，即属性集 Y={联系电话}与属性集 X={工号}间的多值依赖关系不再成立。

（2）若函数依赖 X→Y 在 U 上成立，则对于任意的 Z⊂Y 均有 X→Z 成立，但若多值依赖 X→→Y 在 U 上成立，却未必对于任意的 Z⊂Y 均有 X→→Z 成立。

由函数依赖的定义可知，若 X→Y 在 U 上成立，则对从关系模式 R 的任一关系实例 r 中随意选出的两个元组 t 和 v 而言，当 t 和 v 在 X 上的取值相等即 t[X]=v[X] 时，必然可以推出它们在 Y 上的值也相等，即 t[Y]=v[Y]。那么对于任意的 Z⊂Y，自然也有 t[Z]=v[Z]，可见 X→Z 必然成立。

由多值依赖的定义可知，X→→Y 在 U 上成立，只能表明对关系模式 R 的任一关系实例 r 而言，r 在属性集 U−Y 上的每个取值对应于属性集 Y 上的一组取值，且这组值仅决定于属性集 X 的值，而与属性集 U−Y−X 无关，则不能由此推出对于任意的 Z⊂Y，r 在属性集 U−Z 上的每个取值也能对应于属性集 Z 上的一组取值，且这组值仅决定于属性集 X 的值，而与属性集 U−Z−X 无关。例如在表 4-3 所描述的关系模式：教师信息（工号，姓名，联系电话，电话类别，主讲课程）中，对于属性集{工号，姓名，主讲课程}上的每个取值，属性集 Y＝{联系电话，电话类别}都有一组值与之对应，且这组值仅决定于属性集 X＝{工号}，与属性集 Z＝U－X－Y＝{姓名，主讲课程}无关，从而可得属性集 Y＝{联系电话，电话类别}多值依赖于属性集 X＝{工号}，但对于属性集 Z＝{电话类别}而言，虽有 Z⊂Y，但对于属性集{工号，姓名，联系电话，主讲课程}上的每个取值，属性集 Z＝{电话类别}都必然只有一个值与之对应，且该值仅取决于属性集{联系电话}，而与属性集 X＝{工号}无关，可见 X→→Z 不成立。

4.4 范 式

4.4.1 范式的基本概念

在关系数据库的规范化过程中为不同程度的规范化要求设立的不同标准称为范式（Normal Form）。已定义的范式有第一范式（1NF）、第二范式（2NF）、第三范式（3NF）、BC 范式（BCNF）、第四范式（4NF）和第五范式（5NF），它们分别定义了属于该范式的关系模式中可以存在和必须消除的数据依赖，这些范式之间的关系如图 4-4 所示。

属于各级范式的关系模式在不同程度上消除了可能存在的数据冗余、修改复杂、插入异常、删除异常等现象。

这些范式中，第一范式、第二范式、第三范式和 BC 范式

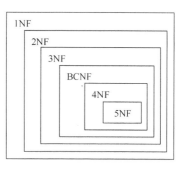

图 4-4 范式间的关系

是基于函数依赖的范式，第四范式是基于多值依赖的范式，第五范式是基于连接依赖的范式。这里只讨论前 5 种范式。

4.4.2 第一范式

定义 8：设有关系模式 R，若 R 中的每个属性都不可再分解，则称 R 属于第一范式，记为 R∈1NF。

第一范式是最低级别的范式。关系数据库中的所有关系模式都必须属于第一范式。

例如 4.1 节所讨论的关系模式：学生－课程（学号，姓名，性别，年龄，籍贯，系别，课程号，课程名，学分，成绩），4.3 节所讨论的关系模式：图书借阅（图书编号，书名，作者，出版社，单价，当前借阅证号，当前借阅者姓名，借阅日期）和教师信息（工号，姓名，联系电话，电话类别，主讲课程），这些关系模式中的属性在通常的应用中都是不可再分解的属性，因而这些关系模式都属于第一范式。

判断一个属性是否可以再分解，一方面要从属性的取值范围出发进行分析，另一方面也和系统本身的需求有关。例如人的姓名在一般情况下可以看做一个不可再分解的原子属性，但在必要时也可以再划分为"姓"和"名"这两个组成部分。再如现行的 18 位的身份证号是由 6 位出生地编号、8 位出生日期编号、2 位顺序号、1 位性别号和 1 位校验号组成的，其中出生地编号还可以再细分为省、地市、区县三级，出生日期编号也可再细分为年、月、日三个部分，但除非是在实现系统功能时确实经常需要根据身份证号的某些组成部分进行取值，否则通常把身份证号看做一个不可再分解的属性。

4.4.3　第二范式

定义 9：设有关系模式 R，若 R 属于第一范式，且 R 中每个非主属性都完全函数依赖于 R 的候选关键字，则称 R 属于第二范式，记为 R∈2NF。

属于第二范式的关系模式中消除了由于非主属性对候选关键字的部分函数依赖而引起的数据冗余、插入异常、删除异常等现象。

例如 4.1 节所讨论的关系模式：学生－课程（学号，姓名，性别，年龄，籍贯，系别，课程号，课程名，学分，成绩）中，只有一个候选关键字即{学号，课程号}，其非主属性中除"成绩"是完全函数依赖于候选关键字之外，其他非主属性都只是部分函数依赖于候选关键字，如属性集{姓名，性别，年龄，籍贯，系别}完全函数依赖于属性集{学号}，部分函数依赖于候选关键字{学号，课程号}，属性集{课程名，学分，成绩}完全函数依赖于属性集{课程号}，部分函数依赖于候选关键字{学号,课程号}，所以这个关系模式只是一个属于第一范式的关系模式。

为了使"学生－课程"关系模式满足第二范式的要求，可以对其按如下原则进行拆分。

（1）部分函数依赖于候选关键字的非主属性与它们所依赖的在该候选关键字中的主属性构成一个关系模式。

（2）完全函数依赖于候选关键字的非主属性与该候选关键字构成一个关系模式。

可得如下三个关系模式。

（1）学生（学号，姓名，性别，年龄，籍贯，系别）。

（2）课程（课程号，课程名，学分，成绩）。

（3）学生－课程（学号，课程号，成绩）。

其中，关系模式"学生"唯一的候选关键字为{学号}，其所有非主属性构成的属性集{姓名，性别，年龄，籍贯，系别}完全函数依赖于该候选关键字，所以关系模式"学生"是一个属于第二范式的关系模式。

关系模式"课程"唯一的候选关键字为{课程号}，其所有非主属性构成的属性集{课程名，学分，成绩}完全函数依赖于该候选关键字，所以关系模式"课程"是一个属于第二范式的关系模式。

关系模式"学生－课程"唯一的候选关键字为{学号，课程号}，其唯一的非主属性"成绩"完全函数依赖于该候选关键字，所以关系模式"学生－课程"也是一个属于第二范式的关系模式。

这样，就把一个属于第一范式的关系模式分解成了三个属于第二范式的关系模式。

属于第二范式的关系模式中仍可能存在数据冗余、修改复杂、插入异常、删除异常等现象。

例如关系模式：图书借阅（图书编号，书名，作者，出版社，单价，当前借阅证号，当前借阅者姓名，借阅日期）中，唯一的候选关键字为{图书编号}，所有非主属性构成的属性集{书名，作者，出版社，单价，当前借阅证号，当前借阅者姓名，借阅日期}完全函数依赖于该候选关键字，所以该关系模式是一个属于第二范式的关系模式。

在该关系模式中，当一位读者借了一本书时，其姓名信息就要被重复保存，可见该关系模式中存在数据冗余现象。而如果需要修改一位读者的姓名，则需修改的次数与该读者借阅的书的数量一致，可见该关系模式中存在修改复杂现象。当一位读者把所借的书都还完时，其姓名信息也就丢失，可见该关系模式中存在删除异常现象。而当一位读者尚未借书时，其姓名信息便无法输入，可见该关系模式中存在插入异常现象。

4.4.4　第三范式

定义 10：设有关系模式 R，若 R 属于第二范式，且 R 中每个非主属性都不传递函数依赖于 R 的候选关键字，则称 R 属于第三范式，记为 R∈3NF。

属于第三范式的关系模式中消除了由于非主属性对候选关键字的传递函数依赖而引起的数据冗余、修改复杂、插入异常、删除异常等现象。

例如 4.4.3 节所讨论的属于第二范式的关系模式"图书借阅"中，由于非主属性"当前借阅者姓名"传递函数依赖于候选关键字{图书编号}，所以仍存在数据冗余、修改复杂、插入异常、删除异常等现象。

可以对"图书借阅"关系模式按如下原则进行拆分。

（1）将传递函数依赖于候选关键字的非主属性与其函数依赖的属性构成一个关系模式。

（2）在原关系模式中去除传递函数依赖于候选关键字的非主属性，得到一个新的关系模式。

则可得到以下的两个属于第三范式的关系模式。

（1）图书借阅（图书编号，书名，作者，出版社，单价，当前借阅证号，借阅日期）。

（2）借阅者（借阅证号，借阅者姓名）。

此时，读者的姓名信息保存在"借阅者"关系中。当一位读者借了一本书时，只需在"图书借阅"关系中添加一个元组即可，不必重复保存其姓名信息；如果需要修改一位读者的姓名，则只需在"借阅者"关系中修改一次即可；当一位读者把所借的书都还完时，其姓名信息仍在"借阅者"关系中保存，而不会丢失；当一位读者尚未借书时，其姓名信息可保存在"借阅者"关系中。

属于第三范式的关系模式中仍可能存在数据冗余、修改复杂、插入异常、删除异常等现象。

例如在关系模式：供应（零件代码，零件名称，供应商代码，价格）中，若各种零件不同名，且每种零件对应唯一的零件代码，则其候选键为{零件代码，供应商代码}、{零件名称，供应商代码}。由于该关系模式中的所有属性均不可再分解，唯一的非主属性"价格"完全函数依赖于候选关键字，且不传递函数依赖于候选关键字，所以属于第三范式。

在该关系模式中，某供应商新增对某种零件的供应时，该零件的名称和代码都必须重复保存一次，可见存在数据冗余现象；当一种零件的名称需要修改时，需要修改的次数与供应这种零件的供应商的人数相等，可见存在修改复杂现象；当某种零件还没有供应商供应时，该零件的名称和代码信息就不能在"供应"关系中保存，可见存在插入异常现象；当所有的供应商都停止对某种零件的供应时，这种零件的名称和代码信息也就丢失，可见存在删除异常现象。

4.4.5　BC 范式

定义 11：设有关系模式 R，若 R 属于第一范式，且对于 R 上的每个非平凡函数依赖 X→Y，X 中必包含候选关键字，则称 R 属于 BC 范式，记为 R∈BCNF。

属于 BC 范式的关系模式中不存在主属性对不包含它的候选关键字的部分函数依赖，也不存在主属性对候选关键字的传递函数依赖。

例如 4.4.4 所讨论的属于第三范式的关系模式"供应"中，由于主属性"零件名称"部分函数依赖于候选关键字{零件代码，供应商代码}，所以仍存在数据冗余、修改复杂、插入异常、删除异常等现象。

可以对"供应"关系模式按如下原则进行拆分。

（1）部分函数依赖于候选关键字的主属性与它们所依赖的在该候选关键字中的主属性构成一个关系模式。

（2）在原关系模式中去除部分函数依赖于候选关键字的主属性，得到一个新的关系模式。

此时可得到以下两个属于 BC 范式的关系模式。

（1）零件（零件代码，零件名称）。

（2）供应（零件代码，供应商代码，价格）。

此时，零件的代码和名称保存在"零件"关系中。某供应商新增对某种零件的供应时，只需在"供应"关系中添加一个元组即可；当一种零件的名称需要修改时，只需在"零件"关系中修改一次；即使某种零件还没有供应商供应，或所有的供应商都停止对这种零件的供应，该零件的名称和代码信息也可以保存在"零件"关系中。

若在属于第三范式的关系模式中存在主属性对候选关键字的传递函数依赖，其分解原则如下：

（1）将传递函数依赖于候选关键字的主属性与其函数依赖的属性构成一个关系模式。

（2）在原关系模式中去除传递函数依赖于候选关键字的主属性，得到一个新的关系模式。

属于 BC 范式的关系模式中仍可能存在数据冗余、修改复杂、插入异常、删除异常等现象。

例如在关系模式：教师信息（工号，联系电话，主讲课程）中唯一的候选关键字为{工号，联系电话，主讲课程}，即全键。由于该关系模式中的所有属性均不可再分解，且既不存在非主属性对候选关键字的部分函数依赖和传递函数依赖，也不存在主属性对不包含它的候选关键字的部分函数依赖和传递函数依赖，所以属于 BC 范式。但在该关系模式中，当一位教师要增加一门主讲课程时，需要把他的所有联系电话重复保存一次，数据的冗余是显然的。当要修改一位教师的一个联系电话时，需要修改的元组个数与他主讲的课程门数相同。当一位教师尚无联系电话时，就不能在数据库中保存其主讲的课程信息。在删除了一位教师当前所有的主讲课程时，其联系电话信息也就丢失了。

4.4.6 第四范式

定义 12：设有关系模式 R，若 R 属于第一范式，且对于 R 上的每个非平凡多值依赖 $X \rightarrow \rightarrow Y$，X 中必包含候选关键字，则称 R 属于第四范式，记为 $R \in 4NF$。

属于第四范式的关系模式中没有不能归入函数依赖的非平凡多值依赖。

在 4.4.5 节所讨论的关系模式：教师信息（工号，联系电话，主讲课程）中，正是由于存在不能归入函数依赖的非平凡多值依赖：工号$\rightarrow \rightarrow$联系电话和工号$\rightarrow \rightarrow$主讲课程，而导致仍存在数据冗余、修改复杂、插入异常、删除异常等现象。

利用投影的方法消去"教师信息"关系中非平凡且非函数依赖的多值依赖，可得到如下的两个关系模式。

（1）教师联系信息（工号，联系电话）。

（2）教师主讲信息（工号，主讲课程）。

这两个关系模式中的多值依赖均为平凡的多值依赖，所以这两个关系模式都符合第四范式的定义。此时，当一位教师要增加一门主讲课程时，只需在"教师主讲信息"关系中添加一个元组，而不涉及该教师的联系电话信息；当要修改一位教师的一个联系电话时，只需在"教师联系信息"关系中进行修改；即使一位教师尚无联系电话，也可以在"教师主讲信息"关系中保存其主讲的课程信息；在删除了一位教师当前所有的主讲课程时，其联系电话信息仍可保存在"教师联系信息"关系中。

4.5　函数依赖的公理系统

通过前面的讨论可知，为了使一个关系模式符合高一级范式的要求，通常要对关系模式进行分解。本节要讨论的函数依赖的公理系统是关系模式分解算法的理论基础。

函数依赖有一个有效而且完备的公理系统——Armstrong 公理系统，它是由 W.W.Armstrong 在 1974 年提出的一套函数依赖推理规则几经改进后形成的。

Armstrong 公理系统包括三条定律。

设有关系模式 R，U 为其全体属性的集合，X、Y、Z、W 都是 U 的子集，则有：

（1）若 $Y \subseteq X$，则 $X \rightarrow Y$（自反律）。

（2）若 $X \rightarrow Y$，则 $(X \cup Z) \rightarrow (Y \cup Z)$（增广律）。

（3）若 $X \rightarrow Y$，且 $Y \rightarrow Z$，则 $X \rightarrow Z$（传递律）。

下面分别证明这三条定律的正确性。

（1）根据函数依赖的定义，设 r 为关系模式 R 的一个任意的关系实例，t 和 v 是 r 中任意的两个元组，由于 $Y \subseteq X$，不妨设 $Z = X - Y$，当 t 和 v 在 X 上的取值相等即 t［X］= v［X］时，必有 t［Y］= v［Y］，且 t［Z］= v［Z］，从而可得函数依赖 $X \rightarrow Y$ 成立。

（2）设 r 是关系模式 R 的一个任意的关系实例，t 和 v 是 r 中任意的两个元组，当 t 在属性集 $X \cup Z$ 上的取值 t［X，Z］与 v 在属性集 $X \cup Z$ 上的取值 v［X，Z］相等时，必有 t［X］= v［X］，又由于函数依赖 $X \rightarrow Y$ 在 R 上成立，可知此时必有 t［Y］= v［Y］，自然可得 t 在属性集 $Y \cup Z$ 上的取值 t［Y，Z］与 v 在属性集 $Y \cup Z$ 上的取值 v［Y，Z］相等，从而可得函数依赖 $(X \cup Z) \rightarrow (Y \cup Z)$ 在关系模式 R 上成立。

（3）设 r 是关系模式 R 的一个任意的关系实例，t 和 v 是 r 中任意的两个元组，当 t 在属性集 X 上的取值 t［X］与 v 在属性集 X 上的取值 v［X］相等时，由于函数依赖 $X \rightarrow Y$ 在 R 上成立，所以必有 t［Y］= v［Y］，又由于函数依赖 $Y \rightarrow Z$ 在 R 上成立，所以必有 t［Z］= v［Z］，从而可得函数依赖 $X \rightarrow Z$ 在关系模式 R 上成立。

Armstrong 公理系统是有效的，也就是说对于关系模式 R 上的一个函数依赖集 F 而言，从 F 出发，根据 Armstrong 公理推导出的每个函数依赖都一定在 F＋中。这里的 F＋是函数依赖集 F 的闭包，即函数依赖集 F 所逻辑蕴含的全部函数依赖组成的集合。而函数依赖集 F 逻辑蕴含一个函数依赖 $X \rightarrow Y$ 指的是，如果函数依赖集 F 在关系模式 R 上成立，那么函数依赖 $X \rightarrow Y$ 必在 R 上成立。

Armstrong 公理系统是完备的，也就是说对于关系模式 R 上的一个函数依赖集 F 而言，F＋中的每个函数依赖必然可以由 F 出发，根据 Armstrong 公理推导出来。

从 Armstrong 公理还可以推导出如下三条推论。

（1）若 $X \rightarrow Y$，且 $X \rightarrow Z$，则 $X \rightarrow (Y \cup Z)$（合并律）。

（2）若 $X \rightarrow Y$，且 $(Y \cup W) \rightarrow Z$，则 $(X \cup W) \rightarrow Z$（伪传递律）。

（3）若 $X \rightarrow Y$，且 $Z \subseteq Y$，则 $X \rightarrow Z$（分解律）。

下面分别证明这三条推论的正确性。

（1）合并律的证明。

①因为 X→Y 成立，由增广律可得（X∪Z）→（Y∪Z）成立。

②因为 X→Z 成立，由增广律可得（X∪X）→（Z∪X）成立。

③因为 X∪X=X，又因为集合的并运算是满足交换律的，由②可得 X→（X∪Z）成立。

④由①和③按传递律可得 X→（Y∪Z）成立。

（2）伪传递律的证明。

①因为 X→Y 成立，由增广律可得（X∪W）→（Y∪W）成立。

②因为（Y∪W）→Z，按传递律可得（X∪W）→Z 成立。

（3）分解律的证明。

①因为 Z⊆Y，由自反律可得 Y→Z 成立。

②因为 X→Y 成立，按传递律可得 X→Z 成立。

多值依赖也有一套类似的公理和推理规则。多值依赖公理系统包括 8 条定律。

设有关系模式 R，U 为其属性集，X、Y、Z、W 是 U 的子集，则：

（1）若 Y⊆X，则 X→→Y（自反律）。

（2）若 X→→Y，则 X∪Z→→Y∪Z（增广律）。

（3）若 X→→Y，且 Y→→Z，则 X→→Z（传递律）。

（4）若 X→→Y，则 X→→U−X−Y（对称律）。

（5）若 X→→Y，且 W⊆Z，则 X∪Z→→Y∪W（多值增广律）。

（6）若 X→→Y，Y→→Z，则 X→→Z−Y（多值传递律）。

（7）若 X→Y，则 X→→Y（替换律）。

（8）若 X→→Y，Z⊆Y，W∩Y=φ，且 W→Z，则 X→Z（聚集律）。

由多值依赖公理还可得到如下的推理规则。

（1）若 X→→Y，X→→Z，则 X→→Y∪Z（多值合并律）。

（2）若 X→→Y，W∪Y→→Z，则 W∪X→→（Z−W∪Y）（多值伪传递律）。

（3）若 X→→Y，X→→Z，则 X→→Y∩Z，X→→Y−Z，X→Z−Y（多值分解律）。

（4）若 X→→Y，X∪Y→→Z，则 X→（Z−Y）（混合伪传递律）。

多值依赖公理也是有效且完备的。

4.6　关系模式的规范化

关系模式的规范化就是通过对关系模式进行分解，将一个属于低级范式的关系模式转化成若干个属于高级范式的关系模式，从而解决或部分解决插入异常、删除异常、数据冗余、修改复杂等问题。

关系模式的规范化程度并不是越高越好，因为规范化会把一个关系模式分解为多个关系模式，以后执行查询操作时需要对这些关系模式进行连接。规范化程度越高，分解所得的模式会越多，连接操作会越复杂，查询的效率也会随之大大降低。

在设计关系数据库的过程中，应根据实际情况确定数据库中关系模式应达到的规范化程度。一般来说，如果一个关系只被查询，不被更新，则相应的关系模式只要达到第一范式的要求即可，否则至少应达到第三范式的要求。

4.6.1 关系模式的规范化的步骤

按规范化理论中各级范式的定义可得关系模式的规范化步骤如下：

（1）各属性均不可再分解的关系模式即为属于第一范式的关系模式。

（2）在属于第一范式的关系模式中消除非主属性对候选关键字的部分函数依赖，即得属于第二范式的关系模式。

（3）在属于第二范式的关系模式中消除非主属性对候选关键字的传递函数依赖，即得属于第三范式的关系模式。

（4）在属于第三范式的关系模式中消除主属性对不包含它的候选关键字的部分函数依赖和传递函数依赖，即得属于 BC 范式的关系模式。

（5）在属于 BC 范式的关系模式中消除不能归入函数依赖的非平凡多值依赖，即得属于第四范式的关系模式。

如图 4-5 所示为关系模式的规范化步骤。

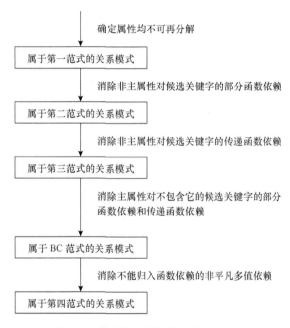

图 4-5 关系模式的规范化步骤

4.6.2 关系模式的分解

设有关系模式 R，U 为其全体属性的集合，则 R 的一个分解定义为 $\rho=\{R1, R2, \cdots, Rn\}$，其中 Ri 的属性集为 Ui（$i=1, 2, \cdots, n$），且 $U=U1 \cup U2 \cup \cdots \cup Un$。

一个关系模式可以有很多种分解方法，但有些分解方法会导致关系模式中原有的一些信息丢失，这样的分解方法显然是不可取的。

以 4.1 节中讨论的关系模式"学生－课程"为例，其属性全集 U＝{学号，姓名，性别，年龄，籍贯，系别，课程号，课程名，学分，成绩}，对该关系模式的一个可能的分解为 $\rho=$ {R1，R2}，其中 R1 的属性集为 U1＝{学号，姓名，性别，年龄，籍贯，系别}，R2 的属性集

117

为 U2＝{课程号，课程名，学分，成绩}，显然 U＝U1∪U2。表 4-4 和表 4-5 中列出了教学管理数据库的关系模式和部分数据按 ρ 进行分解后所得的两个关系模式 R1、R2 及相应的数据。

表 4-4　关系模式 R1 和部分数据

学号 SNO	姓名 SN	性别 SEX	年龄 AGE	籍贯 BP	系别 DEPT
990101	王红	女	21	江苏	信息系
990202	李刚	男	18	江苏	数学系
990202	李刚	男	18	江苏	数学系
990203	韩强	男	22	山东	外语系
990027	胡伟	男	23	湖南	信息系
990104	朱珠	女	17	福建	信息系
990101	王红	女	21	江苏	信息系
990101	王红	女	21	江苏	信息系
990027	胡伟	男	23	湖南	信息系
990104	朱珠	女	17	福建	信息系
990027	胡伟	男	23	湖南	信息系
…	…	…	…	…	…

表 4-5　关系模式 R2 和部分数据

课程号 CNO	课程名 CN	学分 CREDIT	成绩 GRADE	课程号 CNO	课程名 CN	学分 CREDIT	成绩 GRADE
C5	高等数学	5	85	C2	汉字处理	3	84
C3	英语	4	78	C6	数据结构	4	69
C1	数据库	3	83	C5	高等数学	5	82
C3	英语	4	92	C5	高等数学	5	86
C2	汉字处理	3	95	C6	数据结构	4	62
C6	数据结构	4	77	…	…	…	…

将表 4-1 与表 4-4、表 4-5 进行比较可以看出，上述模式分解 ρ 导致原关系模式"学生－课程"中的学生选课信息丢失。若在关系模式 R1 和 R2 上执行连接操作，将生成许多原关系中没有的元组。

由此可见，在将一个关系模式 R 分解为一组关系模式 R1，R2，…，Rn 时，必须保证对这组关系模式所对应的关系执行连接操作可以复原原有的关系，这就是关系模式分解的无损连接性。

定义 13：设有关系模式 R，ρ＝{R1，R2，…，Rn}是 R 的一个分解，若对于 R 的任意关系实例 r 都有 r＝$\prod_{R1}(r)\bowtie\prod_{R2}(r)\bowtie\dots\bowtie\prod_{Rn}(r)$，则称 ρ 为具有无损连接性的分解，其中 $\prod_{Ri}(r)$是关系实例 r 在关系模式 Ri 上的投影。

不好的模式分解还有可能导致关系模式上的函数依赖丢失。

例如由图 4-1 可知，"学生－课程"关系模式上包括的函数依赖有：学号→姓名，学号→性别，学号→年龄，学号→籍贯，学号→系别，课程号→课程名，课程号→学分，{学号，课程号}→成绩。经过上述分解 ρ 所得的关系模式 R1 上包括的函数依赖有：学号→姓名，学号→性别，学号→年龄，学号→籍贯，学号→系别，关系模式 R2 上包括的函数依赖有：课程号→课程名，课程号→学分。比较一下就可以发现，该分解导致"学生－课程"关系模式上的函数依赖{学号，课程号}→成绩丢失。

　　由此可见，在将一个关系模式 R 分解为一组关系模式 R1，R2，…，Rn 时，还应关注在这个过程中是否丢失了原有的函数依赖。

　　定义 14：设有关系模式 R，U 是 R 中全体属性的集合，F 是 R 上的函数依赖集，ρ＝{R1，R2，…，Rn}是 R 的一个分解，Ui 为分解所得关系模式 Ri 中全体属性的集合，Fi＝{X→Y | X→Y∈F 且 X⊆Ui，Y⊆Ui}是函数依赖集 F 在 Ui 上的投影（i＝1，2，…，n）。如果 F＋＝（F1∪F2∪…∪Fn）＋，则称分解 ρ 具有函数依赖保持性。

　　1. 分解的无损连接性

　　若只将一个关系模式分解成两个，可根据如下的定理判定该分解是否具有无损连接性。

　　设有关系模式 R，U 为 R 中全体属性的集合，F 为 R 上的函数依赖集，ρ＝{R1，R2}为 R 的一个分解，且关系模式 R1 的属性集为 U1，关系模式 R2 的属性集为 U2，若（U1∩U2）→（U1－U2）∈F＋或（U1∩U2）→（U2－U1）∈F＋，则分解 ρ 一定具有无损连接性。

　　要判定一个函数依赖是否属于一个函数依赖集的闭包，一个直接而简单的方法是先求出指定函数依赖集的闭包，再判断所要判定的函数依赖是否包含于其中。然而实际上，这一方案并不可行。

　　以关系模式：学生（学号，姓名，生日）为例，尝试由其上的函数依赖集 F＝{学号→姓名，学号→生日}根据 Armstrong 公理推导其闭包 F＋中的函数依赖。

　　由自反律可得 F＋中的函数依赖包括：{学号，姓名，生日}→学号，{学号，姓名，生日}→姓名，{学号，姓名，生日}→生日，{学号，姓名，生日}→{学号，姓名}，{学号，姓名，生日}→{学号，生日}，{学号，姓名，生日}→{姓名，生日}，{学号，姓名，生日}→{学号，姓名，生日}，{学号，姓名}→学号，{学号，姓名}→姓名，{学号，姓名}→{学号，姓名}，{学号，生日}→学号，{学号，生日}→生日，{学号，生日}→{学号，生日}，{姓名，生日}→姓名，{姓名，生日}→生日，{姓名，生日}→{姓名，生日}，学号→学号，姓名→姓名，生日→生日。

　　由 F 中的函数依赖"学号→姓名"经增广律可得 F＋中的函数依赖包括：{学号，生日}→{姓名，生日}，学号→{学号，姓名}，{学号，姓名}→姓名，{学号，姓名}→{学号，姓名}，{学号，生日}→{姓名，学号，生日}，{学号，姓名，生日}→{姓名，生日}，{学号，姓名，生日}→{学号，姓名，生日}。

　　只这两步，就可以看出 F＋中可能包含的函数依赖的数量之大，更何况这个关系模式还如此的简单！

　　仔细观察前面推导出的函数依赖不难发现，对一个关系模式 R，其属性全集 U 的任一子集都可以成为在 F＋中函数依赖的"→"符号左侧的属性集。如果任给 U 的一个子集 X，都可以求出一个属性集的集合，对于该集合中的任一属性集 Y 都有 X→Y∈F＋，且所有满足 X→Y∈F＋的属性集 Y 也都在该集合中，那么可以方便地判定一个函数依赖是否属于 F＋。

　　进一步思考还可以发现，由 Armstrong 公理出发可以得到以下的一个结论。

设属性 A1，A2，…，An 都是关系模式 R 上的属性，则函数依赖 X→{A1，A2，…，An} 成立的充分必要条件是函数依赖 X→A1，X→A2，…，X→An 均成立。这样，上述问题又可以简化为求 R 上的一个属性集。对于该属性集中的任一属性 A 都有 X→A∈F＋，且所有满足 X→A∈F＋的属性 A 都在该属性集中。

为此，定义关系模式 R 的属性集 X 的闭包如下。

定义 15：设有关系模式 R，U 为其全体属性的集合，X 为 U 的子集，F 为 R 上的一组函数依赖。属性集{A | A∈U 且 X→A 能由 F 根据 Armstrong 公理导出}称为属性集 X 关于函数依赖集 F 的闭包，记为 XF＋。

已知 X 和 F，求 XF＋的步骤如下：

（1）令 X（0）＝X，i＝0。

（2）令 P＝φ。

（3）对于 F 中的每个函数依赖 V→W，若 V⊆X（i），则令 P＝P∪W。

（4）令 X（i＋1）＝X（i）∪P。

（5）若 X（i＋1）＝X（i）或 X（i＋1）＝U，则转到步骤（6），否则令 i＝i＋1 后转到步骤（2）。

（6）X（i＋1）即为所求的 XF＋。

例 4-1 设有关系模式 R，其属性全集 U＝{A，B，C，D，E，G，H}，R 上的函数依赖集 F＝{{A，B}→C，C→{A，H}，{H，C}→D，{A，C，D}→B，D→{E，G}，{B，H}→C，{C，G}→{B，D}，{C，E}→{A，G}}，试求属性集 X＝{B，D}和属性集 Y＝{A，C，D}的闭包。

解：先求属性集 X 的闭包。

（1）X（0）＝X＝{B，D}，i＝0。

（2）令 P＝φ。

（3）F 的各函数依赖中，起函数决定作用的属性集为 X（0）的子集的只有 D→{E，G}，因此令 P＝P∪{E，G}＝φ∪{E，G}＝{E，G}。

（4）X（1）＝X（0）∪P＝{B，D}∪{E，G}＝{B，D，E，G}。

（5）X（1）≠X（0），且 X（1）≠U，令 i＝i＋1＝1 并继续。

（6）令 P＝φ。

（7）F 的各函数依赖中，起函数决定作用的属性集为 X（1）的子集的仍只有 D→{E，G}，令 P＝P∪{E，G}＝φ∪{E，G}＝{E，G}。

（8）X（2）＝X（1）∪P＝{B，D，E，G}∪{E，G}＝{B，D，E，G}。

（9）X（2）＝X（1），可得属性集 X＝{B，D}的闭包为{B，D，E，G}。

下面求属性集 Y 的闭包。

（1）X（0）＝Y＝{A，C，D}，i＝0。

（2）令 P＝φ。

（3）F 的各函数依赖中，起函数决定作用的属性集为 X（0）的子集的有 C→{A，H}、{A，C，D}→B、D→{E，G}，因此令 P＝P∪{A，H}∪{B}∪{E，G}＝φ∪{A，H}∪{B}∪{E，G}＝{A，B，E，H，G}。

（4）X（1）＝X（0）∪P＝{A，C，D}∪{A，B，E，H，G}＝{A，B，C，D，E，H，G}。

（5）X（1）＝U，可得属性集 Y＝{A，C，D}的闭包为{A，B，C，D，E，H，G}。

例 4-2　设有关系模式 R，其属性全集为 U＝{A，B，C，D，E}，F＝{A→B，{A，B}→C，{A，D}→E}是 R 上的函数依赖集，ρ＝{R1（A，B，C），R2（A，D，E）}是 R 的一个分解。试判定 ρ 是否具有无损连接性。

解： 要判定 ρ 是否具有无损连接性，只要判定函数依赖（U1∩U2）→（U1－U2）或（U1∩U2）→（U2－U1）是否在 F 的闭包中，因此，只要先求出属性集 X＝U1∩U2＝{A}的闭包，然后判定属性集 U1－U2＝{B，C}或 U2－U1＝{D，E}是否为 X 的闭包的子集即可。

（1）X（0）＝X＝{A}，i＝0。

（2）令 P＝φ。

（3）F 的各函数依赖中，起函数决定作用的属性集为 X（0）的子集的只有 A→B，因此令 P＝P∪{B}＝φ∪{B}＝{B}。

（4）X（1）＝X（0）∪P＝{A}∪{B}＝{A，B}。

（5）X（1）≠X（0），且 X（1）≠U，令 i＝i＋1＝1 并继续。

（6）令 P＝φ。

（7）F 的各函数依赖中，起函数决定作用的属性集为 X（1）的子集的有 A→B 和{A，B}→C，令 P＝P∪{B}∪{C}＝φ∪{B}∪{C}＝{B，C}。

（8）X（2）＝X（1）∪P＝{A，B}∪{B，C}＝{A，B，C}。

（9）X（2）≠X（1），且 X（2）≠U，令 i＝i＋1＝2 并继续。

（10）令 P＝φ。

（11）F 的各函数依赖中，起函数决定作用的属性集为 X（2）的子集的仍只有 A→B 和{A，B}→C，令 P＝P∪{B}∪{C}＝φ∪{B}∪{C}＝{B，C}。

（12）X（3）＝X（2）∪P＝{A，B，C}∪{B，C}＝{A，B，C}。

（13）X（3）＝X（2），可得属性集 X＝{A}的闭包为{A，B，C}。

因为属性集 U1－U2＝{B，C}是属性集 X 的闭包{A，B，C}的子集，所以可判定 ρ 具有无损连接性。

若将一个关系模式分解成多个关系模式，可以采用如下的算法判定该分解是否具有无损连接性。

设有关系模式 R，U＝{A1，A2，…，Am}为 R 的全体属性的集合，F 为 R 上的函数依赖集，ρ＝{R1，R2，…，Rn}为 R 的一个分解。

（1）构造并填充如下的判定表 T，不妨以 T（Ri，Aj）表示判定表 T 中第 i 行与第 j 列交叉处的单元格，如果 Ri 中包含属性 Aj，则在 T（Ri，Aj）中填入 aj，否则填入 bij。

	A1	A2	…	…	Am
R1					
R2					
…					
Rn					

（2）对于 F 中的每个函数依赖 X→Y，若存在 ρ 中的关系模式 Rs1，Rs2，…，Rsk（1≤s1<s2<…<sk≤n），使对属性集 X 中的任一属性 Ax 都有 T（Rs1，Ax）＝T（Rs2，Ax）

$=\cdots=$T（Rsk，Ax），则需逐一处理属性集 Y 中每一属性 Ay 在这些关系模式所对应的单元格中的值，使 T（R$s1$，Ay）$=$T（R$s2$，Ay）$=\cdots=$T（Rsk，Ay）。修改的规则为：如果存在关系模式 R$si\in$｛R$s1$，R$s2$，…，Rsk｝满足 T（Rsi，Ay）$=a_j$，则令 T（R$s1$，Ay）$=$T（R$s2$，Ay）$=\cdots=$T（Rsi，Ay）$=\cdots=$T（Rsk，Ay）$=a_y$，否则令 T（R$s1$，Ay）$=$T（R$s2$，Ay）$=\cdots=$T（Rsk，Ay）$=b_{s1y}$。

在这个过程中，如果发现某个被修改的单元格原来的值为 bij，则还需对表 T 的第 j 列中所有值为 bij 的单元格进行同样的修改，而不管这些单元格所在的行是否与关系模式 R$s1$，R$s2$，…，Rsk 相对应。

（3）若执行完步骤（2）后，表 T 中有一行的值为 a1，a2，…，an，则可判定分解 ρ 具有无损连接性，算法终止。

若在步骤（2）中未对表 T 进行任何修改，则可判定分解 ρ 不具有无损连接性，算法终止。

若在步骤（2）中对表 T 进行了修改，至少使表 T 中减少了一个符号，此时应返回步骤（2），执行下一轮处理。

在该算法中，由于表 T 中符号的个数是有限的，所以循环一定能够终止。

例 4-3 设有关系模式 R，其属性全集为 U＝｛A，B，C，D，E｝，F＝｛A→D，E→D，D→B，｛B，C｝→D，｛D，C｝→A｝是 R 上的函数依赖集，ρ＝｛R1（A，B），R2（A，E），R3（C，E），R4（B，C，D），R5（A，C）｝是 R 的一个分解。试判定 ρ 是否具有无损连接性。

解：（1）按要求构造并填充判定表，得到如下的判定表 T。

	A	B	C	D	E
R1（A，B）	a1	a2	b13	b14	b15
R2（A，E）	a1	b22	b23	b24	a5
R3（C，E）	b31	b32	a3	b34	a5
R4（B，C，D）	b41	a2	a3	a4	b45
R5（A，C）	a1	b52	a3	b54	b55

（2）对于 F 中的函数依赖 A→D，存在 ρ 中的关系模式 R1、R2 和 R5，T（R1，A）＝T（R2，A）＝T（R5，A），因此需对单元格 T（R1，D）、T（R2，D）、T（R5，D）的值进行修改。由于这三个单元格中的值均不等于 a4，所以应将它们的值均改为 b14。单元格 T（R1，D）的原值为 b14，第 4 列中没有其他值为 b14 的单元格，所以无须额外操作。单元格 T（R2，D）的原值为 b24，第 4 列中没有其他值为 b24 的单元格，所以无须额外操作。单元格 T（R5，D）的原值为 b54，第 4 列中没有其他值为 b54 的单元格，所以也无须额外操作。修改后的表 T 如下：

	A	B	C	D	E
R1（A，B）	a1	a2	b13	b14	b15
R2（A，E）	a1	b22	b23	b14	a5
R3（C，E）	b31	b32	a3	b34	a5
R4（B，C，D）	b41	a2	a3	a4	b45
R5（A，C）	a1	b52	a3	b14	b55

（3）对于 F 中的函数依赖 E→D，存在 ρ 中的关系模式 R2 和 R3，T（R2，E）=T（R3，E），因此需对单元格 T（R2，D）、T（R3，D）的值进行修改，由于这两个单元格中的值均不等于 a4，所以应将它们的值均改为 b24。单元格 T（R2，D）的原值为 b14，第 4 列中除 T（R2，D）以外还有两个值为 b14 的单元格，即 T（R1，D）和 T（R5，D），需把它们的值也改为 b24。单元格 T（R3，D）的原值为 b34，第 4 列中没有其他值为 b34 的单元格，所以无须额外操作。修改后的表 T 如下：

	A	B	C	D	E
R1（A，B）	a1	a2	b13	b24	b15
R2（A，E）	a1	b22	b23	b24	a5
R3（C，E）	b31	b32	a3	b24	a5
R4（B，C，D）	b41	a2	a3	a4	b45
R5（A，C）	a1	b52	a3	b24	b55

（4）对于 F 中的函数依赖 D→B，存在 ρ 中的关系模式 R1、R2、R3 和 R5，T（R1，D）=T（R2，D）=T（R3，D）=T（R5，D），因此需对单元格 T（R1，B）、T（R2，B）、T（R3，B）、T（R5，B）的值进行修改，由于 T（R1，B）的值为 a2，所以应将它们的值均改为 a2。单元格 T（R2，B）的原值为 b22，第 2 列中没有其他值为 b22 的单元格，所以无须额外操作。单元格 T（R3，B）的原值为 b32，第 2 列中没有其他值为 b32 的单元格，所以无须额外操作。单元格 T（R5，B）的原值为 b52，第 2 列中没有其他值为 b52 的单元格，所以无须额外操作。修改后的表 T 如下：

	A	B	C	D	E
R1（A，B）	a1	a2	b13	b24	b15
R2（A，E）	a1	a2	b23	b24	a5
R3（C，E）	b31	a2	a3	b24	a5
R4（B，C，D）	b41	a2	a3	a4	b45
R5（A，C）	a1	a2	a3	b24	b55

（5）对于 F 中的函数依赖 {B，C}→D，存在 ρ 中的关系模式 R3、R4 和 R5，T（R3，B）=T（R4，B），=T（R5，B），且 T（R3，C）=T（R4，C）=T（R5，C），因此需对单元格 T（R3，D）、T（R4，D）、T（R5，D）的值进行修改，由于 T（R4，D）的值为 a4，所以应将它们的值均改为 a4。单元格 T（R3，D）和 T（R5，D）的原值均为 b24，第 4 列中除 T（R3，D）和 T（R5，D）以外还有两个值为 b24 的单元格，即 T（R1，D）和 T（R2，D），需将它们的值也改为 a4。修改后的表 T 如下：

	A	B	C	D	E
R1（A，B）	a1	a2	b13	a4	b15
R2（A，E）	a1	a2	b23	a4	a5
R3（C，E）	b31	a2	a3	a4	a5
R4（B，C，D）	b41	a2	a3	a4	b45
R5（A，C）	a1	a2	a3	a4	b55

（6）对于 F 中的函数依赖{D，C}→A，存在 ρ 中的关系模式 R3、R4 和 R5，T（R3，D）＝T（R4，D）＝T（R5，D），且 T（R3，C）＝T（R4，C）＝T（R5，C），因此需对单元格 T（R3，A）、T（R4，A）、T（R5，A）的值进行修改，由于 T（R5，A）的值为 a1，所以应将它们的值均改为 a1。单元格 T（R3，A）的原值为 b31，第 1 列中没有其他值为 b31 的单元格，所以无须额外操作。单元格 T（R4，A）的原值为 b41，第 1 列中没有其他值为 b41 的单元格，所以无须额外操作。修改后的表 T 如下：

	A	B	C	D	E
R1（A，B）	a1	a2	b13	a4	b15
R2（A，E）	a1	a2	b23	a4	a5
R3（C，E）	a1	a2	a3	a4	a5
R4（B，C，D）	a1	a2	a3	a4	b45
R5（A，C）	a1	a2	a3	a4	b55

（7）此时表 T 中第三行的值已为 a1，a2，…，an，可判定分解 ρ＝{R1（A，B），R2（A，E），R3（C，E），R4（B，C，D），R5（A，C）}具有无损连接性。

2. 分解的函数依赖保持性

设有关系模式 R，U 是 R 中全体属性的集合，F 为 R 上的函数依赖集，ρ＝{R1，R2，…，Rn}为 R 的一个分解，U_i 为 R_i 的属性集，F_i＝{X→Y | X→Y∈F 且 X⊆U_i，Y⊆U_i}是 F 在 U_i 上的投影（i＝1，2，…，n）。由规范化理论对关系模式分解的函数依赖保持性的定义可知，证明分解 ρ 具有函数依赖保持性，就是要证明 F＋＝（F1∪F2∪…∪Fn）＋。

不妨令 G＝F1∪F2∪…∪Fn，由于每个 F_i 中的函数依赖都属于 F，所以必有 G⊆F，也必有 G＋⊆F＋。如果能推断出 F＋⊆G＋也成立，自然可得 F＋＝G＋＝（F1∪F2∪…∪Fn）＋，即分解 ρ 具有函数依赖保持性。

要推断 F＋⊆G＋是否成立，只需针对 F 中的每个函数依赖 X→Y，求 X 相对于函数依赖集 G 的闭包。如果存在某个 Y，有 Y⊄XG＋，则可判定分解 ρ 不具有函数依赖保持性；如果对于所有的 Y 都有 Y⊆XG＋，则分解 ρ 具有函数依赖保持性。

例 4-4 设有关系模式 R（A，B，C，D，E），F＝{A→C，B→D，C→D，DE→C，CE→A}为 R 上的函数依赖集，试判定分解 ρ＝{R1（A，D），R2（A，B），R3（B，E），R4（C，D，E），R5（A，E）}是否具有函数依赖保持性。

解：

（1）由分解 ρ＝{R1（A，D），R2（A，B），R3（B，E），R4（C，D，E），R5（A，E）}可得，R1 的属性集 U1＝{A，D}，R2 的属性集 U2＝{A，B}，R3 的属性集 U3＝{B，E}，R4 的属性集 U4＝{C，D，E}，R5 的属性集 U5＝{A，E}。

（2）由函数依赖集 F＝{A→C，B→D，C→D，DE→C，CE→A}，按定义求其在各属性集上的投影可得 F1＝φ，F2＝φ，F3＝φ，F4＝{C→D，DE→C}，F5＝φ，令 G＝F1∪F2∪…∪Fn＝{C→D，DE→C}。

（3）对 F 中的函数依赖 A→C，求得属性集 X＝{A}相对于函数依赖集 G 的闭包 XG＋为{A}，由于{C}⊄XG＋，可判定该分解不具有函数依赖保持性。

例 4-5 设有关系模式 R（A，B，C，D，E），F＝{{A，B}→E，E→C，D→C，C→A}

为 R 上的函数依赖集，试判定分解 ρ＝{R1（A，B，C，E），R2（A，C，D）}是否具有函数依赖保持性。

解：

（1）由分解 ρ＝{R1（A，B，C，E），R2（A，C，D）}可得，R1 的属性集 U1＝{A，B，C，E}，R2 的属性集 U2＝{A，C，D}。

（2）由函数依赖集 F＝{{A，B}→E，E→C，D→C，C→A}，按定义求其在各属性集上的投影可得 F1＝{{A，B}→E，E→C，C→A}，F2＝{D→C，C→A}，令 G＝F1∪F2＝{{A，B}→E，E→C，D→C，C→A}。

（3）因为 G＝F，所以必有 G＋＝F＋，可判定该分解具有函数依赖保持性。

3. 模式分解的算法

在现有的模式分解算法中，将一个关系模式分解为一组满足第三范式要求的关系模式的算法可以保证所得到的分解既具有无损连接性，又具有函数依赖保持性。而将一个关系模式分解为一组满足 BC 范式或第四范式要求的关系模式的算法只能保证所得到的分解具有无损连接性，还不能使该分解具有函数依赖保持性。

下面的算法可将一个关系模式分解为一组满足第三范式要求的关系模式，并保证所得到的分解具有函数依赖保持性。

设有关系模式 R，U 为 R 中全体属性的集合，F 为 R 上的函数依赖集。

（1）令模式分解 ρ＝φ。

（2）若存在函数依赖 X→Y∈F 满足 X∪Y＝U，则令 ρ＝{R}，算法终止，否则继续执行步骤（3）。

（3）令 U0＝φ。

（4）对于 U 中的每个属性 Ai，如果 Ai 既不出现在 F 中任一函数依赖的左端，也不出现在 F 中任一函数依赖的右端，则令 U0＝U0∪{Ai}。

（5）若此时 U0≠φ，以 U0 为属性集构造关系模式 R0，并令 ρ＝ρ∪{R0}，U＝U−U0。

（6）若 F 中存在左端相同的函数依赖 X→Y1，X→Y2，…，X→Yn，则对这些函数依赖进行合并，即令 F＝（F-{X→Y1，X→Y2，…，X→Yn}）∪{X→（Y1∪Y2∪，…，∪Yn）}。

（7）重复执行步骤（6），直至 F 中不存在左端相同的函数依赖。

（8）对于 F 中的每个函数依赖 Xi→Yi，令 Ui＝Xi∪Yi，以 Ui 为属性集构造关系模式 Ri，再令 ρ＝ρ∪{Ri}。

（9）此时的 ρ 即为所求的具有函数依赖保持性的分解，且 ρ 中的每个关系模式都满足第三范式的要求。

例 4-6 设有关系模式 R，U＝{A，B，C，D，E，G，H，I}为其属性全集，F＝{{A，B}→C，C→E，A→{C，D}，A→G}为 R 上的函数依赖集，试将 R 分解为一组满足第三范式要求的关系模式，并保证所得分解具有函数依赖保持性。

解：

（1）令模式分解 ρ＝φ。

（2）逐个考察 F 中的函数依赖，对函数依赖{A，B}→C 有{A，B}∪{C}＝{A，B，C}≠U，对函数依赖 C→E 有{C}∪{E}＝{C，E}≠U，对函数依赖 A→{C，D}有{A}∪{C，D}＝{A，C，D}≠U，对函数依赖 A→G 有{A}∪{G}＝{A，G}≠U，所以继续。

（3）令 U0＝φ。

（4）依次考察 U 中的每个属性，可以发现属性 H 和属性 I 既不出现在 F 中任一函数依赖的左端，也不出现在 F 中任一函数依赖的右端，将这两个属性并入 U0，可得 U0＝{H，I}。

（5）此时 U0≠φ，构造关系模式 R0（H，I），并令 ρ＝ρ∪{R0}＝{R0}，U＝U－U0＝{A，B，C，D，E，G}。

（6）逐个考察 F 中的函数依赖，发现只有 A→{C，D}和 A→G 的左端是相同的，需进行合并，即令 F＝（F－{X→Y1，X→Y2，…，X→Yn}）∪{X→（Y1∪Y2∪…∪Yn）}＝{{A，B}→C，C→E，A→{C，D，G}}。

（7）对 F 中的函数依赖{A，B}→C 构造关系模式 R1（A，B，C），对 C→E 构造关系模式 R2（C，E），对 A→{C，D，G}构造关系模式 R3（A，C，D，G），然后将 R1、R2、R3 全部并入分解 ρ，可得所求的具有函数依赖保持性的分解 ρ＝{R0（H，I），R1（A，B，C），R2（C，E），R3（A，C，D，G）}。

下面的算法可将一个关系模式分解为一组满足第三范式要求的关系模式，并保证所得到的分解既具有无损连接性，又具有函数依赖保持性。

设有关系模式 R，U 为 R 的属性集，F 为 R 上的函数依赖集。

（1）将关系模式 R 按前面的算法分解为一组符合第三范式要求的关系模式，所得的分解 ρ 已具有函数依赖保持性。

（2）选取 R 的一个候选关键字 X，以 X 为属性集构造一个新的关系模式 RX，并将其并入分解 ρ，此时的 ρ 就是所需的既具有无损连接性，又具有函数依赖保持性的模式分解，且分解所得的每个关系模式都满足第三范式的要求。

例 4-7 设有关系模式 R，其属性全集 U＝{会员编号，会员姓名，购物日期，销售单号，商品编码，商品名称，单价，数量}，F＝{会员编号→会员姓名，销售单号→{购物日期，会员编号}，商品编码→{商品名称，单价}，{销售单号，商品编码}→数量}是 R 上的函数依赖集，试将 R 分解为一组满足第三范式要求的关系模式，并保证所得的分解既具有无损连接性，又具有函数依赖保持性。

解：

（1）令模式分解 ρ＝φ。

（2）逐个考察 F 中的函数依赖，对函数依赖"会员编号→会员姓名"有{会员编号}∪{会员姓名}＝{会员编号，会员姓名}≠U，对函数依赖"销售单号→{购物日期，会员编号}"有{销售单号}∪{购物日期，会员编号}＝{销售单号，购物日期，会员编号}≠U，对函数依赖"商品编码→{商品名称，单价}"有{商品编码}∪{商品名称，单价}＝{商品编码，商品名称，单价}≠U，对函数依赖"{销售单号，商品编码}→数量"有{销售单号，商品编码}∪{数量}，所以继续。

（3）令 U0＝φ。

（4）依次考察 U 中的每个属性，发现没有任何一个属性既不出现在 F 中任一函数依赖的左端，也不出现在 F 中任一函数依赖的右端。

（5）此时 U0＝φ，无须构造关系模式 R0。

（6）考察 F 中的所有函数依赖，发现其左端各不相同，无须执行合并操作。

（7）对 F 中的函数依赖"会员编号→会员姓名"构造关系模式 R1（会员编号，会员姓名），对 F 中的函数依赖"销售单号→{购物日期，会员编号}"构造关系模式 R2（销售单号，购物日期，会员编号），对 F 中的函数依赖"商品编码→{商品名称，单价}"构造关系模式 R3（商品编码，商品名称，单价），对 F 中的函数依赖"{销售单号，商品编码}→数量"构造关系模式 R4（销售单号，商品编码，数量），然后将 R1、R2、R3、R4 均并入模式分解 ρ，此时的 ρ 是一个具有函数依赖保持性的分解，且 ρ 中的各关系模式都满足第三范式的要求。

（8）考察函数依赖集 F={会员编号→会员姓名，销售单号→{购物日期，会员编号}，商品编码→{商品名称，单价}，{销售单号，商品编码}→数量}可以发现，属性集{会员编号，销售单号，商品编码}可函数决定 U，所以该属性集为 U 的一个候选关键字。构造关系模式 R5（会员编号，销售单号，商品编码）并将其加入 ρ。R5 为全键，其中没有非主属性，也就不可能存在非主属性对候选关键字的部分函数依赖和传递函数依赖，所以 R5 也是一个满足第三范式要求的关系模式。

（9）此时所得的模式分解 ρ 就是一个既具有函数依赖保持性，又具有无损连接性，且其中的每个关系模式都符合第三范式要求的分解。

下面的算法可将一个关系模式分解为一组满足 BC 范式要求的关系模式，并保证所得到的分解具有无损连接性。

设有关系模式 R，U 为 R 中全体属性的集合，F 为 R 上的函数依赖集。

1）令分解 ρ={R}。

2）如果 ρ 中的各关系模式都已满足 BC 范式的要求，则算法终止，否则继续执行步骤（3）。

3）任选 ρ 中不满足 BC 范式要求的关系模式 Ri，设 Ri 的属性集为 Ui，F 在 Ui 上的投影为 Fi，由于 Ri 不满足 BC 范式的要求，则必存在函数依赖 X→Y∈Fi+，其中 X 不是 Ri 的候选关键字，且 Y⊄X。分别以属性集 Ui−Y 和 X∪Y 构造两个关系模式，将这两个关系模式并入 ρ，然后将原关系模式 Ri 从 ρ 中删除，再转到步骤（2）。

4）算法终止。

由于 U 中的属性个数有限，该算法经有限次循环后必能终止。

例 4-8 设有关系模式 R，其属性全集 U={A，B，C，D，E，G，H}，F={{A，B}→G，{B，D}→{C，E}，A→H，{G，C}→{A，D}，B→H，C→E}为 R 上的函数依赖集，试将 R 分解为一组满足 BC 范式要求的关系模式，并保证所得的分解具有无损连接性。

（1）令分解 ρ={R}。

（2）对 R 上的函数依赖集 F 进行分析可得，R 上有两组候选关键字：{A，B，D}和{B，C，G}，显然不满足 BC 范式的要求，即 R 上的每个非平凡函数依赖 X→Y，X 中必包含候选关键字，所以继续执行后面的步骤。

（3）对 ρ 中不满足 BC 范式要求的关系模式 R，选择其中的函数依赖{A，B}→G，有 X={A，B}不是 R 的候选关键字，且 Y={G}⊄X。分别以属性集 U−Y={A，B，C，D，E，H}和 X∪Y={A，B，G}构造关系模式 R1 和 R2，并将 R1 和 R2 并入 ρ，然后从 ρ 中删除关系模式 R，此时 ρ={R1（A，B，C，D，E，H），R2（A，B，G）}。

（4）考察 ρ 中的关系模式 R1（A，B，C，D，E，H），F 在 R1 上的投影 F1={{B，D}→{C，E}，A→H，B→H，C→E}，并由此可得 R1 的候选关键字为{A，B，D}，显然 R1 仍不满足 BC 范式的要求。

（5）对 ρ 中不满足 BC 范式要求的关系模式 R1，选择其中的函数依赖{B，D}→{C，

E}，有 X＝{B，D}不是 R1 的候选关键字，且 Y＝{C，E}⊄X。分别以属性集 U1－Y＝{A，B，D，H}和 X∪Y＝{B，D，C，E}构造关系模式 R3 和 R4，并将 R3 和 R4 并入 ρ，然后从 ρ 中删除关系模式 R1，此时 ρ＝{R2（A，B，G），R3（A，B，D，H），R4（B，D，C，E）}。

（6）考察 ρ 中的关系模式 R2（A，B，G），F 在 R2 上的投影 F2＝{{A，B}→G}，并由此可得 R1 的候选关键字为{A，B}，显然 R2 已满足 BC 范式的要求。

（7）考察 ρ 中的关系模式 R3（A，B，D，H），F 在 R3 上的投影 F3＝{A→H，B→H}，并由此可得 R3 的候选关键字为{A，B，D}，可见 R3 不满足 BC 范式的要求。

（8）对于 ρ 中不满足 BC 范式要求的关系模式 R3，选择其中的函数依赖 A→H，有 X＝{A}不是 R3 的候选关键字，且 Y＝{H}⊄X。分别以属性集 U3－Y＝{A，B，D}和 X∪Y＝{A，H}构造关系模式 R5 和 R6，并将 R5 和 R6 并入 ρ，然后从 ρ 中删除关系模式 R3，此时 ρ＝{R2（A，B，G），R4（B，D，C，E），R5（A，B，D），R6（A，H）}。

（9）考察 ρ 中的关系模式 R4（B，D，C，E），F 在 R4 上的投影 F4＝{{B，D}→{C，E}，C→E}，并由此可得 R4 的候选关键字为{B，D}，可见 R4 不满足 BC 范式的要求。

（10）对于 ρ 中不满足 BC 范式要求的关系模式 R4，选择其中的函数依赖 C→E，有 X＝{C}不是 R4 的候选关键字，且 Y＝{E}⊄X。分别以属性集 U4－Y＝{B，D，C}和 X∪Y＝{C，E}构造关系模式 R7 和 R8，并将 R7 和 R8 并入 ρ，然后从 ρ 中删除关系模式 R4，此时 ρ＝{R2（A，B，G），R5（A，B，D），R6（A，H），R7（B，D，C），R8（C，E）}。

（11）考察 ρ 中的关系模式 R5（A，B，D），F 在 R5 上的投影 F5＝φ，并由此可得 R5 的候选关键字为全键，可见 R5 已满足 BC 范式的要求。

（12）考察 ρ 中的关系模式 R6（A，H），F 在 R6 上的投影 F6＝{A→H}，并由此可得 R6 的候选关键字为{A}，可见 R6 已满足 BC 范式的要求。

（13）考察 ρ 中的关系模式 R7（B，D，C），F 在 R7 上的投影 F7＝{{B，D}→C}，并由此可得 R7 的候选关键字为{B，D}，可见 R7 已满足 BC 范式的要求。

（14）考察 ρ 中的关系模式 R8（C，E），F 在 R8 上的投影 F8＝{C→E}，并由此可得 R8 的候选关键字为{C}，可见 R8 已满足 BC 范式的要求。

（15）此时的 ρ 即为所求的具有无损连接性的分解，ρ 中的各关系模式均满足 BC 范式的要求。

下面的算法可将一个关系模式分解为一组满足第四范式要求的关系模式，并保证所得到的分解具有无损连接性。

设有关系模式 R，U 是 R 中全体属性的集合，D 为 R 上的多值依赖集。

（1）令分解 ρ＝{R}。

（2）如果 ρ 中的各关系模式都已满足第四范式的要求，则算法终止，否则继续执行步骤（3）。

（3）在 ρ 中任选一个不满足第四范式要求的关系模式 Ri，由于 Ri 不满足第四范式的要求，则必存在 Ri 上的多值依赖 X→→Y∈D，其中 Z＝U－X－Y≠φ，且 X 不是 Ri 的候选关键字。分别以属性集 Ui－Y 和 X∪Y 构造两个关系模式，将这两个关系模式并入 ρ，然后将原关系模式 Ri 从 ρ 中删除，再转到步骤（2）。

（4）算法终止。

4.7　小　　结

本章介绍了关系的规范化理论，该理论是数据库逻辑设计的基础。关系的规范化理论主要包括三方面的内容，即数据依赖、范式和关系模式的规范化方法。

数据依赖体现了实体各属性间的联系，规范化理论根据这些联系的特点对数据依赖进行分类。本章从对属性间联系的特点分析出发，介绍了函数依赖和多值依赖。其中函数依赖又可分为平凡函数依赖和非平凡函数依赖、部分函数依赖和完全函数依赖，以及传递函数依赖等。多值依赖也有平凡多值依赖和非平凡多值依赖两种。

范式是关系模式的规范，本章介绍了第一范式、第二范式、第三范式、BC 范式和第四范式的定义，第五范式是基于连接依赖的范式，有兴趣的读者可参考相关资料。

函数依赖和多值依赖都有一套有效而完备的公理系统，它们是对关系模式进行规范化的理论基础。关系模式的规范化过程也就是对关系模式进行分解的过程，应根据实际需求确定数据库中的关系模式应达到的规范化程度，以及对分解的无损连接性和函数依赖保持性的需求。

习　　题

1. 举例说明由于关系模式中数据依赖的存在而导致数据库中数据插入异常的情况。

2. 设有关系模式：工资（编号，姓名，月份，职务工资，岗位津贴，应发工资，公积金，工会费，实发工资），其中应发工资＝职务工资＋岗位津贴，实发工资＝应发工资－公积金－工会费。试结合现实世界中的实际情况，分析该关系模式上可能存在的函数依赖。

3. 设关系模式 R 的属性集 U＝{A，B，C，D}，r 是基于 R 的一个关系，且 R 上有多值依赖 A→B 和 C→D 成立。若已知 r 中存在元组（a1，b1，c1，d1）、（a2，b2，c1，d2）和（a1，b3，c2，d3），则 r 中至少还有哪些元组？

4. 多值依赖与函数依赖有何主要联系与区别？

5. 设关系模式 R，其属性全集 U＝{A，B，C，D，E}，F＝{BC→A，E→D，AD→B}为 R 上的函数依赖集，ρ＝{R1（A，C，D），R2（D，E），R3（A，B，C）}是 R 的一个分解，试求 F 在 R1、R2 和 R3 上的投影。

6. 设有关系模式 R（A，B，C，D，E），根据给定的函数依赖集 F，判定分解 ρ 是否具有无损连接性。

（1）F＝{A→B，AC→E}，ρ＝{R1（A，B），R2（A，D），R3（A，C，E）}。

（2）F＝{BC→A，AD→E，C→D}，ρ＝{R1（A，B，C），R2（A，D，E），R3（C，D）}。

（3）F＝{C→D，D→E，AB→C}，ρ＝{R1（A，B，C），R2（D，E）}。

第 5 章 关系数据库设计

5.1 数据库设计概述

5.1.1 数据库设计的含义

构造数据库应用系统时，首先应当想到的是如何正确、合理地组织数据，其次才应当考虑应用程序的问题。一个设计得不好的数据库会存在许多问题，这些问题最终可能导致错误的决策，反之，一个设计良好的数据库则可以为科学决策提供正确、可靠的信息。

数据库设计的目标就是根据特定的用户需求以及一定的计算机软硬件环境，设计并优化数据库的逻辑结构和物理结构，依托所选用的数据库管理系统，建立高效、安全的数据库，为数据库应用系统的开发和运行提供良好的数据环境。

5.1.2 数据库设计的一般策略

目前数据库的设计主要采用以逻辑数据库设计和物理数据库设计为核心的规范化的设计方法。

在上述过程中，对数据库的设计和对数据库中的数据处理的设计是紧密结合的，两者的需求分析、设计建模、具体实现等工作都是同期进行、密切相关的。事实上，如果不了解用户对数据的处理需求，或者在设计数据库时没有考虑这些处理需求的实现，都是不可能设计出一个良好的数据库结构的。

此外，在数据库设计开始之前，还应先确定要参与设计的人员，包括系统分析员、数据库设计员、应用程序员、应用系统用户和数据库管理员。其中系统分析员和数据库设计员将参与数据库设计的整个过程，他们的水平是数据库设计质量的决定性因素。应用系统用户和数据库管理员主要参加需求分析和数据库的实施、运行与维护，他们的积极参与不但能加快数据库设计的进度，而且有利于提高数据库设计的质量。应用程序员主要负责应用程序的设计和系统软硬件环境的构建，他们可以直到系统实施阶段再参与进来。

若所设计的数据库应用系统比较复杂，还可以选用合适的数据库设计工具和 CASE 工具，以提高数据库设计的质量，并减少设计工作量。

5.1.3 数据库设计的基本步骤

从数据库应用系统开发的全过程来考虑，可将数据库设计过程划分为 5 个阶段，即需求分析阶段、概念结构设计阶段、逻辑结构设计阶段、物理结构设计阶段，以及数据库的实施、运行与维护阶段。

需求分析阶段的主要任务是了解用户对信息和处理的需求，确定系统边界。在这个阶段要收集数据库所有用户对信息内容和信息处理的要求，并加以分析综合。

概念结构设计阶段要通过对应用领域进行视图级数据抽象，形成数据库的概念模型。概念模型是独立于所选用的数据库管理系统的，它也是用户、设计人员和编程人员对系统中数据的理解进行交流沟通的工具。

　　逻辑结构设计阶段要实现概念级数据抽象，将数据库的概念模型转换为选定的数据库管理系统所支持的数据库逻辑模型，并对其进行优化。

　　物理结构设计阶段需根据数据库管理系统的特点和处理的需要，设计数据库的存储结构和存取方法，并对所设计的方案进行性能的评价与预测，判断是否符合系统要求。

　　在数据库的实施、运行与维护阶段，要使用数据库管理系统所提供的数据库定义和操作语言，借助数据库管理系统所提供的功能，根据逻辑设计和物理设计的结果建立数据库，加载初始数据，并进行试运行，若试运行成功，则可投入正式运行，并在运行过程中不断地进行评价、调整与修改。

　　图 5-1 为数据库设计的基本步骤示意图。

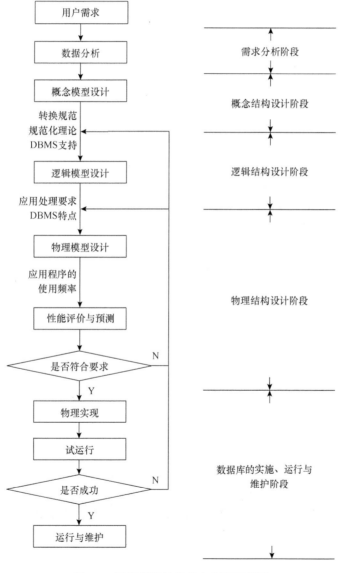

图 5-1　数据库设计的基本步骤示意图

5.2 需 求 分 析

5.2.1 需求分析的任务和目标

需求分析的任务就是通过对用户单位的详细调查，了解现行系统的基本情况，熟悉用户单位的业务流程，收集相关基础数据，通过与用户之间进行充分、细致、深入地交流，逐步明确用户的信息需求和处理需求，并在此基础上确定新系统的边界，并最终形成系统需求分析说明书。

具体地说，需求分析阶段应完成的任务包括以下几方面。

1. 对现行系统进行调查分析

通过对现行系统进行调查分析，可以熟悉现行系统的工作情况，了解现行系统中所存在的主要问题及制约因素，逐步确定新系统的建设方向和目标。

调查分析一方面是要对用户单位的组织机构的情况进行调查，包括该单位由哪些部门构成，各部门的职责范围、主要业务，部门间的隶属关系等，另一方面是要调查各部门的具体业务活动流程情况，包括各部门的输入数据的来源与格式、处理规则与要求、输出数据的去向与格式等。

2. 收集和分析用户需求，确定系统边界

在对用户单位及其业务活动进行调查分析的基础上，要通过与各最终用户的良好交流沟通，协助用户逐步明确对新系统的各种需求，包括新系统应对哪些信息进行存储和加工处理，这些信息的具体内容如何，信息间有着何种关联，对信息进行加工处理的具体规则是怎样的，新系统中的数据应满足哪些完整性、安全性要求等。

在完成了用户需求的收集、分析后，还应对这些需求进行分析，确定哪些操作应在新系统中由计算机实现，哪些操作交由人工完成，即确定新系统的边界。

3. 编写需求分析说明书

需求分析阶段的最后任务是以书面形式给出需求分析结果，即编写新系统的需求分析说明书。

需求分析说明书的主要内容应包括：

（1）系统概况，包括系统的建设背景、涉及范围、建设目标、对原系统的改善等。

（2）系统开发的约束条件。

（3）系统功能说明、总体解决方案。

（4）系统总体解决方案在技术、经济、操作上的可行性等。

需求分析说明书中还可提供下列附件：

（1）系统运行的软硬件环境，包括系统运行的网络环境、计算机硬件条件、所安装的操作系统、数据库管理系统等。

（2）用户单位的组织机构图，各部门职能、业务一览表等。

（3）系统的数据流程图、功能模块图、数据字典等。

编写系统需求分析说明书是一个不断反复、逐步完善的过程。需求分析说明书编写完成后，应由用户单位组织有关技术专家进行评审，审查通过后，由用户单位和系统开发承接单位的责任人签字认可。

用户需求的确定，是后续设计工作的基础，若在该阶段没能准确地定义用户的需求，很可能导致设计工作的重大返工，但实际上，由于用户没有足够的计算机专业知识，而数据库设计人员又缺乏应用领域的相关知识，因此要准确定义用户需求并不容易。

5.2.2 需求分析的方法和步骤

需求分析的基本过程如下所示。

（1）对用户单位的组织机构设置情况进行调查，画出其组织机构图，图中应标明用户单位的各个部门及部门间的隶属关系，还可以标注各部门的规模、地理分布等其他相关信息。

（2）对用户单位的业务活动情况进行调查，分别了解各部门的职能，以及完成这些职能时需从何处获得哪些数据、这些数据的格式如何、本部门需对这些数据进行怎样的处理、处理结果以何种格式表达、处理结果是在本部门留存还是要送往其他部门等，并在此基础上画出部门数据流图。部门数据流图需经部门负责人确认，然后将各部门数据流图合并成一张完整的总数据流图。

（3）与用户进行交流，明确用户的信息需求和处理需求，并综合考虑计算机的处理能力、应用系统的开发和运行成本等因素，通过协商共同确定系统边界，即确定哪些工作由计算机完成，哪些工作由人工完成。

（4）根据划定的系统边界，确定哪些数据要在计算机中存储，收集、整理、分析这些数据，并在此基础上初步建立数据字典。

（5）与用户一起分析系统将来可能会发生的变化，使系统设计具有一定的前瞻性。

在需求分析过程中，可以根据所要了解问题的不同和用户单位的实际条件，采取不同的调查方法，常用的调查方法包括查阅与当前系统相关的文档、表格、报告、文件等书面材料，与用户进行面谈，通过实地考察、跟班作业等方式观察业务的实际运转，研究其他人员解决同类问题的方法，问卷调查等。

（1）查阅与当前系统相关的文档、表格、报告、文件等书面材料，有助于快速理解现有系统，了解当前系统的工作方式，掌握现有的业务信息和现行的业务规则，分析其中可能存在的问题。

（2）面谈通常是最常用，也是最有效的了解用户需求的方法。通过面对面的谈话，可以发现需求、确认需求、澄清事实、了解各类最终用户的意见和观点。面谈这种方式的优点在于谈话人可以预先设计好需要讨论的内容，与谈话对象进行针对性较强的交流，在谈话过程中，还可以根据发现的新问题而随时调整谈话内容，并可以通过观察谈话对象的表情、行为获得语言之外的信息，而谈话对象也可以自由地表述自己的观点和需求。面谈的缺点在于比较耗费时间，而且需要谈话人具有较强的人际沟通能力。

（3）参与或观察当前系统的工作过程及工作方式，有助于了解那些比较复杂、很难用语言描述清楚的事实，必要时还可以做一些测试，但这种方式有可能干扰原系统的正常工作，而且所看到的也只是当前的一种状态。

（4）通过翻阅相关专业期刊、参考书籍，以及在互联网上搜索相关资料，可以研究他人对同类问题的处理方法，为提出自己的解决方案找寻灵感和线索。

（5）问卷调查也是一种常用的需求调查方法，其中的问题可以是开放式的，也可以提供若干选项以供被调查者选择。问卷可以多种形式发放，所得结果可以比较方便地加以分析，代价相对也比较低，而可能遇到的问题则包括：问卷回收率低、回答不完整、被调查者对问题的理解有误、合理设计问题及供选答案比较困难等。

5.2.3 数据流图

数据流图是一种描述系统逻辑功能的图形工具，它可以方便地表达系统中的数据、处理、数据的流动、数据与处理间的关系等。

数据流图中包含 4 个基本成分：数据存储、数据处理、数据流和外部实体。

数据存储可以是操作系统文件，也可以是数据库，可以保存在磁盘等随机存取设备上，也可以保存在磁带等顺序存取设备上。指向或离开数据存储的数据流表达了对文件的写入或读取操作。

数据处理是对指向数据处理的数据流，即输入数据流进行加工的过程。输入数据流经过加工处理后将产生输出数据流。

数据流描述了数据在系统中的流动。数据流用单向箭头表示，箭头指明了数据流动的方向。数据流可以从数据处理流向数据存储，也可以从数据存储流向数据处理，还可以从外部实体流向数据处理，或从数据处理流向外部实体。

外部实体用以描述系统中数据的来源和归宿。

数据流图中使用的基本符号如图 5-2 所示，图 5-3 为会计账务处理数据流图示例。

图 5-2 数据流图中的基本符号

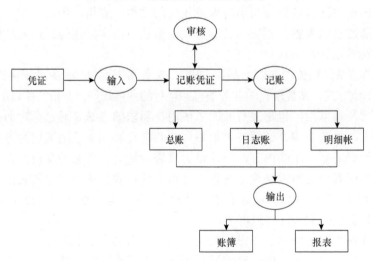

图 5-3 会计账务处理数据流图

可以采用自顶向下的方法分层画数据流图，基本步骤如下：

（1）提取数据流图中的 4 个基本成分。

（2）画出高层数据流图。

（3）逐层分解较高层数据流图中的处理，得到一套分层数据流图。

最高层数据流图中只含一个数据处理，用以标识系统本身，此外还应标注有哪些输入数据、这些输入数据从何而来，以及有哪些输出数据、这些输出数据去往何处。最高层数据流图只有一张。

从最高层数据流图起，自顶向下逐层分解，可得一套分层数据流图。分层数据流图可从 0 层开始逐层进行编号。对最高层数据流图进行分解时，一般是根据系统的功能，划分出若干个子系统，从而得第 0 层数据流图。其他各层数据流图则是对上层数据流图中的数据处理进行分解而得，直至分解而得的数据处理足够简单，不必再分解为止。

5.2.4 数据字典

数据字典是对系统中各类数据及处理的详细描述信息的集合，它与数据流图互为注释。数据流图并没有表达出每个数据和处理的具体含义，这些信息需要在数据字典中描述。数据字典通常包括对数据项、数据结构、数据流、数据存储和处理过程这 5 个部分的描述。

（1）数据项是数据不可分割的最小组成单位。对数据项的描述一般包括其名称、别名、含义、数据类型、宽度、小数位数、取值范围、是否允许空值、使用频率、使用方式，以及该数据项与其他数据项之间的关系等。

（2）数据结构反映了数据之间的组合关系，一个数据结构中可以包含若干数据项，也可以包含其他数据结构。对数据结构的描述一般包括其名称、含义和组成。

（3）数据流反映了数据在系统中的传输，对数据流的描述一般包括其名称、说明、源处理、目标处理、数据组成、平均流量和高峰流量等。

（4）数据存储体现了数据的保存形式，对数据存储的描述一般包括其名称、说明、编号、源数据流、目标数据流、数据组成、数据量、存取频度、存取方式等。

（5）对处理过程的描述一般包括其名称、说明、功能、输入数据流、输出数据流、执行条件、执行频率等，处理过程的具体处理逻辑一般另行用判定树、判定表等进行描述。

判定表和判定树分别以表格和树形结构表达判断逻辑，这样的表达方式比用结构化自然语言更直观易懂。

判定表能表达出复杂条件及行动间的逻辑关系，其基本格式如图 5-4 所示，表中每个判定规则列中都应指明各个条件的取值情况，及应采取哪些相应行动。

条件栏	判定规则 1	……	判定规则 m
条件 1:			
……			
条件 n:			
行动 1:			
……			
……			
行动 k:			

图 5-4 判定表的基本格式

例如，设某企业对订购单的检查按如下原则处理：如果金额超过 500 元且未过期，则发出批准单和提货单；若金额超过 500 元且已过期，则发过期通知书；如果金额低于 500 元，则不论过期与否都发批准单和提货单，在过期的情况下要发出过期通知书。图 5-5 给出用于描述这一处理逻辑的判定表。

条 件 栏	1	2	3	4
金额>500	是	是	否	否
是否过期	否	是	否	是
发批准单	√		√	√
发提货单	√		√	√
发通知书		√		√

图 5-5　用于描述企业订购单检查逻辑的判定表

判定树的基本格式如图 5-6 所示，其中各判定对象不必互异。判定树直观易懂，比判定表更适于表达嵌套的多层判断逻辑，但当条件太多时，不容易清楚地表达出整个判断过程。

图 5-6　判定树的基本格式

图 5-7 给出用于描述上述企业订购单检查逻辑的判定树。

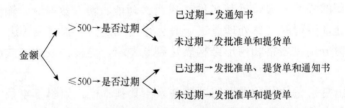

图 5-7　用于描述企业订购单检查逻辑的判定树

在需求分析阶段建立的数据字典在其后的数据库设计过程中还要进行不断地修改、充实和完善。

5.3　概念结构设计

5.3.1　概念结构设计的含义

数据库设计最困难的一个方面就是用户、设计人员和编程人员的知识背景不同，看待和使用数据的方式也不同，但又必须对系统中所涉及数据的本质和使用方式达成一致的、正确的观点。数据库的概念模型是三者进行交流沟通的工具，这个模型与技术实现无关，且没有二义性。

概念结构设计是数据库设计的核心环节，其任务是要根据需求分析阶段所得的结论，对现实世界进行数据抽象，建立起数据库的概念模型。

5.3.2　概念结构设计的方法和步骤

概念结构的设计方法主要有自顶向下、自底向上、自内向外、混合策略 4 种。

自顶向下就是先从总体上给出概念结构的框架，再逐步细化；自底向上就是先给出局部的概念结构，再进行集成；自内向外就是先给出核心部分的概念结构，再逐步扩充；混合策略是自顶向下方法与自底向上方法的结合，即先给出概念结构的总体框架，再依据该框架对各局部概念结构进行集成。

实体—联系方法（Entity-Relationship Approach）是一种常用的概念模型设计方法，该方法是 P.P.S.Chen 于 1976 年提出的，通常用 E-R 图来描述概念模型。

实体—联系方法的实质是将现实世界抽象为相互之间有联系的若干实体集。实体—联系方法中的两个核心概念就是实体集和实体集间的联系。

实体集是同型实体的集合，由若干属性描述。每个实体在实体集中必须能被唯一地识别。在 E-R 图中用矩形表示实体型，矩形内标注实体名，用椭圆形表示属性，并用无向边将其与相应的实体连接起来。

图 5-8 是用 E-R 图描述的实体集"零件"及其属性。

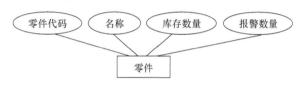

图 5-8　实体集"零件"及其属性

实体集间的联系表达了特定实体集间的某种关联。在 E-R 图中用菱形表示联系，菱形内标注联系名，并用无向边分别与有关实体连接起来，同时在无向边旁标上联系的类型（1:1、1:n 或 $m:n$）。联系也可以有属性，联系的属性也用椭圆形表示。如果一个联系具有属性，则这些属性也要用无向边与该联系连接起来。

图 5-9 是用 E-R 图描述的实体集"零件"与"供应商"间的多对多联系。

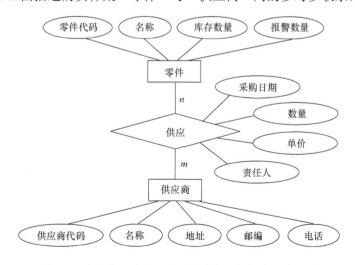

图 5-9　实体集"零件"与"供应商"间的多对多联系

联系可以存在于两个实体集之间，也可以存在于多个实体集之间。一个联系所关联的实体集的个数称为联系的度。图 5-9 中所描述的联系"供应"就是一个度为 2 的联系。图 5-10 中所描述的联系"任教"是一个度为 3 的联系，其中省略了实体集"教师"、"班级"、"课程"，以及联系"任教"的属性。

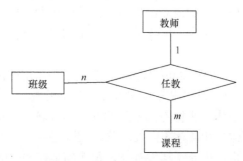

图 5-10　度为 3 的联系"任教"

设计 E-R 图时，首先要根据需求分析阶段的结论提取系统中的实体集，确定这些实体集之间的联系，以及联系的类型，再分析每个实体集和联系需要用哪些属性来加以描述。

例 5-1　设某百货公司下有若干连锁店，已知每家连锁店有若干职工，每个职工只能服务于一家连锁店，每家连锁店经营若干商品，各连锁店经营的商品并不完全相同。其中连锁店由商店号、商店名、店址、负责人这些特征进行描述，商品由商品号、商品名、产地、价格这些特征进行描述，职工由职工号、姓名、性别、工资这些特征进行描述。试设计该百货公司的 E-R 模型。

解：对这些条件进行分析可知存在三个实体集，即连锁店、职工和商品，其中连锁店的属性包括商店号、商店名、店址和负责人，商品的属性包括商品号、商品名、产地和价格，职工的属性包括职工号、姓名、性别和工资。这三个实体集间的联系包括：职工和连锁店之间的"聘用"联系、连锁店和商品之间的"经营"联系、职工和商品之间的"销售"联系。其中"聘用"联系有一个"参加工作时间"属性，"销售"联系有一个"日销量"属性，"经营"联系有一个"月销量"属性。

图 5-11 即为该百货公司的商店、职工和商品的 E-R 模型。

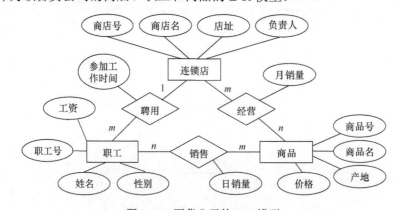

图 5-11　百货公司的 E-R 模型

以 E-R 图为描述工具，按自底向上的策略进行概念结构设计的过程可为两步：一是从某适当层次的数据流图出发，针对各局部应用，设计局部 E-R 图；二是对局部 E-R 图进行集成，生成全局 E-R 图，即数据库的全局概念模型，并进行优化。在 5.3.3 节中将讨论局部 E-R 模型的设计，5.3.4 节中将讨论全局 E-R 模型的设计。

5.3.3　局部 E-R 模型设计

设计局部 E-R 图时，首先要选择一个适当层次的数据流图，并以此为依据，来划分出系统的各个局部应用。

数据流图是从顶层起，通过逐步细化而得到若干层不同详细程度的数据流图的。一般而言，高层数据流图只能反映系统的概貌，难以划分出局部应用，而低层数据流图又太庞杂，用于划分局部应用显得过于臃肿琐碎，应在中层数据流图中选择一个能清晰地反映出系统中各主要处理操作及处理操作间的关系的，用作划分局部应用的依据。

确定系统中的各局部应用后，应分别面向这些局部应用，根据相关数据流图及数据字典中的记载，对所涉及的数据进行分类、组织，确定各局部应用中分别应包含哪些实体、这些实体由哪些属性进行描述、哪些属性可以唯一识别实体的关键字、这些实体之间存在哪些联系、这些联系分别是什么类型的、这些联系需要用哪些属性进行描述等，在此基础上，按 E-R 图绘制规则，即可画出各局部 E-R 图。

例 5-2　设某医院信息管理系统划分门诊信息子系统和住院信息子系统。病人前来医院门诊时，应为其指定一名主治医生。一名医生可以成为多位病人的主治医生。必要时，医生可以要求病人做某些项目的化验，还可以要求病人住院。住院部要记录每位住院病人的化验项目和化验结果。试设计这两个子系统的局部 E-R 图。

解：图 5-12 和图 5-13 分别为这两个子系统的局部 E-R 图。

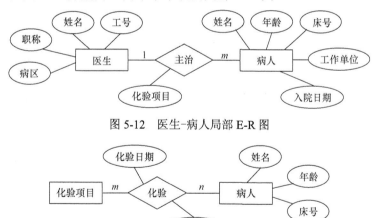

图 5-12　医生-病人局部 E-R 图

图 5-13　病人-化验项目局部 E-R 图

在设计局部 E-R 图时，还应注意以下三点：一是能作为属性处理的客观事物应当尽量作为属性来处理，这样整个 E-R 图会比较简洁明了；二是不能在属性与实体之间建立联系，因为 E-R 图中的联系只能是实体间的联系；三是要保证实体和联系的属性都应当是简单属性，即不能再细分为子属性的属性了。

5.3.4 全局 E-R 模型设计

各局部 E-R 图生成后，需进行集成，也就是把各个局部 E-R 图综合为一个总的、全局的 E-R 图。

集成的时候既可以一次性地对所有局部 E-R 图进行集成，生成一个全局 E-R 图，又可以按两两集成的方式，逐步进行，这样每次集成的时候考虑的范围和内容可以相对少些，从而可以降低集成工作的复杂度，减少错误的发生。

由于各局部 E-R 图是分别面向不同的局部应用领域设计的，而且往往是由多位设计人员分别进行设计的，其间的冲突往往是在所难免的，因此，对于局部 E-R 图的集成操作而言，要解决的最关键的问题就是处理各局部 E-R 图间的冲突问题。

局部 E-R 图间常见的冲突有属性冲突、命名冲突、结构冲突等。

属性冲突是指不同的 E-R 图中具有相同含义的属性在值的类型、长度、取值范围、取值单位等方面却有不同的定义。例如学生学号有的取 2 位整数，有的却设置为长度为 8 的字符串；学生年龄有的以出生日期表示，有的却以整数表示；学生身高有的以厘米为单位，有的却以米为单位等。

命名冲突是指不同的 E-R 图中对实体、联系、属性等的命名存在冲突，主要包括两种情况：一是异名同义，二是同名异义。

异名同义指的是在不同的局部 E-R 图中对系统中的相同对象取了不同的名称。例如某企业信息管理系统中包含人事信息管理子系统和财务信息管理子系统，前者用"职员"这个实体名来描述企业中的人员，后者用"职工"这个实体名来描述相同的对象，这种情况就属于异名同义。

同名异义，即在不同的局部 E-R 图中用两个相同的名称代表不同的对象。例如某制造企业信息管理系统中包含进货信息管理系统和销售信息管理系统，前者用"客户"这个实体名描述供货商，后者用"客户"这个实体名描述分销商，这种情况就属于同名异义。

属性冲突和命名冲突，一般都需要由各局部应用领域的相关部门协调解决。

对局部 E-R 图进行合并时，还可能会遇到结构冲突。结构冲突主要包括以下三种情况：

（1）某对象在一个局部 E-R 图中被抽象为实体，而在另一个局部 E-R 图中却被抽象为了属性，这种情况下需对其中一个局部 E-R 图中的抽象方法进行改变，使之与另一个局部 E-R 图中的抽象方法一致即可。

（2）同一实体在不同的局部 E-R 图中所包含的属性个数和属性排列次序不完全相同，这种情况下可取该实体的属性为其在各个局部 E-R 图中属性的并集，再确定一个统一的顺序，然后统一按此标准对各局部 E-R 图中该实体的属性分别进行修改即可。

（3）相同实体之间的联系在不同的局部 E-R 图中被确定为不同的类型，此时应分析这些局部应用对该联系的观察角度和应用语义，进行适当地综合或调整，取得一致后，再按统一的标准对各局部 E-R 图中的联系的类型进行修改即可。

举例来说，前述图 5-12 和图 5-13 是某医院信息管理系统中的两个局部 E-R 图，对这两个局部 E-R 图进行集成时发现存在结构冲突，主要表现在：

（1）"病人"的属性不同。

（2）"化验项目"在图 5-12 中抽象为属性，而在图 5-13 中抽象为实体。

对这两张局部 E-R 图进行集成时，可采取如下处理策略：

（1）图 5-13 中的"病人"属性为图 5-12 中"病人"属性的子集，所以以图 5-12 中"病人"属性为准。

（2）将图 5-12 中抽象为属性的"化验项目"改为实体。

集成而得的全局 E-R 图如图 5-14 所示。

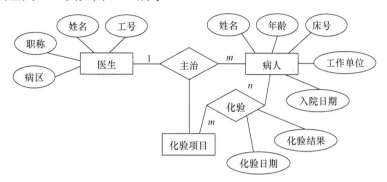

图 5-14　集成而得的全局 E-R 图

5.3.5　全局 E-R 模型的优化

在由各局部 E-R 图合并后生成的全局 E-R 图中，可能存在数据的冗余和联系的冗余，即存在可由基本数据导出的数据和可由其他联系导出的联系，这些冗余数据和冗余联系可能会破坏数据库的完整性，应予以消除。

对合并所得的 E-R 图进行修改和重构，消除了不必要的冗余后，所生成的 E-R 图即为基本 E-R 图。

消除冗余的主要方法是依据数据字典中关于数据项之间逻辑关系的说明来进行分析，找出冗余，并在 E-R 图中将其消去。此外，还可以用规范化理论来消除冗余，方法是：

（1）用局部 E-R 图中实体关键字间的函数依赖来表达这些实体间的联系，从而得到一个函数依赖集 FL。

（2）求函数依赖集 FL 的最小覆盖 GL。

（3）对函数依赖集 D＝FL–GL 中的每个函数依赖，判定其是否为冗余联系，若是，就把它去掉。

由于规范化理论受到范关系假设的限制，使用时应注意：

（1）冗余的联系一定在函数依赖集 D 中，而函数依赖集 D 中的联系不一定是冗余的。

（2）若实体间存在多种联系，应在形式上加以区别。

同时还应注意的一点是，并不是所有的冗余数据和冗余联系都必须加以消除，有时为了提高效率，需要适当保留一些冗余信息，此时应把数据字典中对于数据关联的说明作为数据库的完整性约束条件。

5.4　逻辑结构设计

5.4.1　逻辑结构设计的任务和步骤

逻辑结构设计的任务就是把在概念结构设计阶段生成的数据库概念模型转换为所选数据库

管理系统所支持的逻辑数据模型，即设计数据库的逻辑结构。

若数据库概念模型用 E-R 图描述，并在系统中采用关系型数据库管理系统，则逻辑结构设计的基本步骤包括：

（1）将用 E-R 图描述的数据库概念模型按一定规则转换为一组关系模式，在 5.4.2 节中将讨论具体的转换方法。

（2）根据关系数据库规范化理论对这组关系模式进行规范化处理，在第 4 章中，已经讨论了关系模式的规范化方法。

（3）根据数据库的完整性和一致性要求，以及系统查询效率要求，对所得的关系模式进行优化，必要时需对关系模式进行逆规范化处理，在第 5.4.4 节中将讨论相关问题。

5.4.2 E-R 图向关系模型的转换

E-R 图是由实体、联系和属性这三大要素构成的，关系模型则是一组关系模式的集合，将 E-R 图转换为关系模型，需要解决的问题是如何将 E-R 图中的实体和联系转换为关系模式，以及如何确定这些关系模式的属性和关键字。

E-R 图转换为关系模型的总的原则是：E-R 图中的实体和联系都转换为关系模式，实体和联系的属性则转换为关系模式中的属性。

具体来说，实体的转换方法是：E-R 图中的一个实体转换为一个关系模式，实体的名称即为关系模式的名称，实体的属性转换为关系模式中的属性，实体中的关键属性即为关系模式的关键字。

实体转换时可能存在的问题包括：

（1）实体的某些属性的取值范围可能不受所选数据库管理系统的支持，此时可以结合数据库管理系统的功能进行调整，或通过应用程序进行转换。

（2）实体的某些属性可能还不是原子属性，这样的属性需要先进行分解，再作为关系模式中的属性。

联系的转换应根据不同的类型分别加以处理：

（1）一对一的联系可以转换为一个独立的关系模式，也可以与其任意一端的实体转换而得的关系模式合并。

如果转换为一个独立的关系模式，则该联系所关联的各实体的关键属性，以及联系本身的属性均应转换为关系模式的属性，各实体的关键属性均为该关系模式的候选关键字。

如果与其一端实体所对应的关系模式合并，则要在该关系模式中加入联系的所有属性，以及该联系所关联的另一个实体所对应的关系模式的关键字。

（2）一对多的联系可以转换为一个独立的关系模式，也可以与多端的实体转换而得的关系模式合并。

如果转换为一个独立的关系模式，则该联系所关联的各实体的关键属性，以及联系本身的属性均应转换为关系模式的属性，多端实体型的关键属性即为关系模式的关键字。

如果与其多端实体所对应的关系模式合并，则要在该关系模式中加入联系的所有属性，以及一端实体所对应的关系模式的关键字。

（3）多对多的联系应转换为一个独立的关系模式，该联系所关联的各实体的关键属性及联系本身的属性均应转换为关系模式的属性，各实体关键属性的组合即为所得关系模式的关键字。

（4）三个或三个以上实体间的多元联系可以转换为独立的关系模式，多元联系所关联的各实体的关键属性及联系本身的属性均应转换为关系模式的属性，各实体关键属性的组合即为关系模式的关键字。

在上述过程中，具有相同关键字的关系模式可予以合并。

例 5-3　设某高校有若干个系，每个系有若干教师和学生，每位教师可担任多门课程，并可参与多个项目，每门课程可由多位教师担任，每个项目也可由多位教师共同参与，每名学生可选修多门课程。图 5-15 为所设计的 E-R 图。试按上述规则，将该 E-R 图转化为一组关系模式。

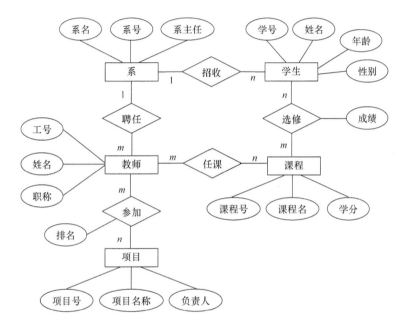

图 5-15　高校信息管理系统 E-R 图

解：由该 E-R 图可得，系统中有 5 个实体集，分别为系、教师、学生、项目和课程，实体集之间的联系有：教师担任课程的"任课"联系、教师参与项目的"参加"联系、学生选修课程的"选修"联系、教师与系的"聘任"联系、学生与系的"招收"联系。

根据 E-R 图向关系模型转换的原则，将各实体转为如下关系模式：

（1）系（系号，系名，系主任），其中关键字为{系号}。

（2）教师（工号，姓名，职称），其中关键字为{工号}。

（3）学生（学号，姓名，年龄，性别），其中关键字为{学号}。

（4）项目（项目号，项目名称，负责人），其中关键字为{项目号}。

（5）课程（课程号，课程名，学分），其中关键字为{课程号}。

将各联系转为如下关系模式。

（1）将教师担任课程的多对多联系转为关系模式：任课（课程号，工号），其中关键字为{课程号，工号}。

（2）将教师参加项目的多对多联系转为关系模式：参加（工号，项目号，排名），其中关键字为{工号，项目号}。

（3）将学生选修课程的多对多联系转为关系模式：选修（学号，课程号，成绩），其中关键字为{学号，课程号}。

（4）将教师与系之间的一对多联系转为关系模式：聘任（系号，工号），其中关键字为{工号}，该关系模式可与关系模式"教师"合并为：教师（工号，姓名，职称，系号）。

（5）将学生与系之间的一对多联系转为关系模式：招收（系号，学号），其中关键字为{学号}，该关系模式可与关系模式"学生"合并为：学生（学号，姓名，年龄，性别，系号）。

5.4.3 用规范化理论对关系模式进行优化

由E-R图转换而得的关系模型需进行规范化处理。

在对关系模型进行规范化处理时，首先应当根据实际应用的需求，确定在关系模式中允许存在何种类型的数据依赖，又不允许存在何种类型的数据依赖，并进而确定要将关系模式规范化到哪一级范式的要求，然后再根据该级别范式的要求对关系模式进行分解，使其达到预定的规范化目标。关系模型的规范化方法详见本书第4章。

关系模型的规范化程度并不是越高越好，因为规范化的过程就是把一个关系模式分解为多个关系模式的过程，而今后在执行查询时，若待查询数据涉及多个关系模式中的数据，则需要对这些关系模式进行连接，而连接操作实在是一个代价相当大的操作。规范化程度越高，分解所得的关系模式就会越多，相应地，连接操作就会越复杂，查询的效率也就会随之大大降低。

关系模型的优化就是要从用户需求及系统效率出发，对经过规范化处理的关系模型做进一步的分析，确定是否需要从提高数据操作效率、提高存储空间利用率、消除特定数据依赖等角度出发，对某些关系模式再进行分解，或是需要从提高查询效率的角度出发，对部分关系模式进行逆规范化操作。

逆规范化操作是对关系模式规范化处理操作的逆过程。常用的逆规范化方法包括：增加冗余属性、增加派生属性、重建关系和分割关系等。

1. 增加冗余属性

增加冗余属性指的是将已经保存在一个关系模式中的属性添加到相关的另一个关系模式中。

如果常用的查询涉及多个关系，则经常需要对这多个关系进行连接操作，而连接操作的代价是相当大的，为此可以在关系中添加冗余属性，以减少连接操作。

例如，有关系模式：学生基本信息（学号，姓名，性别，生日，籍贯，政治面貌）、学生成绩信息（学号、课程号、成绩）和课程基本信息（课程号，课程名称，学分），若要显示学生的学号，姓名，课程名，成绩，则需对这三个关系进行连接，而若在关系模式"学生成绩信息"中加入"姓名"和"课程名"属性，则查询时不必再执行连接操作。

增加冗余属性可以提高查询效率，但这些属性的重复存储必然需要占用额外的存储空间，同时还会给关系的维护增加额外的工作量，例如当某位学生的"姓名"属性值需要修改时，必须同时修改"学生基本信息"和"学生成绩信息"这两个关系中的相关数据，而当某门课程的"课程名"属性需要修改时，也必须同时修改"课程基本信息"和"学生成绩信息"这两个关系中的相关数据。

2. 增加派生属性

增加派生属性指的是将由一个关系模式中属性派生而得的属性添加到相关的另一个关系模式中。

如果常用的查询涉及多个关系，且需对相关属性进行聚集运算方可得到所需结果，则可以向关系中添加派生属性，以减少连接操作和聚集运算。

例如，有关系模式：学生基本信息（学号，姓名，性别，生日，籍贯，政治面貌，所属班级代码）和班级基本信息（班级代码，班级名称，班主任工号），若要显示各班的班级名称和班级人数，则先要对这两个关系进行连接，还要按班级代码执行聚集操作，而若在关系模式"班级基本信息"中加入派生属性"班级人数"，则查询时不必再进行连接，也不必再执行聚集操作。

增加派生属性可以提高查询效率，但同时，该派生属性会占用额外的存储空间，并且在添加或删除一个学生时，不仅要在"学生基本信息"这一关系中进行记录的添加或删除，还要对"班级基本信息"这一关系中相关班级的"班级人数"属性进行修改，从而给关系的维护增加了额外的工作量。

3. 重建关系

重建关系指的是将两个或多个关系合并成一个关系。

如果常用的查询涉及多个关系，即经常要对这些关系执行连接操作，且查询的结果要显示这些关系中的大部分属性，则可将这些关系合并成一个关系，以减少连接操作。

例如，有关系模式：作者（编号，姓名，联系电话）和图书（书号，名称，出版社，出版日期，作者编号，价格，印数，总页数），若要同时显示图书及该书作者的全部信息，则需对这两个关系进行连接，而若将两者进行合并，得到新的"图书"模式：图书（书号，名称，出版社，出版日期，作者编号，作者姓名，作者联系电话），则查询时不再需要执行连接操作。

重建关系可以提高查询效率，但重建所得的新关系显然要比原关系占用更多的存储空间，同时也损失了数据的独立性。

4. 分割关系

分割关系指的是将一个关系按横向或纵向分割成多个关系。

如果一个关系中数据量很大，尤其是如果其中有些数据比较常用，而另一些数据不常用时，可对关系进行横向分割，这样可以减少在查询时需要读的数据和索引的页数，同时也可以减少索引的层数，提高查询的速度。

例如，有关系模式：进货（日期，品名，规格，数量，责任人，备注），若用户单位的进货量很大，则可按一定的日期范围，如每年或每季度或每月等，对该关系模式进行横向分割，得到一组不同日期范围的进货关系。

对关系进行横向分割后，若要基于原关系中的全体数据进行查询，则需对分割产生的多个关系执行 UNION 操作，同时，由原关系分割而得的各个子关系需要分别命名，在设计其应用时会显得不太方便。

如果一个关系中一些属性常用，而另一些属性不常用，则可对关系进行纵向分割，把主关键字和常用属性组成一个关系，再把主关键字和不常用属性组成一个关系。

纵向分割使关系中的属性个数变少，这样一个数据页就能存放更多的数据，在查询时就会减少外存读写次数。

例如，有关系模式：学生基本信息（学号，姓名，性别，出生日期，生源地，政治面貌，父亲姓名，父亲工作单位，父亲联系电话，母亲姓名，母亲工作单位，母亲联系电话，家庭月收入，家庭地址，邮政编码，入学年月，备注信息），其中关键字为学号，常用属性包括姓名、性别、出生日期和政治面貌，其他属性为非常用属性，因此可将"学生基本信息"这一关系纵向分割为两个关系："学生常用基本信息"和"学生其他基本信息"，其中"学生常用基本信息"中包含的属性为：学号、姓名、性别、出生日期和政治面貌，"学生其他基本信息"中包含的属性为：学号、生源地、父亲姓名、父亲工作单位、父亲联系电话、母亲姓名、母亲工作单位、母亲联系电话、家庭月收入、家庭地址、邮政编码、入学年月和备注信息。

纵向分割使原关系中的关键字在分割而得的子关系中冗余存放，需要占用额外的存储空间，也给各关键属性值的维护增加了额外的代价。若要对原关系中的所有属性进行查询，还需要对要割而得的子关系执行连接操作。

为了进一步提高数据库应用系统的性能，应该对规范化后产生的关系模式进行评价、改进，经过反复多次地尝试和比较，最后得到优化的关系模式。

模式评价的目的是检查所设计的数据库模式是否满足用户的需求、是否高效、是否有进一步改进的可能。模式评价包括功能评价和性能评价。

功能评价是指对照需求分析的结果，检查规范化后的数据库关系模式是否支持用户所有的应用需求。若发现有的应用不被支持，或不完全被支持，则应对关系模式进行改进。若问题出自前面的概念结构或逻辑结构设计阶段，还应返回相应的设计阶段重新进行评审，最终解决存在的问题。

性能评价是指对所设计的数据库的运行性能进行评价。对于目前得到的数据库模式，由于缺乏物理设计所提供的数量测量标准和相应的评价手段，所以性能评价只能对实际性能进行估计。

数据库的逻辑模型建立之后，还应从用户的习惯和方便，以及数据库的安全性出发，定义一些用户子模式，以简化用户的使用。

关系型数据库管理系统一般都提供视图功能，如果将一些用户经常需要使用的复杂查询定义为用户视图，则可以大大方便用户的使用。

5.5 物理结构设计

数据库的物理结构主要是指数据库在存储介质上的存储结构和存取方法，它与系统硬件环境、存储介质性能、数据库管理系统功能有关。

数据库物理结构设计的任务就是在指定的数据库管理系统功能范围内，为数据库的逻辑模型确定最适合应用环境的存储结构和存取方法。

数据库物理结构设计的目标是使事务响应速度快、事务吞吐率大、存储空间利用率高、便于维护等，为此，首先要充分了解系统的硬件环境，了解所用的数据库管理系统支持哪些数据存储结构和存取方法，它们各有什么特点，其次要对系统可能执行的事务进行详细分析，确定设计所需的相关参数，例如对数据库查询事务，要了解查询所涉及的关系、属性、是否需要连接、连接所涉及的关系及属性、是否需要投影、投影所涉及的关系及属性、查询被执行的频率、对查询性能的要求等；对数据库更新事务，需了解有哪些关系的哪些属性允许被更新、更新条件涉及哪些属性、更新频率、对更新性能的要求等。

确定物理结构主要包括三个方面的内容：一是确定数据的存放位置和存储结构，二是确定数据的存取方法，三是确定系统的配置。

5.5.1　确定数据存放位置和存储结构

确定数据存放位置和存储结构时要综合考虑存取时间、存储空间利用率和维护代价这三个方面的因素。由于这三个方面常常是相互矛盾的，设计时需要据实际情况进行权衡、折衷，一些基本设计规则包括：将存取频率高的数据与存取频率低的数据分开存储；将经常变化的数据与相对稳定的数据分开存储；表和索引存储在不同的磁盘上；比较大的表分割后存储在不同的磁盘上；将日志文件与表、索引等数据库对象存储在不同的磁盘上；将后备数据存储在磁带上。

5.5.2　确定数据存取方法

可以选用的数据存取方法受限于具体的数据库管理系统，常见的数据存取方法有索引和聚簇等。

使用索引可以提高数据库的查询效率，也可以保证索引属性的唯一性，但索引的设置并不是越多越好，因为查找索引和维护索引都需要额外的系统代价。

确定索引方案就是要确定需要在哪些关系模式上基于哪些属性建立何种类型的索引。一般而言，若关系中的元组个数较多，且其中有些属性经常出现在查询条件中，或经常出现在连接条件中，或经常作为聚集函数的参数，则应在其上建立相应的索引，而若关系中的元组个数较少，或需要频繁更新则不宜建立索引。

聚簇就是将一个关系中在某属性或属性组上具有相同值的元组集中地存放在连续的物理块上，这样可以提高基于该属性或属性组对关系进行查询的效率，此外，若对多个经常需要进行连接的关系分别按连接属性进行聚簇，还可以大大提高连接的效率。

聚簇虽然能提高一些数据库操作的效率，但其建立和维护开销很大。如对一个已有关系建立聚簇，则会改变其中元组的物理存储位置，并因而导致该关系上所有已建索引无效，必须进行重新索引。

确定聚簇方法就是要确定需要对库中的哪些关系按什么属性进行聚簇，应当注意的是，虽然在一个数据库中可以建立多个聚簇，但一个关系只能加入一个聚簇。

一般而言，若经常要对多个关系基于相同的连接属性进行连接，则可基于该连接属性对这些关系建立聚簇；若经常要对一个关系基于某属性或属性组进行查询，则可基于该属性或属性组为关系建立聚簇；若一个关系中的某属性或属性组经常出现在相等比较条件中，则可基于该属性或属性组为关系建立聚簇；若一个关系中在某属性或属性组上值的重复率很高，则可基于该属性或属性组为关系建立聚簇；经常需要执行全表扫描的关系不宜建立聚簇；需要频繁更新的关系不宜建立聚簇。

5.5.3　确定系统配置

数据库管理系统可能会允许数据库设计人员对一些系统配置参数进行设置，以便根据实际应用环境优化系统配置，改善系统性能。这些参数一般包括：可同时访问数据库的用户数、可同时打开的数据库对象数、系统缓冲区的个数和长度、时间片的大小、数据库的大小、装填因子、锁的数目等，它们的值会影响数据存取时间和存储空间分配，如果不另行设置，则采用系统默认值。系统的配置还受限于用户单位的现有软硬件条件和资金情况，设计时应选择性价比高的方案。

在数据库的物理结构设计阶段对系统配置参数的设置只是初步的，其后还应根据系统的实际运行情况做进一步的调整。

5.5.4 物理结构设计的评价

对数据库物理结构设计方案的评价一般从该方案下存储空间的利用率、数据的访问效率及维护代价等角度出发，依托数据库管理系统提供的工具，进行定量分析。可设计多套方案，根据定量分析的结构选出最优者。

5.6 数据库的实施和维护

数据库的实施、运行与维护阶段的主要任务包括创建数据库、加载初始数据、数据库试运行、数据库的安全性和完整性控制、数据库的备份与恢复、数据库性能的监督分析和改进、数据库的重组和重构等。

5.6.1 数据库的实施

数据库的实施主要包括数据库的创建和初始数据加载这两项任务。

数据库的创建就是要基于所选数据库管理系统提供的功能，根据逻辑结构设计和物理结构设计的结果，在计算机中创建表、视图索引、聚簇等数据库对象，并对数据库的安全性、完整性物理存储参数等进行定义。现在有很多数据库系统会同时提供命令行方式和图形界面方式来支持上述工作。

数据库创建完成后，就应当进行库中初始数据的加载。初始数据的加载是一项工作量很大的任务，首先要按新系统的要求对源数据进行收集、整理和转换，再分批输入系统。为尽量避免数据出错，可以采取的措施包括：采用多种方法加强对源数据正确性的检验、针对具体情况设计实用的数据录入子系统，提高数据录入的效率和质量、若源数据来自其他数据库系统，则先可利用数据转换工具转换成新系统可接受的格式，再进行整理。

5.6.2 数据库的运行

在数据库正式投入使用前需先进行试运行。

数据库的试运行就是在加载了一部分初始数据之后，实际运行数据库应用程序，执行对数据库的各种操作，以测试新系统的功能和性能是否达到了预定的设计目标。

数据库的试运行阶段是非常重要的，因为在数据库设计阶段，对方案的设计和评价大多是在简化了的环境条件下进行的，因此设计结果未必是最佳的，而在试运行阶段，除了对应用程序做进一步的测试之外，还会重点执行对数据库的各种操作，实际测量系统的各种性能，检测是否达到设计要求，如果发现所产生的实际结果不理想，就可以及时回头调整设计方案，以免造成不良后果。

若试运行通过，则可将系统投入正式运行，否则要分析存在的问题，并采取相应措施，如修改应用程序、调整数据库物理模型、改变系统配置参数，甚至返回逻辑结构设计阶段对数据库逻辑模型进行修改等。

5.6.3 数据库的维护

在数据库系统的正式运行过程中,数据库的安全性和完整性控制主要是由数据库管理系统自动完成的,但有时也可能会由于应用环境的变化,而使数据库的安全性或完整性定义发生改变,此时需要由数据库管理员根据实际情况,对原有的安全性控制或完整性约束条件进行修改。

数据库的备份和恢复是系统正式投入运行后最重要的维护工作之一,数据库管理员应根据实际情况制定合理的数据备份计划,以保证系统发生故障后,能尽快将数据库恢复到故障发生前的某个一致状态,尽量降低因故障而造成的损失。

在数据库系统的运行过程中,数据库管理员还应负责对系统的运行进行监督,分析监测数据,并找出改进系统性能的方法,如调整系统配置参数,或重组、重构数据库等。

系统性能参数的监测和分析可以使用数据库管理系统自带的工具,也可以使用其他的专门工具。

数据库运行一段时间后,可能会由于大量的插入、删除、修改操作的执行,而导致数据库的物理存储状况发生改变、数据存取效率变低、系统性能下降,此时应由数据库管理员负责实现数据库的重组,即按数据库的原设计要求重新确定数据的存储位置、回收垃圾、减少链接等。数据库管理系统一般都有自带的数据库重组工具。

在数据库系统正式运行的过程中,也可能由于应用环境的变化,而使原设计中的某些应用被取消、某些实体不复存在,或是有新的应用、新的实体产生,此时需根据新的应用需求,对数据库进行重构,即对原数据库的模式、内模式进行调整,但如果应用环境的变化太大,则需对整个系统进行重新设计。

5.7 数据库设计实例解析

在前面各节,介绍了数据库设计各阶段的主要任务和一些常用方法,下面给出一个高校教学信息管理系统的数据库设计实例,以供参考。

对任何一个学校来说,教学管理工作都是繁杂辛苦的,一套良好的教学管理系统虽然不可能解决所有问题,但毋庸质疑的是可以极大地提高教学管理工作的效率,使教学信息得到科学规范的管理和充分的利用,这样不仅能减少手工操作中存在的速度慢、易出错等问题,还能降低教学管理部门的工作强度,提高对师生的服务质量和响应速度,而通过对良好组织的教学信息的科学分析,也可以更容易及时发现教学以及教学管理工作中存在的问题,以便研究对策加以解决。

5.7.1 需求分析

本系统面向一般普通高校的本科教学管理工作,经调研,确定系统的基本需求包括以下几方面内容。

(1)能录入并保存学校中与教学管理相关的各类信息,包括学院信息、系科信息、教研室信息、班级信息、教师信息、学生信息、专业设置信息、课程信息、教室信息、实验室信息。

（2）能对上述各类信息方便地进行维护，包括插入、删除和修改操作。

（3）能方便地对各类信息进行简单查询和复合条件查询，包括：

能查询学生的基本情况、学生的选课情况及各课程的考试成绩情况、学生所在院、系、班级情况、学生所学专业基本情况及该专业的课程计划、学生所在班级课表。

能查询教师的基本情况、教师的授课情况、教师所在院、系、教研室情况、教师课表。

能查询专业的基本情况、分年级分专业的课程安排计划、课程的基本情况、学生选修课程情况及考试成绩情况。

能按可容纳人数、是否是多媒体教室、当前是否正在使用等条件对教室的基本情况进行查询，能查询当前学期的教室课表。

能按类别、可容纳人数、当前是否正在使用等条件对实验室的基本情况进行查询，并能查询实验室课表。

（4）能方便地实现各类数据统计，包括：

能按院、系、专业、性别、生源地、政治面貌、家庭月收入等学生的基本情况对学生人数进行统计。

能分专业、分年级、分班级、分课程对学生成绩进行统计分析。

（5）能方便地打印输出各类数据汇总表格，包括：

打印学生的学期成绩单、总成绩单。

打印各班级学期成绩汇总表。

打印班级补考（重修）情况汇总表、学生补考（重修）通知单、课程补考（重修）通知单。

打印课程成绩单、课程成绩分析表。

（6）提供用户管理功能，包括用户的注册、登录、密码修改等，为不同身份的用户定义相应的系统功能使用权限，包括：

学生登录后能确定自己要选修的课程。

教师登录后能录入所授课程的成绩。

有相应权限的教学管理人员登录后能执行学生选修课程的改选操作和课程成绩的修改操作。

（7）设计系统界面友好，功能安排合理，操作使用方便，并能进一步考虑系统在安全性、完整性、并发控制、备份恢复等方面的功能要求。

在学校提供的院、系、教研室设置一览表中可得学院、系科及教研室的基本信息，在新生录取情况汇总表中可得班级和学生的基本信息，在各专业培养计划及课程设置汇总表中可得专业和课程的基本信息，由教师基本信息汇总表可得教师的基本信息，由教室和实验室基本信息汇总表分别可得教室和实验室的基本信息。

当各基本信息发生变动时，相关责任部门应提供相应的信息变动表，管理员根据这些表格执行相关信息的维护操作。信息变动表包括：院、系、教研室设置更新表、学生学籍变动表、各专业培养计划及课程设置调整表、教师基本信息变动表、教室基本信息更改表和实验室基本信息更改表。

由上述需求分析可画出系统的数据流图。受版面限制，将系统的数据流图分解为图 5-16～图 5-20，其中图 5-16 为录入处理数据流图、图 5-17 为用户管理数据流图、图 5-18 为维护处理数据流图、图 5-19 为课表生成处理数据流图，图 5-20 为成绩管理数据流图。只要将这些图中同名的同类元素合并，即可得到完整的系统数据流图。

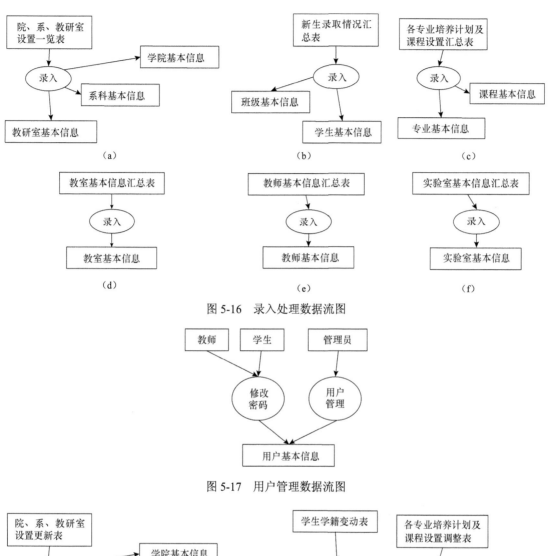

图 5-16　录入处理数据流图

图 5-17　用户管理数据流图

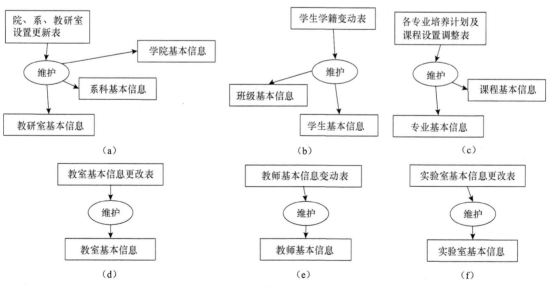

图 5-18　维护处理数据流图

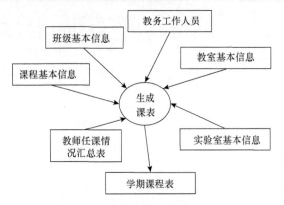

图 5-19 课表生成处理数据流图

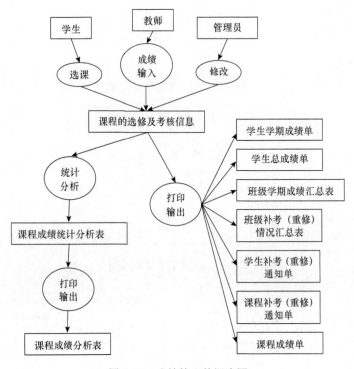

图 5-20 成绩管理数据流图

5.7.2 概念模型设计

由需求分析的结果可知，本系统涉及的实体包括：

（1）学院基本信息，含学院代码、学院名称、院办公室地点、院办公室电话、备注信息。

（2）系科基本信息，含系科代码、系科名称、系办公室地点、系办公室电话、备注信息。

（3）教研室基本信息，含教研室代码、教研室名称、教研室地点、教研室电话、备注信息。

（4）专业基本信息，含专业代码、专业名称、专业简介、创办年份、备注信息。

（5）教师基本信息，含工号、姓名、性别、职称、最后学历、最高学位、出生日期、参加工作年月、聘任岗位、备注信息。

（6）学生基本信息，含学号、姓名、性别、出生日期、生源地、政治面貌、父亲姓名、父亲工作单位、父亲联系电话、母亲姓名、母亲工作单位、母亲联系电话、家庭月收入、家庭地址、邮政编码、入学年月、备注信息。

（7）年级基本信息，含年级代码、备注信息。

（8）班级基本信息，含班级代码、班级名称、备注信息。

（9）课程基本信息，含课程代码、课程名称、课程类别（必修课/选修课）、是否是学位课、理论学时、实验学时、学分、考核方式（考试/考查）、备注信息。

（10）教室基本信息，含教室代码、可容纳人数、是否是多媒体教室、备注信息。

（11）实验室基本信息，含实验室代码、实验室类别、可容纳人数、备注信息。

（12）系统用户基本信息，含用户名、密码、身份。

这些实体间的联系包括：

（1）每个学院有若干系科，每个系科隶属且仅隶属于一个学院。

（2）每个系科有若干教研室，每个教研室隶属且仅隶属于一个系科。

（3）每个教研室有若干教师，每位教师隶属且仅隶属于一个教研室。

（4）每个系科有若干专业，每个专业隶属且仅隶属于一个系科。

（5）每个专业有若干年级，每个年级有若干班级，每个班级隶属且仅隶属于一个专业。

（6）每个专业的每个年级有一份课程安排进程计划，每个专业开设若干门课程，各专业所开设的课程可能会有部分是相同的。

（7）每个班级有若干学生，每位学生隶属且仅隶属于一个班级。

（8）每个班级有一个固定的晚自习教室，每个教室只能用作一个班级的晚自习教室》

（9）每位学生可以选修若干门课程，每门课程有若干学生选修，每位学生在参加所选修课程的考试后可得到该课程的考试成绩。

（10）每位教师可以任教若干门课程，每个班级的每门课程各由一位教师任教。

（11）每个教室在每节课只能由一个班级的一门课程使用，每个实验室在每节课也只能由一个班级的一门课程使用。

由上述分析可得到系统 E-R 图，受版面限制，将 E-R 图分解为图 5-21 和图 5-22，只要将这些图中同名的实体合并，即可得到完整的系统 E-R 图。

5.7.3　逻辑模型设计

由系统 E-R 图转化而得的关系模式如下：

（1）学院（学院代码，学院名称，院办公室地点，院办公室电话，备注信息），其中主关键字为"学院代码"。

（2）系科（系科代码，系科名称，系办公室地点，系办公室电话，备注信息，所在学院代码），其中主关键字为"系科代码"，外关键字为"所在学院代码"。

（3）教研室（教研室代码，教研室名称，教研室地点，教研室电话，备注信息，所在系科代码），其中主关键字为"教研室代码"，外关键字为"所在系科代码"。

（4）专业（专业代码，专业名称，专业简介，创办年份，备注信息，所在系科代码），其中主关键字为"专业代码"，外关键字为"所在系科代码"。

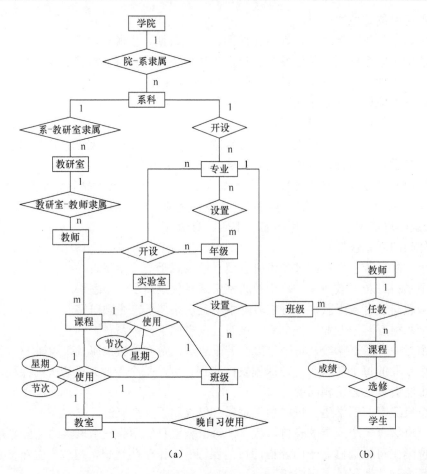

图 5-21　系统 E-R 图

（5）教师（工号，姓名，性别，职称，最后学历，最高学位，出生日期，参加工作年月，聘任岗位，备注信息，教研室代码），其中主关键字为"工号"，外关键字为"教研室代码"。

（6）年级（年级代码），其中主关键字为"年级代码"。

（7）专业-年级设置（专业代码，年级代码），其中主关键字为"专业代码，年级代码"，外关键字为"专业代码"和"年级代码"。

（8）班级（班级代码，班级名称，备注信息，所属专业代码，所属年级代码，晚自习教室代码），其中主关键字为"班级代码"，外关键字为"所属专业代码，所属年级代码"和"晚自习教室代码"。

（9）学生（学号，姓名，性别，出生日期，生源地，政治面貌，父亲姓名，父亲工作单位，父亲联系电话，母亲姓名，母亲工作单位，母亲联系电话，家庭月收入，家庭地址，邮政编码，入学年月，备注信息，所属班级代码），其中主关键字为"学号"，外关键字为"所属班级代码"。

（10）课程（课程代码，课程名称，课程类别，是否是学位课，理论学时，实验学时，学分，考核方式，备注信息），其中主关键字为"课程代码"。

（11）教学计划（专业代码，年级代码，课程代码），其中主关键字为"专业代码，年级代码，课程代码"，外关键字为"专业代码，年级代码"和"课程代码"。

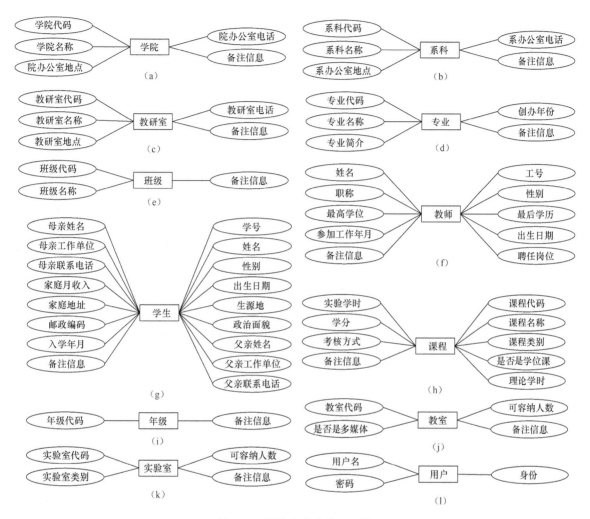

图 5-22 系统中各实体 E-R 图

（12）任教（班级代码，课程代码，教师工号），其中主关键字为"班级代码，课程代码"，外关键字为"教师工号"、"班级代码"和"课程代码"。

（13）选修（学号，课程代码，成绩），其中主关键字为"学号，课程代码"，外关键字为"学号"和"课程代码"。

（14）课表（班级代码，星期，节次，课程代码，授课地点代码），其中主关键字为"班级代码，星期，节次"，外关键字为"班级代码"、"课程代码"和"授课地点代码"。

（15）教室（教室代码，可容纳人数，是否是多媒体教室，备注信息），其中主关键字为"教室代码"。

（16）实验室（实验室代码，实验室类别，可容纳人数，备注信息），其中主关键字为"实验室代码"。

（17）用户表（用户名，密码，身份），其中主关键字为"用户名"。

5.8 小　　结

本章介绍了关系型数据库设计的基本过程和常用方法。从数据库应用系统开发的全过程来看，可将数据库设计过程划分为需求分析、概念结构设计、逻辑结构设计、物理结构设计，以及数据库的实施、运行与维护这 5 个阶段。在需求分析阶段中，可用数据流图表达系统中数据与处理间的关系，用数据字典详细地描述数据与处理的相关信息，用判定树或判定表详细地描述系统中的处理逻辑，在概念结构设计阶段，可用 E-R 图描述概念模型，该模型可以在逻辑结构设计阶段方便地转化为一组关系模式。

习　　题

1．数据库设计的主要目标是什么？
2．数据库设计在需求分析阶段需要完成哪些主要工作？
3．简述概念模型的主要特点。
4．如何处理对局部 E-R 图进行集成时可能发生的结构冲突？
5．在对局部 E-R 图合并所得的全局 E-R 图中可能存在冗余的数据和联系，应如何消除这些冗余？
6．简述逻辑结构设计的主要任务和基本步骤。
7．简述将 E-R 图中的联系转换为关系模型的基本规则。
8．简述关系模型优化的主要任务。
9．简述数据库物理结构设计的主要任务和设计目标。
10．为什么说索引的设置并不是越多越好？
11．设有一个商业企业的局部应用，包含三个实体：顾客、商品和厂家，且有如下事实：顾客可以根据自己的意愿选择要购买的商品，每种商品可以由多个厂家供应。若顾客的属性包括顾客姓名、电话号码，商品的属性包括代码、品名、单价，厂家的属性包括代码、名称、地址。试画出 E-R 图。
12．现要设计一个邮局订报管理子系统，基本需求包括：①可随时查询出可订购报纸的详细情况，如报纸编号（pno）、报纸名称（pna）、报纸单价（ppr）、报纸版面规格（psi）、报纸出版单位（pdw）等，以便客户选订；②客户查询报纸情况后即可订购所需报纸，每位客户可订购多种报纸，每种报纸可订购若干份，交清所需金额后，就算订购处理完成；③为便于邮局投递报纸，客户需写明客户姓名（gna）、客户电话（gte）、客户地址（gad）及邮政编码（gpo）等信息，邮局将马上为每一个客户编制一个唯一代码（gno）；④邮局对每种报纸订购人数不限，每位客户可多次订购报纸，所订报纸也可重复。试画出该子系统的数据流图，并定义数据字典（数据项和数据结构）。设计满足系统要求的各种实体，以及它们之间的联系，用 E-R 图描述。

第6章 数据库安全保护

随着科学技术的不断进步和发展，信息安全问题变得越来越重要了。在数据库领域中，安全问题也是一个非常重要的课题。数据库中所存放的信息可能是各种保密资料，比如国家机密、军事情报、客户档案、人事档案、银行储蓄数据等，这些信息必须加以保护。如果不能严格地保证数据库中数据的安全性，就会严重制约数据库的应用。众所周知，数据库系统担负着存储和管理数据信息的任务，而数据库系统中的数据是由数据库管理系统（DBMS）统一进行管理和控制的。因此，为了适应和满足数据共享的环境和要求，DBMS必须能保证整个系统的正常运转，防止数据意外丢失和不一致数据的产生，以及当数据库遭受破坏后能迅速地恢复正常，这就是数据库的安全保护。本章主要从数据库的安全性、完整性、并发控制与封锁和数据库的故障与恢复4个方面来介绍数据的安全保护，在学习本章时，应掌握这4个方面的含义和掌握这4个方面分别实现安全保护功能的方法。

6.1 数据库的安全性

安全性问题是计算机系统中普遍存在的一个问题，而在数据库系统中显得更为突出。原因在于操作系统是计算机系统的核心，数据库系统又是建立在操作系统之上的，因此数据库系统的安全性与计算机系统的安全性是紧密联系、相互支持的。

6.1.1 计算机安全概述

1. 计算机安全

计算机安全就是指计算机系统建立和采取的各种安全保护措施，以保护计算机系统中的软硬件等资源，不因各种有意无意的原因而遭到破坏、泄密或拒绝正常使用，使计算机系统的全部资源能保持其正常状态。

计算机安全主要包括以下三个方面。

（1）完整性：程序和信息（数据）的存在状态应该与原文件中的存在状态相同。信息在存储或传输时不被修改、破坏，不出现信息包的丢失、乱序等。

（2）可用性：是指无论何时，只要用户需要，信息系统必须是可用的，也就是说信息系统不能拒绝服务。通过提高系统部件的准确性、双机备份，加强系统管理及提供阻止非法操作等设施，提高系统的可用性。

（3）保密性：信息拥有者有权保持数据的秘密性，只有被授权者才可获得该信息，一般可以通过设置口令、身份验证、访问控制、数据加密等技术手段来满足信息的保密性要求。

2. 计算机应用系统的脆弱性

计算机固有的弱点和脆弱性是造成系统不安全的原因之一，应用系统的脆弱性主要表现在：数据输入错误、无访问控制手段、授权存取执行不严格、存取数据无审计、数据误操作等。

3．计算机安全的措施

计算机安全不仅涉及到计算机系统本身的技术问题、管理问题，还涉及法学、犯罪学、心理学等问题。其内容包括了计算机安全理论与策略、计算机安全技术、安全管理、安全评价、安全产品，以及计算机犯罪与侦察、计算机安全法律、安全监察等。概括起来，计算机系统的安全性问题可分为技术安全类、管理安全类和政策法律类三大类。

（1）技术安全：即计算机系统中采用具有一定安全性的软硬件来实现对计算机系统及其所存数据的安全保护，当计算机系统受到无意或恶意的攻击时，仍能保证系统正常运行，保证系统内的数据不增加、不丢失、不泄露。技术安全措施是计算机系统安全的重要保证，也是整个系统安全的物质技术基础。技术安全主要涉及实体硬件安全、软件系统安全、数据信息安全、网络站点安全、运行服务安全、防火墙技术、病毒防治技术等内容。

（2）管理安全：指除技术安全之外的，诸如软硬件意外故障、场地的意外事故、管理不善导致的计算机设备和数据介质的物理破坏、丢失等安全问题。管理安全主要涉及安全管理对策、安全原则、访问控制的管理、加密管理、风险管理、审计管理、从事安全管理、物理安全管理、安全培训等内容。

（3）政策法律类：指政府部门建立的有关计算机犯罪、数据安全保密的法律道德准则和政策法则、法令。法则是规范人们社会行为的准则。有关计算机的法律、法规和条例在内容上大体可分为社会规范和技术规范两类。

6.1.2　数据库安全性概述

数据库的安全性就是指保护数据库，防止因用户非法使用所造成的数据泄露、更改或破坏。非法使用是指不具有数据操作权的用户进行了越权的数据操作。当然，引发数据库安全性问题有许多方面，其中包括：

（1）政策方面的问题，如确定存取原则，允许指定用户存取指定数据。

（2）法律、社会和伦理方面的问题，例如，请求查询信息的人是不是有合法的权力。

（3）硬件控制方面的问题，例如，CPU 是否提供任何安全性方面的功能。

（4）物理控制方面的问题，例如，计算机机房是否应该加锁，或用其他方法加以保护。

（5）操作系统安全性方面的问题，如在主存储器和数据文件用过以后，操作系统是否把它们的内容清除掉。

（6）可操作性方面的问题，如使用口令时，如何设口令保密。

（7）数据系统本身的安全性方面的问题，这里主要讨论的是数据库本身的安全性问题，考虑安全保护的策略，尤其是控制访问的策略。

6.1.3　安全性控制的一般方法

数据库的安全性控制就是指要尽可能地杜绝所有可能的数据库非法访问。在计算机系统中，安全措施是一级一级层层设置的，例如，图 6-1 就是一种很常用的安全控制模型。

图 6-1　计算机系统安全控制模型

在图 6-1 的安全控制模型中，当用户要求进入计算机系统时，系统首先根据用户输入的标识进行用户身份鉴定，只有合法的用户才准许进入计算机系统。对已进入系统的用户，DBMS还要进行存取控制，只允许用户执行合法操作。操作系统一级也有自己的保护措施。数据最后还可以以密码形式存储到数据库中。这里只讨论与数据库有关的几类安全性措施。

1. 用户标识和鉴定

用户标识和鉴定是系统提供的最外层的安全保护措施。其基本方法是由系统提供一定的方式让用户标识自己的名字或身份，系统内部记录着所有合法用户的标识，每次用户要求进入系统时，由系统将用户提供的身份标识与系统内部记录的合法用户标识进行核实，通过鉴定后才提供系统的使用权。

用户标识和鉴定的方法有很多种，在使用中常常是多种方法并用，以求更强的安全性，常用的方法有以下几种：

（1）用一个用户名或用户标识符来标明用户身份，以此来鉴别用户的合法性。如果用户名或用户标识符正确，则可进入下一步的核实；若不是，该用户不能使用计算机。

（2）用户标识符是用户公开的标识，它不足以成为鉴别用户身份的凭证。为了进一步核实用户身份，常采用用户名与密码相结合的方法。系统通过进一步核对密码来判别用户身份的真伪。系统有一张用户密码表，为每个用户保持一个记录，包括用户名和密码两部分数据。用户先输入用户名，然后系统要求用户输入密码。为了保密，密码由合法用户自己定义，并可以随时变更。为防止密码被人窃取，用户在终端上输入的密码不显示在屏幕上，而用字符“*”替代其内容。系统核对密码以鉴别用户身份。

（3）通过用户名和密码来鉴定用户的方法简单易行，但容易被人窃取或破解，因此还可采用更复杂的方法。比如使用计算过程与函数，密码可以与系统时间相联系，使其随时间的变化而变化，或者采用签名、指纹等用户个人特征鉴别等。

例如，用户根据自己预先约定的过程或函数，鉴别用户身份时，系统提供一个随机数，用户根据自己预先约定的过程或函数进行计算，系统再根据计算结果辨别用户身份的合法性。若使用该方法，他人虽可窃取系统提供的随机数，但因不能推算出确切的变换公式，也就无法冒充真实用户。

2. 存取控制

存取控制是确保具有授权资格的用户访问数据库的权限，同时使得所有未被授权的人员无法访问数据库的机制，它分为自主访问控制和强制访问控制两种类型。自主访问控制是用户访问数据库的一种常用安全控制方式，这主要通过 SQL 的 GRANT 语句和 REVOKE 语句来实现。强制访问则是一种强制性的安全控制方式。而数据库用户按照其访问权力的大小，一般可以分为以下三类。

（1）一般数据库用户：通过授权可对数据库进行操作的用户。

（2）数据库的拥有者：除了一般数据库用户拥有的权力外，还可以授予或收回其他用户对其所创建的数据库的存取权。

（3）有 DBA 特权的用户：即拥有支配整个数据库资源的特权，对数据库拥有最大的特权，因而也对数据库负有特别的责任。通常只有 DBA 才有这种特权。DBA 特权命令包括给各个独立的账户、用户，或者用户组授予特权和回收特权，以及把某个适当的安全分类级别指派给某个用户账户。

　　由于不同的用户对数据库具有不同的存取权，因此为了保证用户只能访问其有权存取的数据，必须对每个用户授予不同的数据库存取权，这称为授权。在 SQL 中，有两种授权方式，即系统特权和对象特权。系统特权是由 DBA 授予某些数据库用户的，只有得到系统特权，才能成为数据库用户。对象特权可以由 DBA 授予，也可以由数据对象的创建者授予，使数据库用户具有对某些数据对象进行某些操作的特权。在系统初始化时，系统中至少有一个具有 DBA 特权的用户，DBA 可以通过 GRANT 语句将系统特权或对象特权授予其他用户。对于已授权的用户可以通过 REVOKE 语句收回所授予的特权。

　　这些授权定义经过编译后以一张授权表的形式存放在数据字典中。授权表主要有三个属性，即用户标识、数据对象和操作类型。用户标识不但可以是用户个人，也可以是团体、程序或终端。在非关系系统中，存取控制的数据对象仅限于数据本身。而关系数据库系统中，存取控制的数据对象不仅有表、属性列等数据本身，还有模式、外模式、内模式等数据字典中的内容。表 6-1 列出了关系系统中的存取权限。

表 6-1　关系系统中的存取权限

数据对象		操作类型
模式	模式	建立、修改、检索
	外模式	建立、修改、检索
	内模式	建立、修改、检索
数据	表	查找、插入、修改、删除
	属性列	查找、插入、修改、删除

　　对于一个授权表，一个衡量授权机制的重要指标就是授权粒度。所谓授权粒度就是可以定义的数据对象的范围。在关系数据库系统中，实体以及实体的联系都用单一的数据结构来表示，表由行和列组成。所以在关系数据库中，授权的数据对象粒度包括关系、记录或属性。一般来说，授权定义中粒度越细，授权子系统就越灵活。

　　例如，表 6-2 就是一个授权粒度很粗的表，它只能对整个关系授权，如用户 USER1 拥有对关系 S 的一切权限；用户 USER2 拥有对关系 C 的 SELECT 权限，以及对关系 SC 的 UPDATE 权限；用户 USER3 只可以向关系 SC 中插入新记录。

表 6-2　授权表的例子（1）

用户标识	数据对象	操作类型	用户标识	数据对象	操作类型
USER1	关系 S	ALL	USER3	关系 SC	INSERT
USER2	关系 C	SELECT	…	…	…
USER2	关系 SC	UPDATE			

　　表 6-3 是一个授权粒度较为精细的表，它可以精确到关系的某一属性。用户 USER1 拥有对关系 S 的一切权限；用户 USER2 只能查询关系 C 的 CNO 属性和修改关系 SC 的 SCORE 属性；用户 USER3 可以向关系 SC 中插入新记录。

表 6-3 授权表的例子（2）

用户标识	数据对象	操作类型	用户标识	数据对象	操作类型
USER1	关系 S	ALL	USER3	关系 SC	INSERT
USER2	列 C.CNO	SELECT	…	…	…
USER2	列 SC.SCORE	UPDATE			

表 6-2 和表 6-3 中的授权定义均独立于数据值，用户能否执行某个操作与数据内容无关。而表 6-4 中的授权表则不但可以对属性列授权，还可以提供与数据值有关的授权，即可以对关系中的一组记录授权。比如，用户 USER1 只能对计算机系的学生进行操作。对于提供与数据值有关的授权，系统必须能够支持存取谓词的操作。

表 6-4 授权表的例子（3）

用户标识	数据对象	操作类型	存取谓词	用户标识	数据对象	操作类型	存取谓词
USER1	关系 S	ALL	DEPT='计算机'	USER3	关系 SC	INSERT	
USER2	列 C.CNO	SELECT		…	…	…	…
USER2	列 SC.SCORE	UPDATE					

可见，授权粒度越细，授权子系统就越灵活，能够提供的安全性就越完善。但另一方面，如果用户比较多，数据库比较大，授权表将很大，而且每次数据库访问都要用到授权表做授权检查，这将影响数据库的性能。

在实际应用中，需要保密的数据是少数，对于大部分公开的数据，可以一次性地授权给全体数据库用户，而不必再对每个用户个别授权。对于表 6-4 中与数据值有关的授权，可以通过另外一种数据库安全措施保护数据库安全，即定义视图。

3. 定义视图

进行存取权限的控制，不仅可以通过授权来实现，而且还可以通过定义用户的外模式来提供一定的安全保护功能。在关系数据库中，可以为不同的用户定义不同的视图，通过视图机制把要保密的数据对无权操作的用户隐藏起来，从而自动地对数据提供一定程度的安全保护。在实际应用中，通常将视图机制与授权机制结合起来使用，首先用视图机制屏蔽一部分保密数据，然后在视图上再进一步定义存取权限。视图机制使系统具有数据安全性、数据逻辑独立性和操作简便等优点。

4. 数据加密

对高度敏感的数据（例如财务、军事、国家机密等），除了以上安全性措施外，还应该采用数据加密技术。数据加密技术是防止数据库中的数据在存储和传输中失密的有效手段。加密的基本思想是根据一定的算法将原始数据（称为明文）变换为不可直接识别的格式（称为密文），从而使得不知道解密算法的人无法获得数据的内容。

加密方法主要有两种：

（1）信息替换方法。该方法使用密钥将明文中的每一个字符转换为密文中的字符。

（2）信息置换方法。该方法仅将明文的字符按不同的顺序重新排列。

单独使用这两种方法的任意一种都是不够安全的。但是将这两种方法结合起来就能达到相当高的安全程度。

　　数据加密和解密是比较费时的操作，而且数据加密与解密程序会占用大量的系统资源，增加了系统的开销，降低数据库的性能。因此，在一般数据库系统中，数据加密作为可选的功能，允许用户自由选择，只有对那些保密要求特别高的数据，才值得采用此方法。

　　5. 审计

　　前面所介绍的保密措施都不是万无一失的。实际上任何系统的安全保护措施都不可能无懈可击，蓄意盗窃、破坏数据的人总是想方设法打破控制，因此审计功能在维护数据安全、打击犯罪方面是非常有效的。

　　审计功能就是把用户对数据库的所有操作自动记录下来放入审计日志中，一旦发生数据被非法存取，DBA 可以利用审计跟踪的信息，重现导致数据库现有状况的一系列事件，以进一步找出非法存取数据的人、时间和内容等。

　　由于审计功能会大大增加系统的开销，因此 DBMS 通常将其作为可选特征，所提供的相应的操作语句可灵活地打开或关闭审计功能。

　　最后，应指明一点，尽管数据库系统提供了上面提到的很多保护措施，但事实上，没有哪一种措施是绝对可靠的。安全性保护措施越复杂、越全面，系统的开销就会越大，用户的使用也会变得越困难，因此，在设计数据库系统安全性保护时，应权衡使用方法。例如，Oracle 数据库系统的安全性措施主要有三种：用户标识和鉴定、存取控制和审计。

6.1.4　数据库的安全标准

　　目前，国际上及我国均颁布了有关数据库安全的等级标准，其中最重要的是 1985 年美国国防部标准《可信计算机系统评估标准》（Trusted Computer System Evaluation Criteria，简称 TCSEC，称桔皮书）和 1991 年美国国家计算机安全中心颁布的《可信计算机系统评估标准——关于数据库系统解释》（Trusted Database Interpretation，简称 TDI，称紫皮书）。TDI 将 TCSEC 扩展到数据库管理系统，定义了数据库管理系统的设计与实现中需要满足和用以进行安全性级别评估的标准。1999 年我国政府又颁布了《计算机信息系统安全保护等级划分准则》（GB 17859—1999）。2001 年我国又颁布了《信息技术安全性评估准则》（GB/T18336—2001）。2005 年又颁布了以公安部所制定的行业标准为蓝本的有关数据库安全的国家标准。在国际上广泛采用的是美国标准 TCSEC/TDI，TCSEC/TDI 将系统划分为 DCBA 这 4 组，D、C1、C2、B1、B2、B3、A1 从低到高 7 个等级。较高安全等级提供的安全保护要包含较低等级的所有保护要求，同时提供更多更完善的保护能力。

　　1. TCSEC/TDI 标准

　　（1）D 级安全标准。

　　D 级安全标准为无安全保护的系统。

　　（2）C1 级安全标准。

　　满足该安全级别的系统必须具有如下功能。

　　①身份标识与身份鉴别。

　　②数据完整性。

　　③自主访问控制。

　　其核心是自主访问控制。C1 级安全标准适合于单机工作方式，目前国内所使用的系统大都符合这一标准。

（3）C2 级安全标准。

满足该安全级别的系统必须具有如下功能。

①满足 C1 级安全标准的全部功能。

②审计。

C2 级安全标准的核心是审计。C2 级安全标准适合于单机工作方式，目前国内所使用的系统一部分符合这一标准。

（4）B1 级安全标准。

满足该安全级别的系统必须具有如下功能。

①满足 C2 级安全标准的全部功能。

②强制访问控制。

B1 级安全标准的核心是强制访问控制。B1 级安全标准适合于网络工作方式，目前国内所使用的系统基本不符合这一标准，而在国际上有部分系统符合这一标准。

凡符合 B1 级安全标准的数据库系统称为安全数据库系统或可信数据库系统。因此可以说我国国内所使用的系统基本上不是安全数据库系统。

（5）B2 级安全标准。

满足该安全级别的系统必须具有如下功能。

①满足 B1 级安全标准的全部功能。

②隐蔽通道。

③数据库安全的形式化。

B2 级安全标准的核心是隐蔽通道与形式化。B3 级安全标准适合于网络工作方式，目前国内外均尚无符合这一标准的系统，其主要的难点是数据库安全的形式化表示困难。

（6）B3 级安全标准。

满足该安全级别的系统必须具有如下功能。

①满足 B2 级安全标准的全部功能。

②访问监控器。

B3 级安全标准的核心是访问监控器。B3 级安全标准适合于网络工作方式，目前国内外均尚无符合这一标准的系统。

（7）A 级安全标准。

满足该安全级别的系统必须具有如下功能。

①满足 B3 级安全标准的全部功能。

②较高的形式化要求。

此级为安全级最高等级，应具有完善的形式化要求。目前尚无法实现，仅仅是一种理想化的等级。

2. 我国国家标准

我国国家标准颁于 1999 年，为与国际接轨，其基本结构参照美国的 TCSEC 标准。我国标准分为 5 级，从第 1 级到第 5 级基本上与 TCSEC 标准的 C 级（C1、C2）及 B 级（B1、B2、B3）一致，现将我国标准与 TCSEC 标准进行对比，如表 6-5 所示。

表 6-5　TCSEC 标准与我国标准的对比

我国标准	TCSEC 标准	我国标准	TCSEC 标准
—	D 级标准	第 4 级：结构化保护级	B2 级标准
第 1 级：自主安全保护级	C1 级标准	第 5 级：访问验证保护级	B3 级标准
第 2 级：系统审计保护级	C2 级标准	—	A 级标准
第 3 级：安全标记保护级	B1 级标准		

6.2　数据库的完整性

6.2.1　数据库完整性概述

数据库的完整性是指保护数据库中数据的正确性、有效性和相容性，其主要目的是防止错误的数据进入数据库。

（1）正确性：是指数据的合法性。例如，月份只能用 1～12 之间的正整数表示；年龄属于数值型数据，只能用 0，1，…，9 的数字表示，不能包含字母或特殊符号。

（2）有效性：是指数据是否属于所定义域的有效范围。例如，年龄取值在 0～200 之间等。

（3）相容性：是指表示同一事实的两个数据应相同，否则就不相容。例如，一个人不能有两个性别。

数据库的完整性和安全性是数据库保护的两个不同的方面。数据库的安全性是防止用户非法使用数据库，包括恶意破坏数据和越权存取数据；数据库的完整性则是防止合法用户使用数据库时，向数据库中加入不符合语义的数据。

为了维护数据库的完整性，数据库管理系统必须提供一种机制来检查数据库中的数据，判断其是否满足语义规定的条件。这些加在数据库数据之上的语义约束条件称为数据库完整性约束条件，它们作为模式的一部分存入数据库中。而数据库管理系统中检查数据是否满足完整性条件的机制称为完整性检查。

因此，为了实现数据库的完整性，数据库管理系统必须提供表达完整性约束的方法，以及实现完整性的控制机制。

6.2.2　完整性控制机制功能

DBMS 的完整性控制机制应当具有下述三种功能。

（1）定义功能：提供定义完整性约束条件的机制。一个完整的完整性控制机制应该允许用户定义所有的完整性约束条件。

（2）检查功能：检查用户发出的操作请求是否违背了完整性约束条件。

（3）保护功能：如果发现用户的操作请求违背了完整性约束条件，则采取一定的保护动作来保证数据的完整性。

检查是否违背完整性约束条件通常是在一条语句执行完成后，系统立即对数据进行完整性约束条件检查，称这类约束为立即执行约束。但在某些情况下，完整性检查需要延迟到整个事务执行结束后，再进行完整性约束条件检查，结果正确后才提交，称这类约束为延迟执行约束。例如，在财务管理中，一张记账凭证中"借贷总金额应相等"的约束就应该是延迟执行的约束。只有当一张记账凭证输入完后，才能达到借贷总金额相等，这时才能进行完整性检查。

如果发现用户操作请求违背了立即执行的约束，则可以拒绝该操作，但也可以采取其他的处理方法。如果发现用户操作请求违背了延迟执行的约束，由于不知道是哪个或哪些操作破坏了完整性，所以只能拒绝整个事务，把数据库恢复到该事务执行前的状态。

完整性规则由实体完整性、参照完整性和用户定义完整性规则 3 部分内容组成。对于违反实体完整性和用户定义完整性规则的操作一般都是采用拒绝执行的方式进行处理。而对于违反参照完整性的操作，并不都是简单地拒绝执行，一般在接受这个操作的同时，执行一些附加的操作，以保证数据库的状态仍然是正确的。

这些完整性规则都由 DBMS 提供的语句进行描述，经过编译后存放在数据字典中。

一旦进入系统，就开始执行该组规则。其主要优点是检查是否违背完整性约束条件由系统来处理，而不是由用户处理。

另外，规则集中在数据字典中，而不是散布在各应用程序之中，易于从整体上理解和修改，效率较高。

数据库系统的整个完整性控制都是围绕着完整性约束条件进行的，从这个角度来看，完整性约束条件是完整性控制机制的核心。

6.2.3　完整性约束条件的分类

1.　值的约束和结构的约束

完整性约束条件从约束条件使用的对象分为值的约束和结构的约束。

（1）值的约束：即对数据类型、数据格式、取值范围等进行规定。

①对数据类型的约束，包括数据的类型、长度、单位和精度等。例如，规定学生姓名的数据类型应为字符型，长度为 8。

②对数据格式的约束。例如，规定出生日期的数据格式为 YY.MM.DD。

③对取值范围的约束。例如，月份的取值范围为 1～12，日期 1～31。

④对空值的约束。例如，学号和课程号不可以为空值，但成绩可以为空值。

（2）结构约束：即对数据之间联系的约束。

数据库中同一关系的不同属性之间，应满足一定的约束条件，同时，不同关系的属性之间也有联系，也应满足一定的约束条件。

常见的结构约束有如下 4 种。

①函数依赖约束，说明了同一关系中不同属性之间应满足的约束条件。例如，2NF、3NF、BCNF 这些不同的范式应满足不同的约束条件。大部分函数依赖约束都是隐含在关系模式结构中的，特别是对于规范化程度较高的关系模式，都是由模式来保持函数依赖的。

②实体完整性约束，说明了关系键的属性列必须唯一，其值不能为空或部分为空。

③参照完整性约束，说明了不同关系的属性之间的约束条件，即外来关键字的值应能够在参照关系的主键值中找到或取空值。

④统计约束，规定某属性值与一个关系多个元组的统计值之间必须满足某种约束条件。例

如，规定系主任的奖金不得高于该系的平均奖金的 40%，不得低于该系的平均奖金的 20%。这里该系平均奖金的值就是一个统计计算值。

2．静态约束和动态约束

完整性约束条件。

从约束对象的状态分为静态约束和动态约束。

（1）静态约束：是指对数据库每一个确定状态所应满足的约束条件，是反映数据库状态合理性的约束，这是最重要的一类完整性约束。上面介绍的值的约束和结构的约束均属于静态约束。

（2）动态约束：是指数据库从一种状态转变为另一种状态时，新旧值之间所应满足的约束条件，动态约束反映的是数据库状态变迁的约束。例如，学生年龄在更改时只能增长，职工工资在调整时不得低于其原来的工资。

6.3　并发控制技术

为了在并发执行过程中保持完整性的基本要求，需要并发控制技术。而实现并发控制机制的方法就是封锁，因此并发控制和封锁是紧密相关的。而 DBMS 的并发控制是以事务为基本单位进行的。

6.3.1　事务的基本概念和特性

1．事务的基本概念

事务就是数据库应用程序的基本逻辑工作单位，在事务中集中了若干数据库操作，它们构成了一个操作序列，它们要么全做，要么全不做，是一个不可分割的工作单位。一个事务可以是一条 SQL 语句、一组 SQL 语句或整个程序，一个应用程序可以包括多个事务。

事务的开始与结束可以由用户显式控制。如果用户没有显式地定义事务，则由 DBMS 按照默认规定自动划分事务。

在 SQL 语言中，定义事务的语句有三条，如下所示。

BEGIN　TRANSACTION

COMMIT

ROLLBACK

其中，BEGIN　TRANSACTION 表示事务的开始；COMMIT 表示事务的提交，即将事务中所有对数据库的更新写回到磁盘上的物理数据库中去，此时事务正常结束；ROLLBACK 表示事务的回滚，即在事务运行的过程中发生了某种故障，事务不能继续执行，系统将事务中对数据库的所有已完成的更新操作全部撤销，再回滚到事务开始时的状态。

2．事务的 ACID 性质

为了保证数据库的完整性，要求一个事务具有以下 4 个重要特征，通常称为 ACID 性质，它取自 4 个性质英文术语的第一个字母。

（1）原子性（Atomicity）：一个事务是一个不可分割的工作单位，事务在执行时，应该遵守"要么不做，要么全做"的原则，即不允许完成部分的事务。即使因为故障而使事务未能完成，它执行的部分结果也要被取消。事务的原子性是对事务最基本的要求。

（2）一致性（Consistency）：事务对数据库的作用是数据库从一个一致状态转变到另一个一致状态。所谓数据库的一致状态就是指数据库中的数据满足完整性约束。

例如，在银行转账业务中，"从账号 A 转移资金额 R 到账号 B"是一个典型的事务，这个事务包括两个操作，即从账号 A 中减去资金额 R 和在账号 B 中增加资金额 R，如果只执行其中一个操作，则数据库处于不一致状态，账务会出现问题。也就是说，两个操作要么全做，要么全不做，否则就不能成为事务。可见事务的一致性与原子性是密切相关的。

（3）隔离性（Isolation）：如果多个事务并发地执行，应像各个事务独立地执行一样，一个事务的执行不能被其他事务干扰，即一个事务内部的操作及使用的数据对并发的其他事务是隔离的。并发控制就是为了保证事务间的隔离性。

（4）持久性（Durability）：指一个事务一旦提交，它对数据库中数据的改变就应该是持久的。即使系统发生故障也不应该对其有任何影响。持久性的意义在于保证数据库具有可恢复性。

事务的 ACID 性质是数据库事务处理的基础，在后面的相应讨论中均以事务为基本执行单位。

6.3.2　并发控制机制

数据库是一个共享资源，可以供多个用户使用。这些用户程序可以串行执行，即每个时刻只有一个用户程序运行，执行对数据库的存取，其他用户程序必须等到这个用户程序结束以后方能对数据库存取，这就造成了系统资源的大量浪费。因此，为了充分利用数据库资源，发挥数据库资源共享的特点，应该允许多个用户并行地存取数据。但这样就会产生多个用户程序并发地存取同一数据的情况，若对这种并发操作不加控制可能会产生不正确的数据，破坏数据的完整性。所以，数据库系统必须提供并发控制机制。并发控制机制的好坏是衡量一个数据库管理系统性能的重要标志之一。

1. 事务的并发执行

在多个应用、多个事务执行中有几种不同的执行方法。

（1）串行执行：以事务为单位，多个事务依次顺序执行，前一个事务对数据库的访问操作执行结束后，再去处理下一个事务对数据库的访问操作，串行执行能保证事务的正确执行。

（2）并发执行：以事务为单位，按一定的调度策略同时执行。

（3）并发执行的可串行化：事务的并发执行并不能保证事务的正确性，因此需要采用一定的技术，使得在并发执行时像串行执行一样（正确），这种执行称为并发事务的可串行性，而所采用的技术则称为并发控制技术。

下面的例子分别给出串行执行、并发执行（不正确），以及并发执行可串行化（正确）的实际执行过程。

例 6-1　假设有两个事务 T_1 和 T_2，初始值 A＝10，B＝10。分别包含如下所示的操作。

T_1：READ（A）　　　　T_2：READ（B）
　　A：＝A－5　　　　　　B：＝B－5
　　WRITE（A）　　　　　WRITE（B）
　　READ（B）

　　　　B：=B+5

　　　　WRITE（B）

　　例 6-1 中事务 T_1 和事务 T_2 串行化调度的方案如图 6-2 所示。

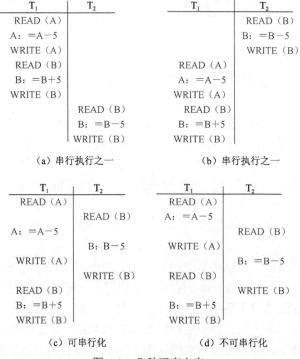

图 6-2　几种调度方案

　　图 6-2（a）是执行事务 T_1 后执行事务 T_2 的串行调度，执行结果：A＝5，B＝10。

　　图 6-2（b）是执行事务 T_2 后执行事务 T_1 的串行调度，执行结果：A＝5，B＝10。

　　图 6-2（c）和图 6-2（d）是两个可能的并发调度，其中图 6-2（c）执行结果为 A＝5，B＝10，所以是可串行化调度，但是图 6-2（d）执行结果为 A＝5，B＝15，它不等价于任一个串行调度，所以是一个不可串行化调度，它的结果是不正确的。

　　下面讨论事务并行执行的几种错误，及防止其错误产生的控制策略。

　　2．并发操作引发的问题

　　当同一数据库系统中有多个事务并发运行时，如果不加以适当控制可能会引发一些问题，如数据丢失、读"脏"数据、不可重复读等。

　　事实上，数据库的并发操作所引发的问题主要有以下三种。

　　（1）丢失更新（Lost lkdate）。事务 T_1 和 T_2 读入同一数据，并发执行修改操作时，会出现事务 T_2 把 T_1，或 T_1 把 T_2 的修改结果覆盖掉的现象，造成了数据的丢失更新问题，导致数据的不一致，这种情况称为"丢失更新"。

　　这种情形如表 6-6 所示。此时，数据库中 R 的初值是 1000，事务 T_1 与事务 T_2 先后读入同一个数据（R＝1000），事务 T_2 提交的结果（R＝800）覆盖了事务 T_1 对数据库的修改，从而使事务 T_1 对数据库的修改丢失。这个问题是由于两个事务对同一数据并发地写入所引起的，这称为写—写冲突（write-write conflict）。

表 6-6　丢失更新问题

时　　间	事务 T_1	数据库中 R 的值	事务 T_2
t_0		1000	
t_1	读 R＝1000		
t_2			读 R＝1000
t_3	R＝R－100		
t_4			R＝R－200
t_5	写回 R＝900		
t_6		900	写回 R＝800
t_7		800	

（2）污读（Dirty Read）。事务 T_1 更新了数据 R，事务 T_2 读取了更新后的数据 R，事务 T_1 由于某种原因被撤销，修改无效，数据 R 恢复原值。事务 T_2 得到的数据与数据库的内容不一致，是不正确的数据，这种情况称为"污读"。

这种情形如表 6-7 所示，事务 T_1 将 R 值修改为 900，事务 T_2 将修改过的值 900 读出来，而事务 T_1 由于某种原因撤销，其修改作废，R 的值恢复为 1000，而事务 T_2 仍在使用已被撤销了的 R 值 900，这时事务 T_2 读到的就是不正确的"脏"数据。

这个问题是由于一个事务读另一个更新事务尚未提交的数据所引起的，这称为读-写冲突（read-write conflict）。

表 6-7　污　读　问　题

时　　间	事务 T_1	数据库中 R 的值	事务 T_2
t_0	—	1000	—
t_1	读 R＝1000	—	—
t_2	R＝R－100	—	—
t_3	写回 R＝900	—	—
t_4	—	900	读 R＝900
t_5	ROLLBACK	—	—
t_6	—	1000	

（3）不可重读（Unrepeatable Read）。事务 T_1 读取了数据 R，事务 T_2 读取并更新了数据 R，当事务 T_1 再读取数据 R 以进行核对时，得到的两次读取值不一致，这种情况称为"不可重读"。

这种情形如表 6-8 所示，在 t_0 时刻，事务 T_1 读取 R＝1000 进行运算，但事务 T_2 在 t_4 时刻将读取同一数据 R，对其进行修改后将 R＝800 写回数据库。事务 T_1 为了对读取值校对重读 R，R 已为 800，与第一次读取值不一致。

表 6-8　不　可　重　复　读

时　　　间	事务 T_1	数据库中 R 的值	事务 T_2
t_0	—	1000	—
t_1	读 R＝1000	—	—
t_2	—	—	读 R＝1000
t_3	—	—	R＝R－200
t_4	—	—	写回 R＝800
t_5	—	800	—
t_6	读 R＝800（核对出错）	—	—

分析：产生上述三个问题是由于违反了事务 ACID 中的 4 项原则，特别是隔离性原则。为了保证事务并发执行的正确，必须要有一定的控制手段保障在事务并发执行中一个事务的执行不受其他事务的影响，目前一般采用封锁的办法解决这类问题的产生。

6.3.3　封锁（Locking）

封锁是事务并发执行的一种调度和控制手段。它可以保证并发执行的事务之间相互隔离、互不干扰，从而保证并发事务的正确执行。

封锁就是当一个事务在对某个数据对象（可以是数据项、记录、数据集，以至整个数据库）进行操作之前，必须获得相应的锁，以保证数据操作的正确性和一致性。为了达到封锁的目的，在使用时事务应选择合适的锁，并要遵从一定的封锁协议。

一个事务对某个数据对象加锁后究竟拥有什么样的控制是由封锁的类型决定的。目前常用的封锁类型有两种：排它锁（Exclusive Lock，简记为 X 锁）和共享锁（Share Lock，简记为 S 锁）。

1. 排它锁

排它锁又称写锁或 X 锁，它采用的原理是禁止并发操作。其含义是：一事务 T 对某个数据对象 R 加上 X 锁后，则只允许 T 读取和修改 R，其他事务要等 T 解除 R 上 X 封锁以后，才能对 R 进行封锁。这样就保证了其他事务在事务 T 释放 R 上的锁之前，不能再对 R 进行操作。

2. 共享锁

共享锁又称读锁或 S 锁，它采用的原理是允许其他用户对同一数据对象进行查询，但不能对该数据对象进行修改。其含义是：若事务 T 对某个数据对象 R 加上 S 锁后，则事务 T 可以读取 R，但不能修改 R，其他事务只能对 R 加 S 锁，而不能加 X 锁，直到事务 T 释放 R 上的 S 锁。这就保证了其他事务在事务 T 释放 R 上的 S 锁之前，只能读取 R，而不能对 R 作任何修改。

排它锁与共享锁的控制方式可用图 6-3 表示。

T_1 ＼ T_2	X	S	—
X	N	N	Y
S	N	Y	Y
—	Y	Y	Y

图 6-3　封锁类型的相容矩阵

其中，Y＝Yes，表示相容的请求；N＝No，表示不相容的请求。

在上述封锁类型相容矩阵中，最左边一列表示事务 T_1 已经获得的数据对象上的锁的类型，其中横线 "—" 表示没有加锁。最上面一行表示另一事务 T_2 对同一数据对象发出的封锁请求。事务 T_2 的封锁请求能否被满足用矩阵中的 Y 或 N 表示，其中 Y 表示事务 T_2 的封锁请求与事务 T_1 已持有的锁相容，封锁请求可以满足；N 表示事务 T_2 的封锁请求与事务 T_1 已持有的锁冲突，事务 T_2 的请求被拒绝。

6.3.4　封锁协议

利用封锁的办法可以使并发执行的事务正确执行，但是这只是一个原则性方法，为此，在运用 X 锁和 S 锁这两种基本锁对数据对象加锁时，还要考虑一定的封锁规则，例如，何时开始封锁、封锁多长时间、何时释放等，通常称这些封锁规则为封锁协议。对封锁方式规定不同的规则，就形成了各种不同的封锁协议，它们分别在不同的程度上为并发操作的正确调度提供一定的保证。

目前一般将封锁协议分三级。

1. 一级封锁协议

事务 T 在修改数据对象之前必须先对其加 X 锁，直到事务结束。事务结束包括正常结束（COMMIT）和非正常结束（ROLLBACK）。

利用一级封锁协议可以防止丢失修改，并保证事务 T 是可恢复的，如表 6-9 所示。按照一级封锁协议，事务 T_1 要对 R 进行修改，因此，它在读 R 之前先对 R 加了 X 锁（XLOCK R），当事务 T_2 要对 R 进行修改时，它也申请给 R 加 X 锁（XLOCK R），但由于 R 已经被加了 X 锁，因此事务 T_2 申请对 R 加 X 锁的请求被拒绝，则事务 T_2 只能等待，直到事务 T_1 释放掉对 R，加的 X 锁（UNLOCK X）。事务 T_1 修改 R，并将修改值 R＝900 写回磁盘，释放 R 上的 X 锁后，事务 T_2 获得对 R 的 X 锁（XLOCK　R），这时它读到的 R 已经是事务 T_1 更新过的值 900，再按此新的 R 值进行运算，并将结果值 R＝700 写回到磁盘。

一级封锁协议只有当修改数据时才进行加锁，如果只是读取数据并不加锁，所以它不能解决 "污读" 和 "重读" 问题。

表 6-9　一级封锁协议防止丢失更新

时　　间	事务 T_1	数据库中 R 的值	事务 T_2
t_0	XLOCK R	1000	—
t_1	读 R＝1000	—	—
t_2	—	—	XLOCK R
t_3	R＝R－100	—	WAIT
t_4	写回 R＝900	—	WAIT
t_5	UNLOCK X	900	WAIT
t_6	—	—	XLOCK R
t_7	—	—	读 R＝900
t_8	—	—	R＝R－200
t_9	—	—	写回 R＝700
t_{10}	—	700	UNLOCK X

2. 二级封锁协议

在一级封锁协议的基础上，另外加上事务 T 在读取数据 R 之前必须先对其加 S 锁，在读完之后即释放加在 R 上的 S 锁。

利用二级封锁协议除防止了丢失更新，还可解决"污读"问题，如表 6-10 所示。按照二级封锁协议，事务 T_1 要对 R 进行修改，因此，先对 R 加了 X 锁（XLOCK R），修改完后将值（R＝900）写回数据库，但尚未提交。这时事务 T_2 要读 R 的值，申请对 R 加 S 锁，由于事务 T_1 已在 R 上加了 X 锁，因此事务 T_2 只能等待，直到事务 T_1 释放 X 锁。当事务 T_1 由于某种原因撤销了它所做的操作时，R 恢复为原来的值 1000，然后事务 T_1 释放对 R 加的 X 锁，因而事务 T_2 获得了对 R 的 S 锁。当事务 T_2 能够读 R 时，R 的值仍然是原来的值，读到的是 1000。因此避免了"污读"数据。

表 6-10　使用二级封锁协议可以防止"污读"数据

时　间	事务 T_1	数据库中 R 的值	事务 T_2
t_0	XLOCK R	1000	—
t_1	读 R＝1000	—	—
t_2	R＝R－100	—	—
t_3	写回 R＝900	—	—
t_4	—	900	SLOCK R
t_5	ROLLBACK	—	WAIT
t_6	UNLOCK R	1000	SLOCK R
t_7	—	—	读 R＝1000
t_8	—	—	UNLOCK S

由于二级封锁协议在读取数据之后，立即释放 S 锁，所以它仍然不能防止"重读"数据。

3. 三级封锁协议

在一级封锁协议的基础上，另外加上事务 T 在读取数据 R 之前必须先对其加 S 锁，读完后并不释放 S 锁，而直到事务 T 结束才释放加在 R 上的 S 锁。

三级封锁协议除了可以防止丢失更新和"污读"数据外，还可进一步解决不可重读问题，彻底解决了并发操作所带来的三个不一致性问题。

利用三级封锁协议可以解决"不可重读"问题，如表 6-11 所示。按照三级封锁协议，事务 T_1 要读取 R 的值，因此，先对 R 加了 S 锁，这样其他事务只能再对 R 加 S 锁，而不能加 X 锁，即其他事务只能对 R 进行读取操作，而不能对 R 进行修改操作。所以，当事务 T_2 在 t_3 时刻申请对 R 加 X 锁时被拒绝，使其无法执行修改操作，只能等待事务 T_1 释放 R 上的 S 锁。事务 T_1 为验算再读 R 的值，这时读出的值仍然是 R 原来的值，即可重复读。直到事务 T_1 释放了在 R 上加的锁，事务 T_2 才能获得对 R 的 X 锁。

表 6-11　使用三级协议防止"不可重读"

时　间	事务 T_1	数据库中 R 的值	事务 T_2
t_0	—	1000	—
t_1	SLOCK R	—	—

续表

时　　间	事务 T$_1$	数据库中 R 的值	事务 T$_2$
t$_2$	读 R＝1000	—	—
t$_3$	—	—	XLOCK　R
t$_4$	—	—	WAIT
t$_5$	读 R＝1000	—	WAIT
t$_6$	UNLOCK S	—	WAIT
t$_7$	—	—	XLOCK R
t$_8$	—	—	读 R＝1000
t$_9$	—	—	R＝R－200
t$_{10}$	—	—	写回 R＝800
t$_{11}$	—	—	UNLOCK X

上述三级协议的主要区别在于什么操作需要申请封锁，以及何时释放锁（即持锁时间）。三个级别封锁协议可总结为表 6-12。

表 6-12　不同级别的封锁协议

级别	X 锁		S 锁		一　致　性　保　证		
	操作结束释放	事务结束释放	操作结束释放	事务结束释放	不丢失修改	不读脏数据	可重复读
一级	—	√	—	—	√	—	—
二级	—	√	√	—	√	√	—
三级	—	√	—	√	√	√	√

一级封锁协议需要申请 X 锁，在事务结束时释放 X 锁。

二级封锁协议需要申请 X 锁和 S 锁，在事务结束时释放 X 锁，在操作结束时释放 S 锁。

三级封锁协议需要申请 X 锁和 S 锁，在事务结束时释放 X 锁和 S 锁。

6.3.5　两段锁协议

两段锁协议（Two-Phase Locking，简称 2PL）就是保证并发调度的可串行性的封锁协议。由前文所述可知，三级封锁协议可以保证事务并发执行的正确性。但按三级封锁协议规定，在事务中申请的所有锁必须在事务结束后才能释放。这就意味着，一个事务所有的封锁操作必须出现在第一个释放锁操作之前，即在一个事务执行中，必须把锁的申请与释放分为两个段。其中：

第一阶段是申请并获得锁，也称为扩展阶段。在此阶段中，事务可以申请其整个执行过程中所需操作数据的锁，但不能释放锁。

第二阶段是释放所有原申请获得的锁，也称为收缩阶段。在此阶段，事务可以释放其整个执行过程中所需操作数据的锁，但是不能再申请任何锁。

如图 6-4 所示是遵守两段锁协议序列。

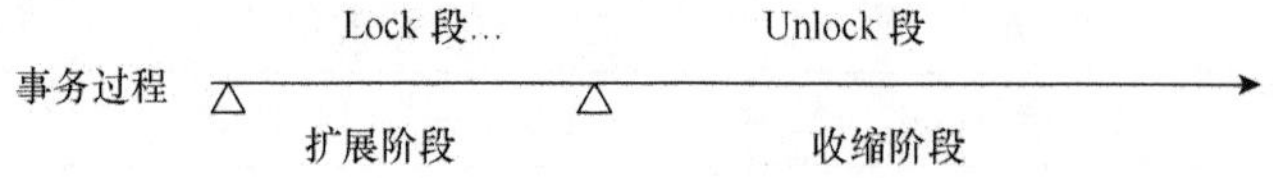

图 6-4　遵守两段锁协议的封锁序列

可以证明，若并发执行的所有事务都遵守两段锁协议，则对这些事务的任何并发调度策略都是可串行化的。所以可以得出如下结论：所有遵守两段锁协议的事务，其并发执行的结果一定能正确执行。

6.3.6　封锁粒度

封锁粒度即事务封锁的数据目标的大小。在关系数据库中，封锁粒度一般有字段、记录、表、关系数据库、索引、物理页面（或物理块）等。

封锁粒度与系统的并发度和并发控制的开销密切相关。一般封锁粒度越小，系统中能够被封锁的对象就越多，并发度越高，但封锁机构越复杂，系统开销也就越大。相反，封锁粒度越大，系统中能够被封锁的对象就越少，并发度越小，封锁机构越简单，相应系统开销也就越小。

因此，在实际应用中，选择封锁粒度时应同时考虑封锁机构和并发度两个因素，对系统开销与并发度进行权衡，以求得最优的效果。

6.3.7　死锁和活锁

封锁技术可以有效解决事务并行执行中的错误出现，保证并发事务的可串行化。但也可产生一些新的问题，即活锁和死锁等问题。

1. 活锁

所谓活锁即某些事务永远处于等待状态，得不到解锁机会。

如表 6-13 所示，如果事务 T_1 封锁了数据 R 后，事务 T_2 又请求封锁 R，于是事务 T_2 等待。接着事务 T_3 也请求封锁 R，当事务 T_1 释放了 R 上的封锁之后，系统首先批准了事务 T_3 的请求，事务 T_2 继续等待。然后事务 T_4 又请求封锁 R，当事务 T_3 释放了 R 上的封锁之后，系统又批准了事务 T_4 的的请求……，事务 T_2 有可能永远等待，即活锁。

表 6-13　活　锁　实　例

时　　间	事务 T_1	事务 T_2	事务 T_3	事务 T_4
t_0	LOCK　R	—	—	—
t_1	…	LOCK　R	—	—
t_2	—	WAIT	LOCK R	—
t_3	UNLOCK　R	WAIT	WAIT	LOCK　R
t_4	…	WAIT	LOCK　R	WAIT
t_5	—	WAIT	—	WAIT
t_6	—	WAIT	UNLOCK　R	WAIT
t_7	—	WAIT	—	LOCK　R
t_8	—	WAIT	—	—

解决活锁最有效的方法是"先来先服务"的控制策略，也就是采用简单的排队方式。

2. 死锁

所谓死锁即事务之间对锁的循环等待。也就是说，多个事务申请不同的锁，申请者均拥有一部分锁，而它又在等待另外事务所拥有的锁，这样相互等待，从而造成它们都无法继续执行。

如表 6-14 所示，事务 T_1 在对数据 R_1 封锁后，又要求对数据 R_2 封锁，而事务 T_2 已获得对数据 R_2 的封锁，又要求对数据 R_1 封锁，这样两个事务由于都不能得到封锁而处于等待状态，发生了死锁。

表 6-14　死　锁　实　锁

时　　间	事务 T_1	事务 T_2
t_0	LOCK　R_1	—
t_1	…	LOCK　R_2
t_2	—	…
t_3	LOCK　R_2	—
t_4	WAIT…	—
t_5	WAIT	LOCK R_1
t_6	WAIT	WAIT
t_7	WAIT	WAIT

（1）死锁产生的条件。

发生死锁的必要条件有以下 4 方面。

互斥条件：一个数据对象一次只能被一个事务所使用，即对数据的封锁采用排它方式。

不可抢占条件：一个数据对象只能被占有它的事务所释放，而不能被别的事务强行抢占。

部分分配条件：一个事务已经封锁分给它的数据对象，但仍然要求封锁其他数据。

循环等待条件：允许等待其他事务释放数据对象，系统处于加锁请求相互等待的状态。

（2）死锁预防。

死锁预防即预先采用一定的操作模式以避免死锁的出现。预防死锁的方法有多种，常用的方法有以下两种。

1）一次封锁法。一次封锁法是每个事务一次性地申请它需要的全部锁，对一个事务来说，要么获得所需的全部锁，要么一个锁也不占有。这样一个事务不会既等待其他事务，又被其他事务等待，从而不会出现循环等待。

2）顺序封锁法。顺序封锁法是将数据对象按序编号，在申请时，要求按序请求，这样只有请求低序号数据对象的锁的事务等待占有高序号数据对象的锁的事务，而不可能出现相反的等待，因而不可能发生循环等待。

虽然这两种方法都不会发生死锁，但在数据库系统中是不适合的。一次封锁法过早地加锁，降低了并发度，并且容易产生活锁。而顺序封锁法要求对数据对象顺序编号是很困难的，因为数据库系统中数据对象极多，又经常不断变动。

一种比较实用的方法是，对每个事务开始运行时，赋予一个唯一的、随时间增长的整数，称为时间标记（Time Stamp，简称 ts）。设有两个事务 T_1、T_2，如果 ts（T_1）＜ts（T_2），即 T_1 早于 T_2，称 T_1 比 T_2"年老"，或者称 T_2 比 T_1"年轻"。

如果 T_2 持有某个数据对象的锁，当 T_1 申请对该数据对象的锁而发生冲突时，锁管理器可以使用下面两个策略之一。

- 等待——死亡策略。

如果 T_1 比 T_2"年老"，则 T_1 等待；不然，T_1 回滚（死亡），并且隔了一段时间后，仍用它原有的时间标记重新运行。

等待——死亡策略总是"年老"的事务等待"年轻"的事务，因而不会产生循环等待，从而避免了死锁。上述的策略也不会使一个事务永远回滚下去。因为 T_1 因年轻而回滚，隔了一定时间后重新运行时仍用原来的时间标记，随着时间的流逝，总会变成"年老"的事务而等待。最终，它会获得它所需的全部锁，而不回滚。

- 伤害——等待策略。

如果 T_1 比 T_2"年轻"，则 T_1 等待；不然，T_1 回滚，并且隔了一段时间后，仍用它原来的时间标记重新运行。

在此策略中，总是"年轻"的事务等待"年老"的事务，也不会出现死锁。当 T_2 已获得锁，若有一个比它"年轻"的事务 T_1 来申请锁而发生冲突，则 T_2 被回滚，好像 T_1 把 T_2"击伤"似的。不过 T_2 被"击伤"后，在重新运行时，仍用它原来的时间标记，比 T_1"年轻"，最多只会等待，不会再回滚了。

（3）死锁的检测和处理。

在数据库系统中死锁很少发生，即使发生也涉及很少几个事务，所以可以不采用死锁预防策略，而当发现死锁时，再采用解除死锁的策略。

死锁检测的方法一般有下列两种。

1）超时法。如果一个事务的等待时间超过某个时限，则认为发生死锁。超时法实现容易，但其不足之处也很明显。一是有可能误判死锁，事务因为其他原因（如系统负荷太重、通信受阻等）使等待时间超过时限，系统会误认为发生了死锁。二是时限设得太大，则发现死锁的滞后时间会过长。

2）等待图法。等待图（Wait-for Graph）是一个有向图 G＝（V，E），其中顶点集 V 是当前运行的事务集{T_1，T_2，…，T_n}，如果 T_i 等待 T_j，则从 T_i 到 T_j 有一条弧。锁管理器根据事务加锁和释放锁申请情况，动态地维护此等待图。当且仅当等待图中出现回路，则认为存在死锁。

发现死锁后，由锁管理器做下列处理：在循环等待事务中，选择一个牺牲代价最小的事务执行回滚，并释放它获得的锁及其他资源，使其他事务得以运行下去。

6.4 数据库恢复技术

6.4.1 数据库恢复概述

尽管数据库系统中已采取了一定的措施，来防止数据库的安全性和完整性被破坏，保证并发事务的正确执行，但数据库遭受破坏仍是不可避免的。比如计算机系统中硬件的故障、软件的错误，操作员的失误、恶意的破坏，以及计算机病毒等都有可能发生，这些故障的发生影响数据库数据的正确性，甚至破坏数据库，使数据库中的数据全部或部分丢失。因此，一个数据库管理系统除了要有较好的完整性、安全性保护措施，以及并发控制能力以外，还需要有数据库恢复能力。数据库恢复技术是一种被动的方法，而数据库完整性、安全性保护，及并发控制技术则是主动的保护方法，这两种方法的有机结合可以使数据库得到有效的保护。

数据库恢复是指一旦数据库发生故障后，把数据库恢复到故障发生前的正常状态，确保数据不丢失。数据库恢复技术所采用的主要手段是冗余与事务。所谓数据冗余即采取数据备用副本和日志，所谓事务即利用事务作为操作单位进行恢复。

6.4.2　数据库的故障分类

所谓数据库故障是指导致数据库值出现错误描述状态的原因。在数据库运行过程中可能会出现各种各样的故障，归纳起来大致可以分为以下几类。

1. 事务故障

事务故障也称为小型故障，是由非预期的、不正常的程序结束所造成的故障。造成程序非正常结束的原因包括数据输入错误、数据溢出、资源不足、并发事务发生死锁等。

2. 系统故障

系统故障又称为软故障，是指系统在运行过程中，由于某种原因，造成系统停止运转，致使所有正在运行的事务都以非正常方式终止，要求系统重新启动。例如，硬件错误（CPU 故障）、操作系统故障或 DBMS 代码错误、突然断电等。这类故障影响正在运行的所有事务，但不破坏数据库。这时，内存中数据库缓冲区中的内容全部丢失，存储在外存设备上的数据库内容已不可靠。

系统发生故障后，对数据库的影响有两种情况：一种情况是一些未完成事务对数据库的更新已写入数据库，这样在系统重新启动后，要强行撤销（UNDO）所有未完成事务，清除这些事务对数据库所做的修改。这些未完成事务在日志文件中只有 BEGIN TRANSCATION 标记，而无 COMMIT 标记；另一种情况是有些已提交的事务对数据库的更新结果还保留在缓冲区中，尚未写到磁盘上的物理数据库中，这也使数据库处于不一致状态，因此应将这些事务已提交的结果重新写入数据库，这类恢复操作称为事务的重做（REDO）。这种已提交事务在日志文件中既有 BEGIN TRANSCATION 标记，又有 COMMIT 标记。

系统故障的范围是各个事务，即某些事务要重做，某些事务要撤销，但是它不需要对整个数据库做全面地恢复，可以认为是中型故障。

3. 介质故障

介质故障又称为硬故障，是指系统在运行过程中，由于辅助存储器介质受到破坏，使存储在外存中的数据部分丢失或全部丢失。例如，磁盘损坏、磁头磁撞、瞬时强磁场干扰等。这类故障比事务故障和系统故障发生的可能性要小，但这是最严重的一种故障，破坏性很大，磁盘上的物理数据和日志文件可能被破坏。

4. 计算机病毒

计算机病毒是一种人为的故障或者破坏，是一些恶作剧者研制的一种计算机程序。这种程序不同于其他程序，它可以繁殖并传播，是目前破坏数据库系统的主要根源之一。

计算机病毒已经成为计算机系统的主要威胁，为此计算机安全工作者已经研制了许多预防病毒的"疫苗"，检查、诊断、消灭计算机病毒的软件也在不断发展。但是，迄今为止还没有一种"疫苗"能够使计算机系统终生免疫。因此，数据库一旦被破坏仍然要用恢复技术加以恢复。

5．黑客入侵

黑客入侵可以造成主机、内存及磁盘数据的严重破坏。

综上所述，数据库系统中各类故障对数据库的影响概括起来主要有两类：一类是数据库本身被破坏（介质故障、计算机病毒、黑客入侵）；另一类是数据库本身没有被破坏，但由于某些事务在运行中被中止，使得数据库中可能包含了未完成事务对数据库的修改，破坏数据库中数据的正确性，或者说使数据库处理不一致状态（事务故障、系统故障）。

6.4.3　数据库恢复三大技术

为了恢复数据库中的数据，一般采用下面三大技术。

1．数据转储（Data Dump）

数据转储是指定期地将整个数据库复制到多个存储设备（磁盘、磁带）上保存起来的过程，它是数据库恢复中采用的基本手段。转储的数据文本称为后备副本或后援副本。当数据库遭到破坏后就可利用后援副本把数据库有效地加以恢复。

转储十分耗费时间和资源，不能频繁进行，应根据数据库使用情况确定一个适当的转储周期。

（1）从转储运行状态来看，数据转储可分为静态转储和动态转储。

静态转储是指系统中无运行事务时进行的转储操作，即转储操作开始的时刻，数据库处于一致性状态，而转储期间不允许（或不存在）对数据库进行任何存取、修改活动。显然，静态转储得到的一定是一个数据一致性的副本。

静态转储简单，因而转储必须等待当前用户事务结束之后进行，同样，新的事务必须等待转储结束后进行。显然，这会降低数据库的可用性。

动态转储是指转储期间允许对数据库进行存取或修改，即转储和用户事务可以并发执行。

动态转储克服了静态转储的缺点。它不用等待正在运行的用户事务结束，也不会影响新事务的运行。但是，转储结束后，产生的后备副本上的数据并不能保证与当前状态一致。例如，在转储期间的某个时刻，系统把数据转储到了磁带上，而在下一时刻，某一事务对该数据又进行了修改。但是转储结束后，后备副本上的数据已是过时的数据了。

因此，为了能够利用动态转储得到的副本进行故障恢复，必须把转储期间各事务对数据库的修改活动登记下来，建立日志文件。这样，后备副本加上日志文件就能把数据库恢复到某一时刻的正确状态。

（2）从转储进行方式来看，数据转储可以分为海量转储和增量转储。

海量转储指的是指每次转储全部数据库。增量转储则是指每次只转储数据库中自上次转储后被更新过的数据。上次转储以来对数据库的更新修改情况记录在日志文件中，利用日志文件做这种转储。从恢复角度看，使用海量转储得到的后备副本进行恢复一般说来会更方便些。但如果数据库很大，事务处理又十分频繁，则增量转储方式更实用、更有效。

2. 日志（Logging）

（1）日志文件。

日志文件是由数据库系统创建和维护的，用于自动记载数据库中修改型操作的数据更新情况的文件。其内容主要包括：事务开始标志、事务结束标志和事务的所有更新操作几个方面。

具体来说日志文件主要包含以下内容：

1）更新数据库的事务标识（标明是哪个事务）。

2）操作的类型（插入、删除或修改）。

3）操作对象。

4）更新前数据的旧值（对于插入操作而言，没有旧值）。

5）更新后数据的新值（对于删除操作而言，没有新值）。

6）事务处理中的各个关键时刻（事务的开始、结束及其真正回写的时间）。

日志文件是系统运行的历史记录，必须高度可靠。所以一般都是双副本的，并且独立地写在两个不同类型的设备上。日志的信息量很大，通常保存在外存储器上。

（2）登记日志文件。

为保证数据库恢复的正确性，登记日志文件必须遵循两条原则：

1）登记的次序严格按并发事务执行的时间次序。

2）必须先写日志文件，后写数据库。

把对数据的修改写到数据库中和把这个修改的日志记录写到日志文件中是两个不同的操作。有可能在这两个操作之间发生故障，也就是说这两个写操作只完成了一个。如果先写了数据库修改，而在运行记录中没有登记这个修改，则以后就无法恢复这个修改了。如果先写日志，但没有修改数据库，按日志文件恢复时只不过是多执行一次不必要的 UNDO 操作，并不会影响数据库的正确性。所以为了安全，只有先写日志文件，即首先把日志记录写到日志文件中，然后写数据库的修改，才能保证数据库的恢复，这就是"日志文件先写"原则。

（3）日志文件的作用。日志文件在数据库恢复中起着非常重要的作用，其表现为：

1）事务故障恢复和系统故障恢复必须用日志文件。

2）在动态转储方式中，必须建立日志文件，后备副本和日志文件结合起来才能有效地恢复数据库。

3）在静态转储方式中，也可以建立日志文件。当数据库毁坏后可重新装入后备副本把数据库恢复到转储结束时刻的正确状态，然后利用日志文件，把已完成的事务进行重做处理，对故障发生时尚未完成的事务进行撤销处理。这样就可不必重新运行那些已完成的事务程序就可把数据库恢复到故障前某一时刻的正确状态。

3. 事务撤销与重做

数据库故障恢复的基本单位是事务，因此在数据恢复时主要使用事务撤销（UNDO）和事务重做（REDO）两种操作。

（1）事务撤销。在一个事务执行过程中如果产生故障，为了进行恢复，首先必须撤销该事务，使事务恢复到开始处，其具体步骤如下：

1）反向扫描日志文件，查找应该撤销的事务。

2）找到该事务的更新操作。

3）对该事务的更新操作执行反操作，即对已经插入的新记录进行删除操作，对已删除的记录进行插入操作，对修改的数据恢复旧值，用旧值代替新值。这样由后向前逐个扫描该事务已做的所有更新操作，并做相应的处理，直到扫描到此事务的开始标记，事务故障恢复完毕。

（2）事务重做。

当一事务已执行完成，其更改数据也已写入数据库，但是由于数据库遭受破坏，为了恢复数据需要重做。所谓事务重做实际上是仅对其更改操作重做，其具体步骤如下：

1）正向扫描日志文件，查找重做事务。

2）找到该事务的更新操作。

3）对更新操作重做，如是插入操作，则将更改后的新值插入数据库，如是删除操作，则将更改前的旧值删除，如是修改操作，则将更改前的旧值修改成更新后的新值。

4）如此正向扫描反复做更新操作，直到事务结束标志出现为止，此时事务重做操作结束。

进行重做处理的方法是：正向扫描日志文件，按照日志文件中所登记的操作内容，重新执行操作，使数据库恢复到最近某个可用状态。

6.4.4 恢复策略

当系统运行过程中发生故障，利用数据库后备副本和日志文件，以及事务撤销（UNDO）和事务重做（REDO）就可以对不同的数据库进行恢复，其具体恢复策略如下所示。

1．事务故障的恢复

发生事务故障时，被迫中断的事务可能已对数据库进行了修改，其恢复方法是利用事务的UNDO操作，在非正常中止时利用UNDO将事务恢复到起点。

2．系统故障的恢复

前面已讲过，系统故障造成数据库不一致状态的原因有两个，一种情况是一些未完成事务对数据库的更新已写入数据库，另一种情况是有些已提交事务对数据库的更新结果可能还保留在缓冲区中，没来得及写入数据库。因此，系统故障的恢复要完成两方面的工作，既要撤销故障发生时所有未完成的事务，又需要重做所有已提交的事务，这样才能将数据库真正恢复到一致的状态。

系统发生故障后，由于无法确定哪些未完成的事务已更新过数据库，哪些事务的提交结果尚未写入数据库，这样系统重新启动后，就要撤销所有的未完成事务，重做所有的已经提交的事务。但是，在故障发生前已经运行完毕的事务有些是正常结束的，有些是异常结束的，所以无须把它们全部撤销或重做。通常采用设立检查点（Checkpoint）的方法来判断事务是否正常结束。每隔一段时间，比如10分钟，系统就产生一个检查点，做下面一些事情：

（1）将当前日志缓冲区中的所有日志记录写入磁盘的日志文件上。

（2）在日志文件中写入一个"检查点记录"。

（3）把数据库缓冲区中的内容写到数据库中，即把更新的内容写到物理数据库中。

（4）把日志文件中检查点记录的地址写到"重新启动文件"中。

检查点记录的内容包括：

（1）建立检查点时刻所有正在执行的事务清单。

（2）这些事务最近一个日志记录的地址。

在系统重新启动时，恢复管理程序先从"重新启动文件"中获得检查点记录的地址，再从日志文件中找到该检查点记录的内容，通过日志往回找，就能决定哪些事务需要撤销，哪些事务需要重做。

3. 介质故障的恢复

发生介质故障后，磁盘上的物理数据和日志文件可能被破坏，恢复方法需要装入发生介质故障前最新的后备数据库副本，然后利用日志文件副本（转储结束时刻的日志文件副本）重做已完成的事务。具体步骤如下所示。

（1）装入最新的后备数据库副本，使数据库恢复到最近一次转储时的可用状态。

（2）装入最新的日志文件副本，根据日志文件中的内容重做已完成的事务。装入方法是：首先正向扫描日志文件，找出发生故障前已提交的事务，将其记入重做队列。再对重做队列中的各个事务进行重做处理，方法是正向扫描日志文件，对每个重做事务重新执行登记的操作，即将日志文件中数据已更新后的值写入数据库。

通过以上对三类故障的分析，可以看出故障发生后对数据库的影响有以下两种可能：

（1）事务故障和系统故障不会破坏数据库，但数据库中的数据可能处于不一致状态。这类故障恢复时，不需要重装入数据库副本，可直接根据日志文件，撤销故障发生时未完成的事务，并重做已完成的事务，使数据库恢复到正确的状态。这类故障的恢复是系统在重新启动时自动完成的，不需要用户干预。

（2）介质故障会破坏数据库本身。这类故障恢复时，要把最近一次转储的数据装入，然后借助日志文件对数据库进行更新，从而重建了数据库。这类故障的恢复不能自动完成，需要DBA 的介入，方法是先由 DBA 重装最近转储的数据库副本和相应的日志文件的副本，再执行系统提供的恢复命令，具体的恢复操作由 DBMS 来完成。

数据库恢复的基本原理就是利用数据的冗余，实现的方法比较明确，但真正实现起来相当复杂，实现恢复的程序非常庞大，常常占整个系统代码的 10%以上。数据库系统所采用的恢复技术是否行之有效，不仅对系统的可靠程度起着决定性作用，而且对系统的运行效率也有很大的影响，它是衡量系统性能优劣的重要指标。

6.5　小　　结

本章介绍了数据库安全保护中的 4 个重要问题：数据库的安全性、数据库的完整性、并发控制与封锁、数据库的故障与恢复。

数据库的安全性是指保护数据库，以防止因非法使用数据库，造成数据的泄露、更改或破坏。实现数据库系统安全性的方法有用户标识和鉴定、存取控制、定义视图、数据加密和审计等多种，其中，最重要的是存取控制技术和审计技术。

数据库的完整性是指保护数据库中数据的正确性、有效性和相容性。数据库的完整性和安全性是数据库安全保护的两个不同的方面，安全性措施的防范对象是非法用户和非法操作，完整性措施的防范对象是合法用户的不合语义的数据。

并发性控制是指为了防止多个用户同时存取同一数据，造成数据库的不一致性。事务是数据库的逻辑工作单元，应遵循 ACID 准则。对数据库的并发操作导致的数据不一致性主要有丢失更新、污读和不可重读三种。实现并发控制的主要方法是封锁技术，基本的封锁类型有排它锁和共享锁两种，三个级别的封锁协议可以有效地解决并发操作的一致性问题。对数据对象施加封锁，会带来活锁和死锁问题，并发控制机制可以通过采取一次加锁法或顺序加锁法预防死锁的产生。死锁一旦发生，可以选择一个处理死锁代价最小的事务将其撤销。

数据库的故障与恢复是指当数据库中的数据受到破坏时，如何能恢复到正常状态。数据库运行过程中出现的故障可分为事务故障、系统故障和介质故障，对不同类型的故障，应该采用不同的恢复策略。登记日志文件和数据转储是恢复中常用的技术，恢复的基本原理就是利用存储在日志文件和数据库后备副本中的冗余数据来重建数据库。

习　　题

1. 什么是数据库的安全保护？数据库安全性保护通常采用什么方法？
2. 什么是数据库的安全性？数据库安全性控制的方法有哪几种？
3. 什么是数据库的完整性？数据库的安全性和完整性的联系与区别是什么？
4. DBMS 的完整性规则有哪些？
5. 什么是事务？事务有哪些重要性质？
6. 为什么事务的非正常结束会影响数据库数据的一致性？试举一例说明。
7. 什么是事务的并发操作？并发操作会引起什么问题，这些问题的特征和根由是什么？
8. 什么是封锁？基本的封锁类型有几种？试述它们的含义。
9. 封锁协议有哪几种？为什么要引入封锁协议？
10. 试述死锁和活锁的产生原因及解决方法。
11. 什么是数据库的恢复？
12. 简述数据库恢复的原理。
13. 什么是数据库的转储？试比较各种转储方法。
14. 什么是日志文件？为什么要使用日志文件？登记日志文件时为什么必须先写日志文件，后写数据库？日志文件能否和数据库存储在一起，为什么？
15. 数据库运行过程中常见的故障有哪几类？试述对各类故障的恢复策略。

第7章 网络数据库系统

20 世纪 90 年代以来，因特网日益普及，Web 成为最流行、最大的网络系统，并以惊人的速度发展。Web 技术和数据库技术的结合，产生了网络数据库这一新兴的数据库应用领域。网络数据库管理系统是网络数据库系统的核心，是开发网络数据库应用系统的重要组成部分。本章主要介绍网络数据库应用系统的体系结构：客户机/服务器（C/S）模式、浏览器/服务器（B/S）模式和 B/S 与 C/S 的混合模式，网络数据库系统的开发过程及数据库访问接口，SQL Server 2000 数据库管理系统的软硬件需求，并进一步讲解了它的安装步骤，介绍在 SQL Server 2000 中，数据库、数据表、存储过程、触发器等，讨论 SQL Server 提供的相应组件以实现数据的完整性，并对 Transact-SQL 程序设计基础，以及最新版本 SQL Server 2005 系统进行介绍。

7.1 网 络 数 据 库

7.1.1 网络数据库的基本概念

网络数据库就是指把数据库技术引入到计算机网络系统中，借助于网络技术将存储于数据库中的大量信息及时发布出去；而计算机网络则借助于成熟的数据库技术对网络中的各种数据进行有效管理，并实现用户与网络中的数据库进行实时动态数据交互。网络数据库系统由客户端和服务器端，以及连接客户端和服务器端之间的网络组成。

网络数据库与传统的数据库相比，有以下几个特点：

（1）扩大了数据资源共享范围。由于计算机网络的范围可以从局部到全球，因此，网络数据库中的数据资源共享范围也扩大了。

（2）易于进行分布式处理。在计算机网络中，各用户可根据情况合理地选择网内资源，以便就近快速地处理。对于大型作业及大批量的数据处理，可通过一定的算法将其分解为不同的计算机处理，从而达到均衡使用网络资源，实现分布式处理的目的，大大提高了数据资源的处理速度。

（3）数据资源使用形式灵活。基于网络的数据库应用系统体系结构，既可以采用 C/S 方式，又可以采用 B/S 方式，开发形式多样，数据使用形式灵活。

（4）便于数据传输交流。通过计算机网络可以方便地将网络数据库中的数据传送至网络覆盖的任何地区。

（5）降低了系统的使用费用，提高了计算机的可用性。由于网络数据库可供全网用户共享，使用数据资源的用户不一定拥有数据库，这样大大降低了对计算机系统的要求，同时，也提高了每台计算机的可用性。

（6）数据的保密性、安全性降低。由于数据库的共享范围扩大，对数据库用户的管理难度加大，网络数据库遭受破坏、窃密的机率加大，降低了数据的保密性和安全性。

7.1.2　网络数据库应用系统体系结构

1．C/S（Client/Server）模式

C/S 模式是客户机/服务器模式的简称，产生于 20 世纪 80 年代。在这种结构中，网络中的计算机分为两个有机联系的部分，即客户机和服务器。

客户端应用软件主要是用户界面。当用户调用服务器资源时，客户机将请求传送给服务器，并根据服务器回送的处理结果进行分析，然后显示给用户。C/S 模式的结构如图 7-1 所示。

图 7-1　C/S 模式结构图

在这一过程中，多任务之间存在多种交互关系，即"数据请求/服务响应"关系。因此 C/S 不应理解为是一种硬件结构，而是一种计算（处理）模式。

2．B/S（Brower/Server）模式

B/S 模式是浏览器/服务器模式的简称。随着 Internet 的发展，以 Web 技术为基础的 B/S 模式正日益显现其先进性，当今很多基于网络数据库的应用系统正在采用这种全新的技术模式。

如图 7-2 所示的 B/S 模式结构图，它是指在 TCP/IP 的支持下，以 HTTP 为传输协议，客户通过浏览器访问 Web 服务器，以及与之相连的后台数据库的体系结构，它由 Web 浏览器、Web 服务器、中间件和数据库服务器组成。在这种结构中，各组成部分之间物理上通过 Intranet 或 Internet 相连，软件上遵守 HTTP 协议，浏览器通过发送请求和服务器端建立连接，从而实现以整个 Internet 为背景的数据存储和访问。B/S 模式具有以下优点：

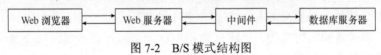

图 7-2　B/S 模式结构图

（1）使用简单：由于用户使用单一的 Browser 软件，基本上无需培训即可使用。

（2）易于维护：由于应用程序都放在 Web 服务器，软件的开发、升级与维护只在服务器端进行，减轻了开发与维护的工作量。

（3）保护企业投资：B/S 模式采用标准的 TCP/IP、HTTP 协议，可以与企业现有网络很好地结合。

（4）对客户端硬件要求低：客户机只需安装一种 Web 的浏览器软件。

（5）信息资源共享程度高：由于 Intranet 的建立，Intranet 上的用户可方便地访问系统外部资源，Intranet 外用户也可访问 Intranet 内部资源。

（6）扩展性好：B/S 模式可直接连入 Internet，具有良好的扩展性。

3．B/S 与 C/S 的混合模式

将上述两种模式的优势结合起来，即形成 B/S 和 C/S 的混合模式。对于面向大量用户的模块采用 B/S 模式，在用户端计算机上安装运行浏览器软件，基础数据集中放在较高性能的数据

库服务器上，中间建立一个 Web 服务器作为数据库服务器与客户机浏览器交互的连接通道。而在系统模块安全性要求高、交互性强、处理数据量大、数据查询灵活时，则使用 C/S 模式，这样就能充分发挥各自的长处，开发出安全可靠、灵活方便、效率高的数据库应用系统。

7.1.3　网络数据库应用系统的开发方法和步骤

1. 网络数据库应用系统的开发方法

网络数据库应用系统的开发方法的技术基础是软件工程。网络数据库应用系统是一个完善的软件系统，也属于系统设计的范畴，同其他软件系统一样有多种开发方法，开发过程也较为复杂。

（1）结构化方法。结构化分析（SA）、结构化设计（SD）、结构化编程（SP）是组成系统结构化开发方法的三种技术。

1）结构化分析。就是面向数据流自顶向下逐步求精进行分析。其步骤为：

①按照可行性研究后画好的数据流图，根据输出要求沿数据流图回溯，检验输出及运算所得到的信息是否能满足输出要求。

②请用户复查数据流图是否能满足用户要求。

③细化数据流图，把比较复杂的处理过程分解细化。

④编写文档，并进行复查和复审。

2）结构化设计。分为总体设计和详细设计两部分。

总体设计要确定系统的具体实现方法和软件的具体结构。其步骤为：

①设想供选择的方案。

②选取合理的方案。

③推荐最佳方案。

④功能分解，以确定系统由哪些模块组成，以及这些模块之间的关系。

⑤设计软件结构，根据数据流图（DFD）的类型采用相应的映射方法，映射成相应的模块层次结构，并对其优化。

⑥进行数据库设计，根据数据字典进行数据库的逻辑设计。

详细设计是借助程序流程图、N-S 图或 PAD 图等详细设计工具，描述实现具体功能。

3）结构化编程。采用各类结构化语言对详细设计所得到的算法进行编码。

这一方法开发步骤明确，SA、SD、SP 相辅相成，使软件开发的成功率极大地提高，深受软件开发人员的青睐。

（2）原型化方法。产生原型化方法的原因很多，主要是随着系统开发经验的增多，软件开发人员也发现并非所有的需求都能够预先定义，而反复修改是不可避免的。实现原型法有两种途径，分别是：

1）抛弃原型法。其目的是要评价目标系统的某些特性，以便更准确地定义需求，使用之后就把这种原型抛弃掉。

2）演化原型法。演化原型法是一个多次迭代的过程，每次迭代具体过程如下：

①确定用户需求。

②开发原始模型。

③征求用户对初始原型的改进意见。

④修改原型。

原型化开发方法适合于用户业务不确定，需求经常变化的情况。当系统规模不是很大，也不太复杂时，采用该方法比较好。

（3）面向对象方法。面向对象方法的出发点和基本原则是尽可能模拟人类习惯的思维方式，使开发软件的方法与过程尽可能接近人类认识世界的方法与过程，即要使得描述问题的问题空间与在计算机上解决问题的问题空间在结构上尽可能一致。

面向对象的软件开发方法（OMT）由面向对象编程（OOP）、面向对象设计（OOD）和面向对象分析（OOA）等组成。这是一种自底向上和自顶向下相结合的方法。它以对象建模为基础，不仅考虑了输入、输出数据结构，实际上也包含了所有对象的数据结构。不仅如此，面向对象技术在需求分析、可维护性和可靠性这三个软件开发的关键环节和质量指标上有了实质性的突破，解决了在这些方面长期存在的问题。

1）自底向上地归纳。OMT 的第一步是从问题的陈述入手，构造系统模型。从真实系统导出类的体系，即对象模型包括类的属性，与子类、父类的继承关系，以及类之间的关联。类是具有相似属性和行为的一组具体实例（客观对象）的抽象，父类是若干子类的归纳。因此，这是一种自底向上的归纳过程。在自底向上的归纳过程中，为使子类能更合理地继承父类的属性和行为，可能需要自顶向下地修改，从而使整个类体系更加合理。由于这种类体系的构造是从具体到抽象，再从抽象到具体，符合人类的思维规律，因此能更快、更方便地完成任务。在对象模型建立后，很容易在这一基础上再导出动态模型和功能模型，这三个模型一起构成要求解的系统模型。

2）自顶向下地分解。系统模型建立后的工作就是分解。与 Yourdon 方法按功能分解不同，在 OMT 中通常按服务来分解。服务是具有共同目标的相关功能的集合，如 I/O 处理、图形处理等。这一步的分解通常很明确，而这些子系统的进一步分解因有较具体的系统模型为依据，也相对容易。所以 OMT 也具有自顶向下方法的优点，既能有效地控制模块的复杂性，同时避免了 Yourdon 方法中功能分解的困难和不确定性。

3）OMT 的基础是对象模型。每个对象类由数据结构（属性）和操作（行为）组成，有关的所有数据结构（包括输入、输出数据结构）都是软件开发的依据。

4）需求分析彻底。需求分析不彻底常常是软件开发失败的主要原因之一。传统的软件开发方法不允许在开发过程中用户的需求发生变化，从而出现问题。正是由于这一原因，人们提出了原型化方法，推出探索原型、实验原型和进化原型，积极鼓励用户改进需求。在每次改进需求后又形成新的进化原型供用户试用，直到用户基本满意，从而极大地提高了软件开发的成功率。但是它要求软件开发人员能迅速生成这些原型，这就要求有自动生成代码的工具支持。

OMT 彻底解决了上述问题。因为需求分析过程已与系统模型的形成过程一致，开发人员与用户的讨论是从用户熟悉的具体实例（实体）开始的。开发人员必须搞清现实系统才能导出系统模型，这就使用户与开发人员之间有了共同的语言，避免了传统需求分析中可能产生的问题。

5）可维护性大大改善。在 OMT 之前的软件开发方法都是基于功能分解的。OMT 的基础是目标系统的对象模型，而不是功能的分解。功能是对象的使用，它依赖于应用的细节，并在开发过程中不断变化。

在面向对象语言中,子类不仅可以继承父类的属性和行为,也可以重载父类的某个行为(虚函数)。利用这一特点,就可以方便地进行功能修改,引入某类的一个子类,对要修改的一些行为(即虚函数或虚方法)进行重载,也就是可重新定义。由于不再在原来的程序模块中引入修改,所以彻底解决了软件的可修改性问题,也彻底实现了软件的可维护性,提高了软件的可靠性和完善性。

2. 网络数据库应用系统的开发步骤

网络数据库应用系统的开发过程应遵循软件工程的思想,在系统开发的初始阶段,需要进行需求分析和系统设计,然后进入系统实现阶段。

整个实现阶段过程如下:首先,要搭建开发所需的硬件及软件环境,特别根据所要开发的应用系统的体系结构构建相应的网络环境。其次,创建各种对象、设置各自的属性、编写过程代码、开发程序代码、生成可执行程序、制作安装程序、编写用户操作维护文档等。

具体地说,系统的开发过程可分为以下步骤:需求分析、系统设计、建立应用对象、编写各对象的事件处理程序、测试、修改或改进、发布应用程序等。

7.1.4　数据库访问接口

目前,客户机与服务器之间的数据库访问接口分成通用和专用两大类。

1. 专用数据库接口

专用数据库接口根据各个 DBMS 的不同而不同,例如 Sybase 数据库系统,它提供了 Sybase Open Client 和 Sybase Open Server 两种产品。其中,Open Client 是客户端的 API,它的作用是调用级接口,使不同开发商的工具软件和客户应用程序可以把 SQL 命令通过网络发送给服务器,以获得数据和服务;Open Server 是服务器端的 API,它提供的编程接口使得开发人员可以把不同的数据源构造为统一框架的数据库服务器,从而允许客户以 SQL 语言或远程过程调用的形式,向数据源发送标准请求。然后将数据源返回的结果以标准格式送回客户机。在实际开发应用中,一般利用 Open Client 进行客户端开发。

2. 通用数据库接口

具有通用的标准数据库接口,如开放数据库互连(Open DataBase Connectivity,ODBC)标准,使用 ODBC 接口的任何客户可以与提供 ODBC 接口的任何服务器连接。此外,还有 Java 数据库互连(Java DataBase Connectivty,JDBC)和 OLE DB 数据库接口。

(1)通过 ODBC 连接数据库。ODBC 是微软倡导的、当前已被数据库界广泛接受和采用的,用于远程访问数据库(主要是关系型数据库)的统一接口标准。它采用 SQL 语言作为标准的查询语言来存取连接到的数据库。ODBC 允许单个应用程序存取多个数据库管理系统,而不必关心它所操作的数据库管理系统是什么。

ODBC 主要运行于 Windows 平台上,它的标准化查询方法、标准化的错误代码集、连接和注册到 DBMS 的标准方法,及标准化的数据类型,都给用户开发应用程序带来了方便,所以很多 Windows 应用程序都使用 ODBC 标准来访问各种数据库,使用 ODBC 标准不仅可以获得 Windows 平台下的兼容性,而且由于操作系统本身提供了 ODBC 的支持,使用户使用起来感到方便。其中,应用程序、ODBC 接口、ODBC 驱动程序管理器和数据库厂商提供的驱动程序的相互关系如图 7-3 所示。

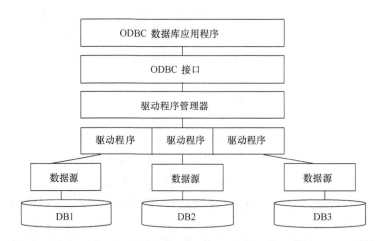

图 7-3　应用程序、ODBC 和数据库的关系

　　整个过程就是应用程序通过 ODBC 接口来访问数据库，并且无需关心是什么数据库；而当 ODBC 接口收到这个数据库操作请求时，就通过驱动程序管理器找到相应的数据库 ODBC 驱动程序；最后 ODBC 驱动程序连接数据库完成操作。

　　在使用 ODBC 访问数据库时，首先要建立与数据库的连接，而在与数据建立连接时，通常要使用到已建立的 ODBC 数据源。

　　例如，在 Windows 2000 系统中创建一个 ODBC 数据源， 打开 Windows 2000 Server 或 Windows NT 的"控制面板"，双击"管理工具"下的"数据源 ODBC"，会弹出 Windows 2000 操作系统的"ODBC 数据源管理器"对话框，如图 7-4 所示，可在此对话框中进行 ODBC 的添加、删除和配置工作，如图 7-5 所示。

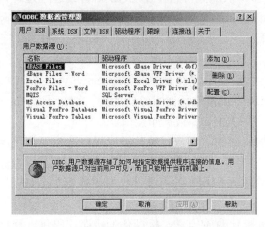

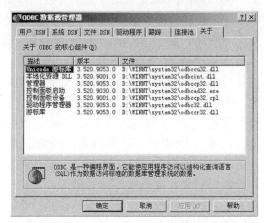

图 7-4　"ODBC 数据源管理器"对话框　　　　图 7-5　ODBC 数据源管理器核心组件的描述

　　ODBC 的出现使得应用程序访问操作数据库更加容易，迅速成为了一个通用的标准。而 Java 作为一种网络化的编程语言，也少不了要与数据库打交道，要让 Java 程序访问数据库，也必须提供相应的机制把不同数据库系统所带来的差异屏蔽掉。因此，就导致了 JDBC（Java DataBase Connectivity）的诞生。

（2）通过 JDBC 连接数据库。与 ODBC 类似，JDBC 也是一个通用的数据库访问标准。ODBC 主要运行在 Windows 环境下，而 JDBC 则主要运行在 Java 环境中。

JDBC 为数据库开发人员提供了一些标准的应用程序编程接口 API，使用户能够用 Java API 来编写数据库应用程序。有了 JDBC API，就不必为访问各个不同的数据库专门编写程序，而只需用 JDBC API 编写一个访问程序，且将 Java 和 JDBC 结合起来，就可让它运行在任何平台上。

在开发环境中，可通过 JDBC 数据库接口利用 JDBC API 存取各种数据，其中开发环境通过 JDBC 接口连接数据库的各个组件部分的关系如图 7-6 所示。

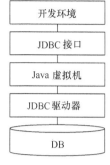

图 7-6　JDBC 接口中各个组件部分的关系

（3）通过 OLE DB 连接数据库。OLE DB 也是一种技术标准，其目的是提供一种统一的数据库访问接口，但这里的数据不仅包括数据库中的数据，而且还包括 Web 上的文本或图形、邮件数据、目录服务等。OLE DB 就是为各种各样的数据存储都提供一种相同的访问接口，使数据的调用者（应用程序）可以使用同样的方法访问各种数据，而不考虑数据的具体存储地点、格式或类型。

如同 ODBC 和 JDBC 接口一样，应用程序的 OLE DB 接口利用 OLE DB API 来存取各种数据，其通过 OLE DB 接口连接数据库的各个组件部分的关系如图 7-7 所示。

（4）通过专用接口连接数据库。目前大多数开发环境都提供了多种数据库接口，实现与多种数据库的连接。这些接口不仅包括标准的数据库接口 ODBC、JDBC 和 OLE DB 等，还有一种是专用的数据库接口。在实际应用中，常常需要在一个应用程序中同时使用到这两种接口方式与数据库连接。通过专用接口连接数据库的各个组件部分的关系如图 7-8 所示。

图 7-7　OLE DB 接口中各个组件部分的关系

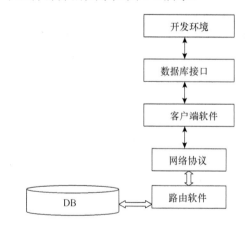

图 7-8　通过专用接口连接数据库的各个组件部分的关系

专用接口是针对具体的数据库管理系统设计的，所以通过专用数据库接口可以更快捷地连接相应的数据库，以充分发挥各数据库管理系统的特点，提高访问数据库服务器的效率。

（5）通用数据库接口和专用数据库接口的比较。

一般来说，数据库管理系统的规模有大小之分，如 Microsoft Access、FoxPro 等属于小型桌面数据库系统，一般运行在一台计算机上，用作本地数据库，其功能简单、访问速度较快；而像 Oracle、Sybase 等属于大型数据库系统，用作远程数据库，是基于 C/S 模式的，其功能强大，需有更好的硬件资源作为其运行平台，并为提出请求的客户机提供数据服务。要发挥数据库的高效服务，则需采用合适的数据库接口。如表 7-1 所示是对 ODBC 和专用数据库接口的比较。

表 7-1　ODBC 和专用数据库接口的比较

	ODBC 数据库接口	专用数据库接口
通用性	好	差
性能（访问速度）	差	优秀
配置过程	简单	较复杂

从表 7-1 中看出，通用性和性能是相互矛盾的，要获得较好的数据访问性能，往往根据不同的应用环境选择连接方式，对于小型本地数据库，一般采用 ODBC 接口进行连接，而对于在网络环境下的大型远程数据库，一般采用专用数据库接口进行连接，以提高系统的可靠性与执行效率。

7.2　常用网络数据库管理系统

7.2.1　SQL Server

SQL Server 是由 Microsoft 开发和销售的一个功能强大的关系型数据库管理系统。它能够处理大量的数据和管理众多的并发用户，保证数据的完整性，并提供许多高级管理和数据分布能力。SQL Server 与 Windows NT 系列的操作系统完美兼容，SQL Server 易于安装、部署和使用，可运行在台式机、笔记本电脑上，也可运行在多处理器计算机上，提供了数据仓库功能；支持远程管理和提供了丰富的数据库编程能力，另外，还有以下几个主要的特性。

1．在数据库方面的增强

（1）XML 支持。

主要表现在以下几个方面：

1）可以通过统一资源定位器 URL（Uniform Resource Locator）访问 SQL Server。

2）支持 XML-Data 模式。

3）可检索、编写 XML 数据。

4）SQL Server 2000 OLE DB 增加了对 XML 文档的支持。

（2）用户定义函数和新的数据类型。

SQL Server 扩展了 Transact-SQL 语言的可编程性，用户可以自行创建 Transact-SQL 函数。新增加的三种数据类型是 bigint、sql-variant 和 table 类型。

（3）索引视图，索引增强。

索引视图是 SQL Server 新增加的功能之一，利用索引视图可以使查询性能得到显著提高。

可以在计算列上创建索引,这是一个很大的改进,可指定以升序还是降序生成索引,还可以指定数据库引擎是否应在索引创建过程中使用并行扫描和排序。

（4）分布式查询。

SQL Server 2000 引入了 OPENROWSET( )函数,它可以指定在分布式查询中的一个特定的连接信息,分布式查询优化器的功能有了进一步的提高,授予了 OLE DB 数据源更多的 SQL 操作权。

（5）备份和还原。

SQL Server 2000 引入了一个更容易理解的模型来指定备份和还原的选项。同时,还支持使用事务日志标识来还原工作到指定点或进行数据库的部分还原。

（6）级联参考完整性约束。

级联参考完整性约束可以控制在删除或更新有外键约束的数据时所采取的操作。这种控制是通过在 CREATE TABLE 或 ALTER TABLE 命令中的 REFERENCES 子句中加入 ON DELETE 或 ON UPDATE 子句来实现的。

（7）Collation 增强。

SQL Server 2000 用 Collation 来替代 Code pages 和 Sort Orders,它比以前的版本提供了更多对 Collation 的支持,并引入了一个基于 Windows Collation 的新的 Collation 集合,可以指定数据库级或列级的 Collation。

（8）排序规则。

在 SQL Server 2000 中将使用排序规则代替代码页和排序次序。

（9）增强复制功能。

SQL Server 改进并增强了合并复制、快照复制和事务复制等功能,并在复制中增加了可变化的订阅功能,因而实施、监视和管理复制变得更加容易。

2．图形管理工具增强

SQL Server 提供了丰富的图形化管理工具,这些工具使用起来简单方便,可以大大提高工作效率。如 SQL 查询分析器增强、SQL 事件探查器增强、复制数据库向导等。

7.2.2　Oracle

Oracle 是 Oracle 公司开发出的功能强大的,适用于大型、中型和微型计算机的关系型数据库管理系统,以其操作的简易性、可扩展性和先进的网络特性与管理能力受到了业界的好评。它具有以下特点:

（1）支持多种硬件平台（工作站、小型、中型、大型和微型计算机等）,可运行在 UNIX、Windows NT/2000、Linux 等多种操作系统平台上。

（2）支持大型数据库、多用户的高性能的事务处理。

（3）引入开放的、易于使用的方法,用来扩展具有多媒体数据类型的数据库。

（4）实施安全性控制和完整性控制。

（5）支持分布式数据库和分布处理。

（6）提供了先进的网络特性和管理能力。

（7）提供了对称复制技术,这包含实时复制、定时复制、存储转发复制。

7.2.3　IBM DB2

DB2 是 IBM 公司开发的关系型数据库管理系统。DB2 支持从 PC 到中、小型机、大型机，可运行在 OS/2、Windows NT、UNIX 操作系统上。其主要特性有：

（1）支持面向对象的编程。

（2）支持多媒体应用程序。

（3）备份和恢复能力。

（4）支持存储过程和触发器，用户可以在建表时显示定义复杂的完整性规则。

（5）支持异构分布式数据库访问。

（6）支持数据复制。

（7）DB2 的数据连接器（Date Joiner）可使用户访问 Oracle、Sybase、Informix 和 SQL Server 等数据库，用户只要熟悉 DB2 语法就可在跨平台的环境中轻松地获取非 DB2 数据。

7.2.4　MySQL 数据库

MySQL 是一个多用户、多线程的符合 SQL 标准的关系型数据库管理系统。SQL 可以方便地存储、修改、访问信息。MySQL 是一个自由软件，编码和各编译版本完全开放，还可和 Linux、PHP 紧密结合。其主要特性有：

（1）使用核心进程的完全多进程。这意味着它能很容易地利用多 CPU。

（2）可运行在不同的平台上。

（3）多种列类型。

（4）具有灵活、安全的权限和口令系统，它允许基于主机的认证。

（5）具有快速的基于进程的内存分配系统。

7.2.5　Sybase

Sybase 是美国 Sybase 公司在 20 世纪 80 年代中期推出的 C/S 结构的关系型数据库系统，也是世界上第一个真正基于 C/S 结构的关系型数据库管理系统产品。最初开发的 Sybase 数据库管理系统是运行在高端 UNIX 计算机上的，而现在的 Sybase 产品可以运行在 Intel 的 Pentium Pro 及 DEC 的 Alpha 等多种硬件平台上，并且可以在多种不同的操作系统中运行。Sybase 的主要特性有：

（1）Sybase 高速缓冲体系结构使管理员能够拆分数据高速缓存，借此就能将一个数据库或数据库对象锁定或绑定在命名高速缓冲区域内。

（2）Sybase 在支持对实际数据存储的更简便的配置上取得了重大进步。它能够允许自定义数据页上的精确行数，并引入了表的分区功能，很好地解决了批量插入问题。

（3）Sybase 的用户日志以一种"涌入"的方式写入到事务处理主日志中，这种操作比起用户进程单独将其事务处理放入该日志更快捷。

（4）Sybase 极大地提高了查询性能，它将选择表中的一组页锁改变为全表锁的能力。

（5）备份服务器经过改进，使其在 UNIX 平台上使用时更少地依赖于备份和恢复设备。

（6）Sybase 能够支持非常大的数据库。因而，Sybase 增加了超大型内存的支持。Sybase 数据库设备数多达至 32 767 个，理论上的最大数据库的大小可达到几百个 TB。

（7）Sybase 能支持几百个 CPU 的体系结构，这些 CPU 都可以并行方式工作，以最佳速度执行查询。

7.3　网络数据库管理系统 SQL Server 2000

7.3.1　SQL Server 2000 的安装

1. 版本及环境需求

（1）版本。

SQL Server 2000 是 Microsoft 公司于 2000 年推出的数据库管理系统。该版本继承了 SQL Server 7.0 版本的优点，同时又增加了许多更先进的功能，具有使用方便、可伸缩性好，以及与相关软件集成程度高等优点，可跨越 Microsoft Windows 98、Microsoft Windows 2000 等多种平台使用。

根据不同用户群的使用需求，微软公司发行了 4 种 SQL Server 2000 版本，它们分别为企业版、标准版、个人版，以及开发者版。

企业版（Enterprise Edition）支持所有的 SQL Server 2000 特性，可作为大型 Web 站点、企业 OLTP（联机事务处理），以及数据仓库系统等的产品数据库服务器。

标准版（Standard Edition）用于小型的工作组或部门。

个人版（Personal Edition）用于单机系统或客户机。

开发者版（Developer Edition）用于程序员开发应用程序，这些程序需要 SQL Server 2000 作为数据存储设备。

此外，SQL Server 2000 还有桌面引擎（Desktop Engine）和 Windows CE 版，用户可以根据实际情况选择所要安装的 SQL Server 2000 版本。

（2）环境需求。

安装、运行 SQL Server 2000 的硬件和软件要求如下所示。

①硬件需求。

- 计算机：Intel 或兼容计算机，Pentium 166MHz 或者更高处理器或 DEC Alpha 和其兼容系统。
- 内存（RAM）：企业版至少需要 64MB 内存，其他版本最少需要 32MB 内存，建议使用更多的内存。大多数基于 RISC 的系统通常配置至少需要 64MB 内存，配置 128MB 内存性能更佳。提高 SQL Server 性能的最佳方法之一就是增加内存。同样的配置下，大容量的内存可以使系统性能提高两倍甚至更多。
- 硬盘空间：对于 SQL Server 2000 来说，完全安装（Full）需要 180MB 的空间，典型安装（Typical）需要 170MB 的空间，最小安装（Minimum）需要 65MB 的空间，只安装管理工具（Client tools only）需要 90MB 的空间；如果安装 OLAP Service，需要 50MB 的额外空间，安装英语查询（English Query），需要 12MB 的额外空间。

②软件需求。

SQL Server 2000 不同的版本，对操作系统的要求不完全相同。

企业版必须运行于安装 Windows NT 4.0 Server Enterprise Edition 4.0 或者 Windows 2000

Advanced Server，以及更高版本的操作系统下。

标准版必须运行于安装 Windows NT Server Enterprise Edition 4.0、Windows NT Server 4.0、Windows 2000 Server，以及更高版本的操作系统下。

个人版可在多种操作系统下运行，如可运行于 Windows 9x，Windows NT 4.0 或 Windows 2000 的服务器版或工作站版的操作系统下。

开发者版可运行于上述 Windows 9x 以外的所有操作系统下。

需要说明的是，若在 Windows NT 4.0 下运行，还需要安装 Server Pack 5.0 或者更高版本。

2. 安装步骤

以安装 SQL Server 2000 企业版为例，下面介绍安装步骤。

（1）将 Microsoft SQL Server 2000 的安装光盘放入 CD-ROM 驱动器中，一般情况下，安装程序会自动运行，如果没有自动执行，就双击文件 setup.exe 或 autorun.exe，打开如图 7-9 所示的"安装选项"界面。

图 7-9 "安装选项"界面

（2）在界面上单击"安装 SQL Server 2000 组件"选项。

（3）这时界面上会弹出"欢迎"窗口，单击"下一步"按钮。

（4）在弹出的"安装选择"对话框中，有三个选项可供选择，选择"创建新的 SQL Server 实例，或安装客户端工具"单选按钮，也就是默认选项，对于初次安装的用户，应选用这一安装模式，不需要使用"高级选项"进行安装。"高级选项"中的内容均可在安装完成后进行调整，如图 7-10 所示，然后单击"下一步"按钮。

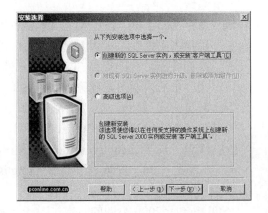

图 7-10 "安装选择"对话框

（5）弹出"用户信息"对话框，如图 7-11 所示，输入用户姓名和公司名称，完成后，单击"下一步"按钮。

（6）弹出"软件许可证协议"对话框，单击"是"按钮。只有接受协议的内容后，才可以继续进行安装。

（7）在弹出的"安装定义"对话框中选择要安装的软件项目，选择"服务器和客户端工具"单选按钮，如图 7-12 所示，然后单击"下一步"按钮，弹出"实例名"对话框。

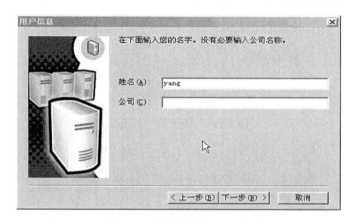

图 7-11　"用户信息"对话框

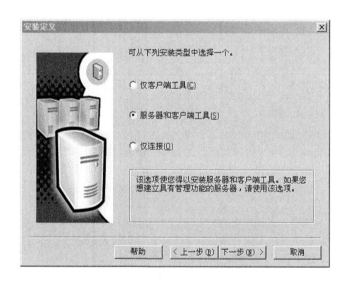

图 7-12　"安装定义"对话框

（8）弹出的"实例名"对话框是用来指定数据库服务器系统的名称的，可以直接勾选"默认"复选框，使用默认的名称（计算机名称），也可以在下方的"实例名"文本框中自行指定名称，选取完毕后，单击"下一步"按钮，如图 7-13 所示。

（9）在弹出的"安装类型"对话框中，选择安装类型和安装路径后，如图 7-14 所示。单击"下一步"按钮，用户在弹出的"服务账户"对话框中设置服务账户相关内容，单击"下一步"按钮。

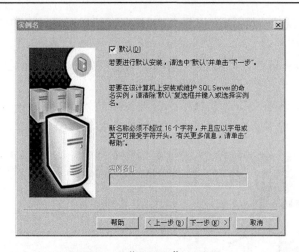

图 7-13 "实例名"对话框

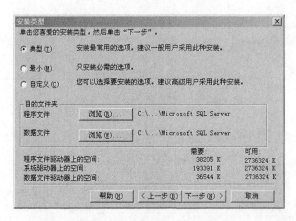

图 7-14 "安装类型"对话框

（10）弹出"身份验证模式"对话框，用来设置 SQL 服务器的验证用户身份的方式，如图 7-15 所示。

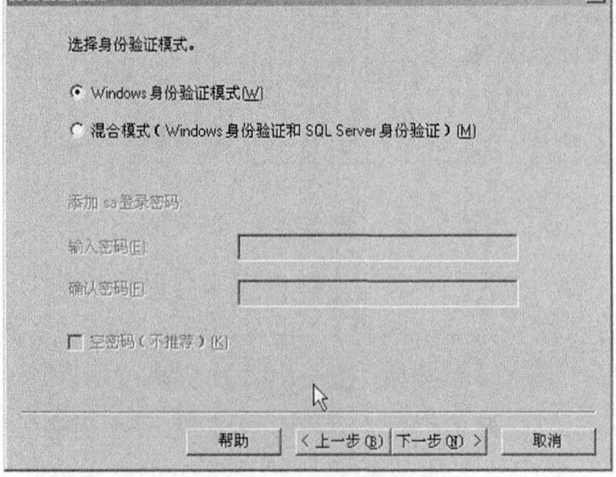

图 7-15 "身份验证模式"对话框

（11）所有的安装设置基本完成。这时，在弹出的"开始复制文件"对话框中单击"下一步"按钮，开始将所有必要的文件与组件安装到系统上，如图 7-16 所示。

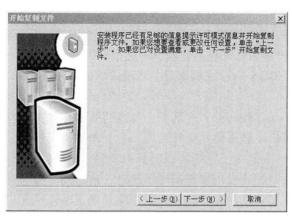

图 7-16 "开始复制文件"对话框

（12）当文件复制完成后，弹出如图 7-17 所示的"选择许可模式"对话框。在该对话框中有两种客户端许可模式可供选择，即"处理器许可证"与"每客户"模式。用户可根据网络环境结构及客户端分布，选择最合适的许可模式。

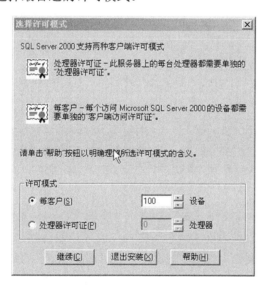

图 7-17 "选择许可模式"对话框

（13）单击"继续"按钮，弹出"安装完成"对话框，完成 SQL Server 2000 的安装，重新启动计算机后，即可开始使用。

7.3.2 SQL Server 管理工具和实用程序概述

SQL Server 2000 提供了一整套的管理工具和实用程序，使用这些工具和程序，可以设置和管理 SQL Server 2000 进行数据库管理和备份，并保证数据的安全和一致。

在安装 SQL Server 2000 后，可以从开始菜单中看到产生了以下几个程序项。

1. SQL Server 服务管理器

SQL Server 服务管理器（SQL Server Service Manager）是在服务器端实际工作时最有用的实用程序，其界面如图 7-18 所示。服务管理器用于启动、暂停、继续和停止 SQL Server 服务、SQL Server Agent 服务，以及 MSDTC（Microsoft Distributed Transaction Coordinator，微软分布式事务协调器）服务，用户对数据库执行任何操作之前必须启动 SQL Server，而使用 SQL Server Service Manager 是启动 SQL Server 数据库服务器最简单的方法。

2. 企业管理器

企业管理器（Enterprise Manager）是基于一种新的被称为微软管理控制台的公共服务器管理环境，它是 SQL Server 中最重要和最常用的一个管理工具。企业管理器不仅能够配置系统环境和管理 SQL Server，而且由于它能够以层叠列表的形式来显示所有的 SQL Server 对象，因而所有 SQL Server 对象的建立与管理都可以通过它来完成。利用企业管理器可以完成的操作有：管理 SQL Server 服务器；建立与管理数据库；建立与管理表、视图、存储过程、触发程序、角色、规则、默认值等数据库对象，以及用户定义的数据类型；备份数据库和事务日志、恢复数据库；复制数据库；设置任务调度；设置警报；提供跨服务器的拖放控制操作；管理用户账户；建立 Transact-SQL 命令语句，以及管理和控制 SQL Mail。

用户可以通过执行"开始"｜"程序"｜"Microsoft SQL Server"｜"企业管理器"命令，启动企业管理器，如图 7-19 所示。

图 7-18 "SQL Server 服务管理器"窗口

图 7-19 企业管理器界面

3. 查询分析器

用户通过"开始"菜单或快捷方式启动查询分析器（Query Analyzer），弹出如图 7-20 所示的"连接到 SQL Server"对话框。该对话框可以设置指定连接的 SQL Server 服务器和正确的身份验证方式，单击"确定"按钮，即可打开 SQL Server 查询分析器，如图 7-21 所示。

图 7-20 "连接到 SQL Server"对话框

图 7-21 "SQL Server 查询分析器"窗口

查询分析器是一个图形化的管理工具，用于输入和执行 Transac-SQL 语句，并且迅速查看这些语句的结果，以分析和处理数据库中的数据。这是一个非常实用的工具，对掌握 SQL 语言，深入理解 SQL Server 的管理工作有很大的帮助。

4. 分布式事务处理协调器

用于提供和管理不同服务器之间的分布式事务处理，这些服务器必须是基于 Windows NT 或 Windows 9x/2000 系列操作系统的服务器。

5. 性能监视器

它将 Windows NT 操作系统的性能监视器（Performance Monitor）和 SQL Server 集成起来，使用它可以查看和统计 SQL Server 系统的运行情况，查找影响系统性能的主要因素，从而为改进和优化系统、提高系统性能提供依据。

6. 导入和导出数据

导入和导出数据采用 DTS 导入/导出向导来完成。此向导包含了所有的 DTS（Data Transformation Services）工具，提供了在 OLE DB 数据源之间复制数据的最简捷的方法。

7. SQL Server 分析器

SQL Server 分析器（Profiler）是一个图形化的管理工具，用于监督、记录和检查 SQL Server 数据库的使用情况。对系统管理员来说，它是一个连续实时地捕获用户活动情况的间谍。

8. 服务器网络实用工具

服务器网络实用工具用于配置服务器端 SQL Server 实例所支持的网络协议。只有在服务器上启用了某个协议，并在客户端也启用了相同的协议，才能进行计算机之间的通信。安装 SQL Server 2000 时，自动安装了完整的网络库，但在默认的情况下仅启用一部分协议。

9. 客户端网络实用工具

利用客户端工具既可以管理本机上安装的数据库服务器，又可以通过网络管理与访问远程计算机上的数据库服务器。而远程管理的前提条件是正确设置客户端网络实用工具与服务器端网络实用工具，以保证客户机与远程主机之间的网络连接。

10. 联机丛书

SQL Server 2000 提供了大量的联机帮助文档（Books Online），它具有索引和全文搜索能力，可根据关键词来快速查找用户所需信息。

7.3.3　数据库操作

1. 概述

（1）文件与文件组。在 SQL Server 2000 中，数据库是由数据库文件和事务文件组成的，一个数据库至少应包含一个数据库文件和一个事务日志文件。

1）数据库文件（Database File）。数据库文件是存放数据库数据和数据库对象的文件。一个数据库可以有一个或多个数据库文件，一个数据库文件只属于一个数据库。当有多个数据库文件时，有一个文件被定义为主数据库文件（Primary Database File），扩展名为.mdf，它用来存储数据库的启动信息和部分或全部数据。每个数据库都必须要有一个主数据库文件，其他数据库文件被称为次数据库文件（Secondary Database File），扩展名为.ndf，用来存储主文件没有存储的其他数据。

2）事务日志文件（Transaction Log File）。事务日志文件就是记录数据库的更新情况的文件，扩展名为.ldf。例如，使用 INSERT、UPDATE、DELETE 等命令对数据库进行更改的操作都会记录在此文件中。而如 SELECT 等对数据库内容不会有影响的操作，则不会记录在案。当数据库损坏时，管理员使用事务日志恢复数据库，每个数据库至少有一个日志文件。

3）文件组（File Group）。为了更好地实现数据库文件的组织，SQL Server 2000 开始引入了文件组的概念。文件组允许多个数据库文件组成一个组，并对它们整体进行管理。比如，可以将三个数据文件（data1.mdf、data2.mdf 和 data3.mdf）分别创建在三个盘上，这三个文件组成文件组 fgroup1，在创建表的时候，就可以指定一个表创建在文件组 fgroup1 上。这样该表的数据就可以分布在三个盘上，在对该表执行查询时，可以并行操作，大大提高了查询效率。与数据库文件一样，文件组也分为主文件组（Primary File Group）和次文件组（Secondary File Group）。一个文件只能存在于一个文件组中，一个文件组也只能被一个数据库使用。主文件组包含主数据库文件和未指定组的其他文件。在次文件组中可以指定一个默认文件组，那么在创建数据库对象时如果没有指定将其放在哪一个文件组中，就会将它放在默认文件组中。如果没有指定缺省文件组，则主文件组为默认文件组。

（2）SQL Server 2000 数据库文件和文件组必须遵循以下规则：

1）一个文件和文件组只能被一个数据库使用。

2）一个文件只能属于一个文件组。

3）数据和事务日志文件不能同时属于同一文件或文件组。

4）日志文件不能属于文件组。

（3）系统数据库。

SQL Server 2000 有 6 个系统数据库：Master、Model、Msdb、 Tempdb、Pubs 和 Northwind。这些系统数据库的文件存储在 SQL Server 2000 默认安装目录的 MSSQL 子目录的 Data 文件夹或用户自定义的文件夹中。

1）Master 数据库。Master 数据库记录了一个 SQL Server 系统的所有系统信息，这些系统信息主要有：所有的登录信息、系统设置信息、SQL Server 初始化信息、系统中其他系统数据库和用户数据库的相关信息，如主文件的存放位置等。

2）Model 数据库。Model 数据库是所有用户数据库和 Tempdb 数据库的创建模板。当创建数据库时，系统会将 Model 数据库中的内容复制到新建的数据库中去。由此可见，利用 Model 数据库的模板特性，通过更改 Model 数据库的设置，并将经常使用的数据库对象复制到 Model 数据库中，可以大大简化数据库及其对象的创建设置工作，为用户节省大量的时间。通常 Model 数据库中包含以下内容：数据库的最小容量、数据库选项设置、经常使用的数据库对象，如用户自定义的数据类型、函数规则和默认值等。

3）Msdb 数据库。SQL Server 企业管理器和 SQL Server Agent 使用 Msdb 数据库来存储计划信息，以及与备份和还原相关的信息，尤其是 SQL Server Agent 需要使用 Msdb 数据库来执行安排工作、警报与记录操作等操作。

4）Tempdb 数据库。Tempdb 数据库用作系统的临时存储空间，其主要作用有：存储用户建立的临时表和临时存储过程、存储用户说明的全局变量值、为数据排序创建临时表。存储用户利用游标说明所筛选出来的数据。

在 Tempdb 数据库中所做的存储不会被记录，因此，在 Tempdb 数据库中的表上进行数据操作比较快。当 SQL Server 关闭时，Tempdb 数据库中的所有对象都被删除。

5）Pubs 和 Northwind 数据库。这是两个实例数据库，它们可以作为 SQL Server 的学习工具。Pubs 数据库存储了一个虚构的图书出版公司的基本情况，Northwind 数据库则包含了一个公司的销售数据，该公司是一个虚构的公司，名为 Northwind 商人，从事食品的进出口业务。

（4）系统表简介。

SQL Server 经常访问系统目录，检索系统正常运行所需的必要信息。在 SQL Server 和其他关系数据库系统中，所有的系统表与基表都有相同的逻辑结构，这样，用于检索和修改基表信息的 Transact-SQL 语句，同样可以用于检索和修改系统表中的信息。但是应该注意的是如果使用 DDL 语句的 INSERT、UPDATE 和 DELETE 语句来修改系统信息，对整个系统是非常危险的，而应使用系统的存储过程来代替。下面简要介绍几个最重要的系统表。

1）Sysobiects 表。SQL Server 的主系统表，出现在每个数据库中，它对每个数据库对象含有一行记录。

2）Syscolumns 表。出现在 Master 数据库和每个用户自定义的数据库中，它对基表或者视图的每个列和存储过程中的每个参数含有一行记录。

3）Sysindexes 表。出现在 Master 数据库和每个用户自定义的数据库中，它对每个索引和设有聚簇索引的每个表含有一行记录，它还对包括文本/图像数据的每个表含有一行记录。

4）Sysusers 表。出现在 Master 数据库和每个用户自定义的数据库中，它对整个数据库中的每个 Windows NT 用户、Windows NT 用户组、SQL Server 用户，或者 SQL Server 角色含有一行记录。

5）Sysdatabases 表。它对 SQL Server 系统上的每个系统数据库和用户自定义的数据库含有一行记录，只出现在 Master 数据库中。

6）Sysdepends 表。它对表、视图和存储过程之间的每个依赖关系含有一行记录，出现在 Master 数据库和每个用户自定义的数据库中。

7）Sysconstraints 表。它对使用 CREATE TABLE 或者 ALTER TABLE 语句为数据库对象定义的每个完整性约束含有一行记录，它出现在 Master 数据库和每个用户自定义的数据库中。

2. 创建数据库

除了用 SQL 语言可以建立数据库外，也可使用 SQL Server 2000 的企业管理器创建数据库，利用企业管理器创建一个学生学籍管理数据库 Student 的具体步骤如下：

（1）单击"开始"菜单，选择"程序"中的 Microsoft SQL Server，然后选择"企业管理器"选项。在服务器列表中，选中将要使用的 Server，用鼠标右击"数据库"，在弹出的快捷菜单中选择"新建数据库"命令，将会弹出"数据库属性"对话框，如图 7-22 所示。

（2）在"数据库属性"对话框共有三个选项卡：常规、数据文件和事务日志，在"常规"选项卡的"名称"文本框中输入要创建的数据库的名

图 7-22　"数据库属性"对话框

称，即输入"student"。

（3）选择"数据文件"选项卡，找到文件名为 student_Data 一行，指定存放文件的路径、初始容量大小和所属文件组等属性，并进行数据库文件大小、扩充方式和容量限限制的设置。

（4）选择"事务日志"选项卡，找到文件名为 student_Data 一行，指定存放日志文件的位置、初始容量大小等属性，并进行事务日志文件大小、扩充方式和容量限制的设置。

（5）设置完成之后，单击"确定"按钮，然后 SQL Server 就会建立一个数据库。

以上创建了一个名为 Student 的数据库，并为它创建了一个主数据库文件和一个日志文件。

注意： 数据库的名称不超过 128 个字符，且不区分大小写。理论上一个服务器可以管理 32 767 个数据库。

3. 修改数据库

当创建数据库时，系统将会使用默认选项值定制数据库。若要更改新创建数据库选项的默认值，则可通过更改 Model 数据库中的适当数据库选项来实现。由于新建的数据库是以 Model 数据库为模板的，因此，更改了 Model 数据库的设置，就可以对系统建立数据库时的默认值进行修改。只有系统管理员、数据库所有者，以及 sysadmin 和 dbcreator 这些固定服务器角色和 db_owner 固定数据库角色的成员才能修改这些选项。

在企业管理器中，展开服务器组，再选择"数据库"选项。右击要设置的数据库名称，然后选择"属性"命令，在弹出的"属性"对话框，如图 7-23 所示中就可以完成对数据库和事务日志文件等的设置和修改了。

图 7-23 "属性"对话框

4. 删除数据库

对于那些不再需要的数据库，可以删除它以释放在磁盘上所占用的空间。在企业管理器中，在所要删除的数据库上右击，选择"删除"命令即可删除数据库。也可以选择"数据库"文件夹后，从工具栏中单击删除图标来删除数据库，系统会询问用户是否要删除数据库。

删除数据库一定要慎重，因为删除数据库后，与此数据库有关联的数据库文件和事务日志文件都会被删除，存储在系统数据库中的关于该数据库的所有信息也会被删除。

7.3.4　数据表操作

1. 数据类型

数据表是由结构（即字段）和元组（即记录）组成的。建立表的主要工作就是建立字段的名称及其对应的数据类型。不同的数据类型用来存放不同类型的数据，SQL Server 2000 提供的系统数据类型有以下几大类，共 25 种。SQL Server 会自动限制每个系统数据类型的值的范围，当插入数据库中的值超过了数据类型允许的范围时，SQL Server 就会报错。

（1）整型数据类型。

整型数据类型是最常用的数据类型之一，它主要用来存储数值，可以直接进行数据运算，而不必使用函数转换。

1）int（integer）：int（或 integer）数据类型可以存储从 -2^{31}（$-2\,147\,483\,648$）～2^{31}（$2\,147\,483\,647$）范围之间的所有正负整数。每个 int 数据类型值需 4 个字节的存储空间。

2）smallint：可以存储从 -2^{15}（$-32\,768$）～$2^{15}-1$ 范围之间的所有正负整数。每个 smallint 类型的数据占用 2 个字节的存储空间。

3）tinyint：可以存储从 0～255 范围之间的所有正整数。每个 tinyint 类型的数据占用 1 个字节的存储空间。

（2）浮点数据类型。

浮点数据类型用于存储十进制小数。浮点数值的数据在 SQL Server 中采用只入不舍的方式进行存储，且仅当要舍入的数是一个非零数时，对其保留数字部分的最低有效位上的数值加 1，并进行必要的进位。

1）real：可以存储正的或者负的十进制数值，最大可以有 7 位精确位数。它的存储范围从 $-3.40E+38$～$3.40E+38$。每个 real 类型的数据占用 4 个字节的存储空间。

2）float：可以精确到第 15 位小数，其范围从 $-1.79E+308$～$1.79E+308$。如果不指定 float 数据类型的长度，它占用 8 个字节的存储空间。float 数据类型也可以写为 float（n）的形式，n 指定 float 数据的精度，n 为 1～15 之间的整数值。当 n 取 1～7 时，实际上是定义了一个 real 类型的数据，占用 4 个字节的存储空间；当 n 取 8～15 时，系统认为其是 float 类型，占用 8 个字节的存储空间。

3）decimal 和 numeric：它们的数据类型完全相同，可以提供小数所需的实际存储空间，但也有一定的限制，可以用 2～17 个字节来存储 $-10^{38}+1$～$10^{38}-1$ 之间的数值。也可以将其写为 decimal（p，s）的形式，p 和 s 确定了精确的比和数位。其中 p 表示可供存储的值的总位数，默认设置为 18；s 表示小数点后的位数，默认设置为 0。例如，decimal（10，5）表示共有 10 位数，其中整数 5 位，小数 5 位。

（3）字符数据类型。

字符数据类型也是 SQL Server 中最常用的数据类型之一，它可以用来存储各种字母、数字符号和特殊符号。在使用字符数据类型时，需要在其前后加上英文单引号或者双引号。

1）char：当用 char 数据类型存储数据时，每个字符和符号占用一个字节的存储空间，其定义形式为 char（n），n 表示所有字符所占的存储空间，n 的取值为 1～8000。若不指定 n 值，系统默认 n 的值为 1。若输入数据的字符串长度小于 n，则系统自动在其后添加空格来填满设定好的空间；若输入的数据过长，将会截掉其超出部分。如果定义了一个 char 数据类型，而且允许该列为空，则该字段被当作 varchar 来处理。

2）varchar：用 char 数据类型可以存储长达 255 个字符的可变长度字符串，其定义形式为 varchar（n），和 char 类型不同的是，varchar 类型的存储空间是根据存储在表的每一列值的字符数变化的。例如定义 varchar（20），则它对应的字段最多可以存储 20 个字符，但是在每一列的长度达到 20 字节之前系统不会在其后添加空格来填满设定好的空间，因此使用 varchar 类型可以节省空间。

3）nchar：它与 char 数据类型类似，不同的是 nchar 数据类型 n 的取值范围为 1～4000。其定义形式为 nchar（n），nchar 数据类型采用 unicode 标准字符集，unicode 标准用 2 个字节为一个存储单位，比一个存储单位的容纳量就大大增加了，可以将全世界的语言文字都囊括在内，在一个数据列中就可以同时出现中文、英文、法文等，而不会出现编码冲突。

4）nvarchar：它与 varchchar 数据类型相似，其定义形式为 nvarchar（n），nvarchar 数据类型也采用 unicode 标准字符集，n 的取值范围为 1～4000。

（4）日期和时间数据类型。

1）datetime：由有效的日期或时间组成，它可以存储在 1753 年 1 月 1 日到 9999 年 12 月 31 日之间的所有日期和时间数据，其精确度可达 1/300 秒，即 3.33 毫秒。Datetime 数据类型占用 8 个字节的存储空间，其中前 4 个字节用于存储基于 1900 年 1 月 1 日之前或者之后日期数，数值分正负，负数存储的数值代表在基数日期之前的日期，正数表示基数日期之后的日期，时间以子夜后的毫秒存储在后面的 4 个字节中。当存储 datetime 数据类型时，默认的格式是 MM DD YYYY hh：mm A.M./P.M，当插入数据或者在其他地方使用 datetime 类型时，需要用单引号把它括起来。默认的时间日期是 January 1，1900 12：00 A.M。可以接受的输入格式如下：Jan 4 1999、Jan 4 1999、January 4 1999、Jan 1999 4、1999 4 Jan 和 1999 Jan 4。datetime 数据类型允许使用/、_ 和.作为不同时间单位间的分隔符。

2）smalldatetime：与 datetime 数据类型类似，但其日期时间范围较小，它存储从 1900 年 1 月 1 日到 2079 年 6 月 6 日内的日期。smalldatetime 数据类型使用 4 个字节存储数据，SQL Server 2000 用 2 个字节存储日期 1900 年 1 月 1 日以后的天数，时间以子夜后的分钟数形式存储在另外 2 个字节中，smalldatetime 的精度为 1 分钟。

（5）文本和图形数据类型。

①text：用于存储文本数据，最多可容纳 $2^{31}-1$（2 147 483 647）个字节，但实际应用时要根据硬盘的存储空间而定。

②ntext：与 text 数据类型类似，存储在其中的数据通常是直接能输出到显示设备上的字符，显示设备可以是显示器、窗口或者打印机。用来存储大量的 unicode 标准字符集，最多可以容纳 $2^{30}-1$（1 073 741 823）个字节。

③image：用于存储照片、目录图片或者图画，最多可容纳 $2^{31}-1$（2 147 483 647）个字节。其存储数据的模式与 text 数据类型相同，通常存储在 image 字段中的数据不能直接用 INSERT 语句直接输入。

（6）货币数据类型。

1）money：用于存储货币值，存储在 money 数据类型中的数值以一个正数部分和一个小数部分存储在两个 4 字节的整型值中，存储范围为–922 337 203 685 477 5808～922 337 203 685 477 5807，精确到货币单位的万分之一。

2）smallmoney：与 money 数据类型类似，其存储范围为−214748.3468～214748.3647。当为 money 或 smallmoney 的表输入数据时，必须在有效位置前面加一个货币单位符号。

（7）位数据类型。

bit 称为位数据类型，其数据有两种取值：0 和 1，长度为 1 字节。在输入 0 以外的其他值时，系统均把它们当作 1 看待。这种数据类型常作为逻辑变量使用，用来表示真、假或是、否等。

（8）二进制数据类型。

1）binary：用来存储 8000 字节的定长二进制数据。当输入内容接近指定的长度时，应使用该数据类型。

2）varbinary：用来存储 8000 字节的定长二进制数据。当输入内容的长度变化很大时，应使用该数据类型。

（9）特殊数据类型。

1）timestamp：又称时间戳数据类型，它提供数据库范围内的唯一值，反应数据库中数据修改的相对顺序，相当于一个单调上升的计数器。当它所定义的列在更新或者插入数据行时，此列的值会被自动更新，一个计数值将自动地添加到此 timestamp 数据列中。如果建立一个名为 timestamp 的列，则该列的类型将自动设为 timestamp 数据类型。

2）uniqueidentifier：用于存储一个 16 字节长的二进制数据类型，它是 SQL Server 根据计算机网络适配器地址和 CPU 时钟产生的全局唯一标识符代码（Globally Unique 节 dentifier，简写为 GUID）。此数字可以通过调用 SQL Server 的 newid()函数获得，在全球各地的计算机经由此函数产生的数字不会相同。

（10）新增数据类型。

SQL Server 2000 与 SQL Server 7 相比，新增了三种数据类型：bigint、sql_variant 和 table。

1）bigint：用于存储从−2^{63}（−9 223 372 036 854 775 807）～2^{63}−1（9 223 372 036 854 775 807）之间的所有正负整数。每个 bigint 类型的数据占用 8 个字节的存储空间。

2）sql_variant：用于存储除文本、图形数据和 timestamp 类型数据外的其他任何合法的 SQL Server 数据。此数据类型极大地方便了 SQL Server 的开发工作。

3）table：用于存储对表或者视图处理后的结果集。这种新的数据类型使得变量可以存储一个表，从而使函数或过程返回查询结果更加方便、快捷。

2. 数据表操作

（1）创建数据表。

表是由行和列组成的，创建表的过程主要就是定义表的列的过程。在企业管理器中创建表的步骤如下：

1）在要创建表的数据库中选择"表"对象后，右击在快捷菜单中选择"新建表"命令，弹出如图 7-24 所示的窗口。

2）在该窗口中分别输入或选择各列的名称、数据类型、长度、是否允许为空值等属性。

3）定义好所有列后，单击工具栏上的"保存"按扭，弹出"保存"对话框，输入表名（数据库表名称是 student），单击"确定"按钮，student 表就创建好了。

（2）修改表。

当表创建好后，可能根据需要对表的列、约束等属性进行添加、删除或修改，这就需要修改表结构。用企业管理器修改数据表的结构步骤如下：

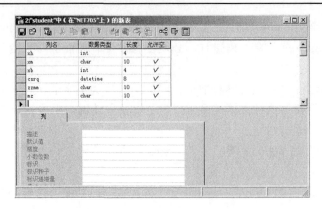

图 7-24　创建学生基本信息表

1）在企业管理器中左侧目录树窗口中，展开"数据库"文件夹。

2）从中找到所需要的数据库，并展开该数据库文件夹。

3）单击"表"对象后，会在"企业管理器"窗口中的右侧中显示出当前数据库中的所有数据表。

4）单击选择要进行修改的表，在该表名称上右击，在快捷菜单中选择"设计表"命令，如图 7-25 所示。同样，在快捷菜单中选择"打开表"选项，用户可以在该窗口中修改列的数据类型、名称等属性，或添加、删除列，也可以指定表的主关键字约束。

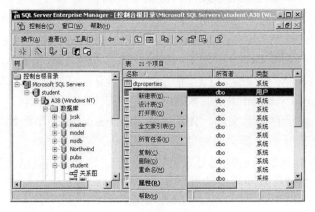

图 7-25　修改数据表结构

5）修改完毕后，单击控制台"退出"命令，存盘退出。

（3）查看表。

1）查看表的属性。在企业管理器中，展开相应数据库的文件夹，从中找到所需的数据表（如数据表 student），然后右击要查看属性的表，从快捷菜单中单击选择"属性"命令，弹出"表属性"对话框，如图 7-26 所示。从中可以查看数据表的名称、所有者、创建日期、文件组、记录行数，以及数据表中的字段名称、结构和类型等属性信息。

2）查看数据表中的数据。在企业管理器中，右击要查看数据的表，从快捷菜单中选择"打开表"选项，再选择其子菜单的"返回所有行"选项，如图 7-27 所示。此时，会显示表中所有数据。

图 7-26　"表属性"对话框

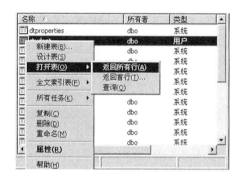

图 7-27　数据表查询

（4）删除表。

在企业管理器中，右击要删除的表，从快捷菜单中选择"删除"命令，弹出"删除对象"对话框。单击"全部除去"按钮，即可删除表；单击"显示相关性"按钮，即会弹出"相关性"对话框，其中列出了表所依靠的对象和依赖于表的对象，当有对象依赖于表时就不能删除表了。

（5）在数据表中添加、修改和删除数据。

建完基本表之后，就要插入相关的数据了。基本操作方法如下：

1）在企业管理器中找到建立的数据库，单击列表中的"表"，这时，在右侧的显示区域就可以看到这个数据库中所有已经建立的表。

2）选中并右击要插入数据的表。

3）在快捷菜单中选择"打开表"选项，再选择其子菜单的"返回所有行"选项。

4）在弹出的窗口中，直接添加所需的数据即可。

注意：必须保证数据和定义的数据类型的一致性，否则，在类型检查时会出错。相应地，如果要修改已经输入的数据，只要直接输入新数据即可。

对于数据删除，可以在选中的一行上右击，在快捷菜单中选择"删除"命令即可。

3．索引

在数据库中，索引使数据库程序无须对整个表进行扫描，就可以快速找到所需数据。数据库中的索引是一个表中所包含的值的列表，并注明了各个值的行所在的存储位置。可以为表中的单个列建立索引，也可以为一组列建立索引。

当创建数据库并优化其性能时，应该为数据查询所使用的列创建索引。

SQL Server 2000 为某些类型的约束（如 PRIMARY KEY 和 UNIQUE）自动创建索引。不过，带索引的表在数据库中会占据更多的空间。另外，为了维护索引，对数据进行插入、更新和删除操作的命令所花费的时间会更长。

（1）创建索引。

创建索引的步骤如下：

1）在数据库关系图中选择要创建索引的表，右击该表，从快捷菜单中选择"索引/键"命令；或者为要创建索引的表打开表设计器，在表设计器中用右击，从弹出的快捷菜单中选择"索引/键"命令。

2）在弹出的"属性"对话框中单击"索引/键"标签，单击"新建"按钮。在"选定的索引"文本框中将显示系统分配给新索引的名称，如图7-28所示。

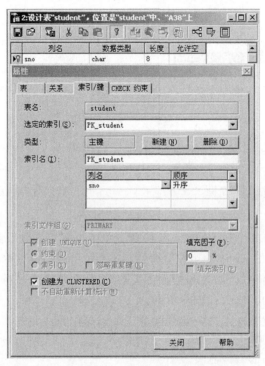

图 7-28　数据表建立索引

3）在"列名"下选择要创建索引的列，最多可以选择16列。对所选的每一列，可指出索引是按升序还是按降序顺序来组织列值。

4）为索引设置其他参数选项，然后单击"确定"按钮。

当保存表或视图时，索引即创建在该数据库中。

（2）删除索引。

索引的使用会减慢执行速度。如果想删除索引，操作如下：

1）在数据库关系图中选择要删除索引的表，右击该表，从快捷菜单中选择"属性"命令；或者为要删除索引的表打开表设计器，在表设计器中右击，从快捷菜单中选择"属性"命令。

2）选择"索引/键"选项卡。

3）从"选定的索引"文本框的下拉列表中选择要删除的索引。

4）单击"删除"按钮。

当保存表或关系图时，索引即从数据库中被删除。

注意：单击"删除"按钮将导致一个无法撤销的操作，而且不保存对数据库关系图所做的所有其他更改。若要撤销该操作，请不保存更改，即关闭当前的数据库关系图和所有其他打开的数据库关系图以及表设计器窗口。

7.3.5 SQL Server 的完整性与安全性

1. 数据库完整性在 SQL Server 中的实现

在 SQL Server 中，可以通过各种约束、缺省、规则、触发器、存储过程等数据库对象来保证数据的完整性。

（1）约束。约束是 SQL Server 强制实行的应用规则，它能够限制用户存放到表中数据的格式和可能值。约束作为数据库定义的一部分在创建数据库时声明，所以也称为声明完整性约束。约束独立于表结构，可以在不改变表结构的情况下，通过修改表来添加或者删除约束。在删除一个表时该表所带的所有约束定义也被随之删除。约束有以下几种：

1）主关键字约束（PRIMARY KEY）。能够保证指定列的实体完整性，该约束可以应用于一列或多列，应用于多列时，它被定义为表级约束。

2）外部关键字约束（FOREIGN KEY）。为表中一列或多列数据提供参照完整性。实施 FOREIGN KEY 约束时，要求在被参照表中定义了 PRIMARY KEY 约束或 UNIQUE 约束。

3）唯一约束（UNIQUE）。能够保证一列或多列的实体完整性。对于实施 UNIQUE 约束的列，不允许有任意两行具有相同的索引值。SQL Server 允许在每张表上建立多个 UNIQUE 约束。

4）检查约束（CHECK）。限制输入到一列或多列的可能值，从而保证 SQL Server 数据库中数据的值域完整性。

5）默认值约束（DEFAULT）。使用此约束时，如果用户在插入数据操作时没有显式为该列提供数据，系统就将默认值赋给该列。

（2）缺省。缺省是一种数据库对象，它与缺省值约束的作用类似，在 INSERT 语句中为指定数据列设置缺省值。缺省对象只适用于受 INSERT 语句影响的行。

创建缺省对象使用 CREATE DEFAULT 语句，该语句只能在当前数据库中创建缺省对象。对每一个用户来说，他在同一个数据库中所创建的缺省对象名称必须唯一。创建缺省后，必须将它与列或用户定义数据类型关联起来才能使之发挥作用。使用 DROP DEFAULT 语句删除指定缺省对象。

（3）规则。规则是对输入到列中的数据所实施的完整性约束条件，它指定插入到列中的可能值，规则可以被关联到一列或几列，以及用户定义的数据类型。创建规则使用 CREATE RULE 语句，删除规则使用 DROP RULE 语句。

2. 数据库安全性在 SQL Server 中的实现

数据库建立之后，数据的安全性最为重要。SQL Server 2000 提供了一套设计完善、操作简单的安全管理机制。

（1）SQL Server 2000 的安全机制。

SQL Server 2000 的安全性机制由 4 层构成，如图 7-29 表示。

图 7-29 SQL Server 2000 的安全性机制

从用户的角度讲，要访问数据库，需经过如下步骤：

1）一个数据库用户必须有权登录操作系统，即该用户在 Windows 2000 Server 操作系统中具有登录账户。在这个前提条件下，才有可能进入 SQL Server 2000 系统。

2）一旦登录了操作系统，登录者还必须得到数据库系统的通行证——数据库服务器的登录账户，才具有数据库服务器的连接权或登录权。SQL Server 2000 只有在验证了指定的登录账户有效后，才能完成连接。这种对登录账户的验证称为身份验证。

3）当一个登录者登录数据库服务器后，并不等于对其中的数据库具有访问权限，还必须由数据库所有者或管理员授权，使该登录者成为某一个数据库的用户。

4）作为某个数据库的用户，对数据库对象的访问权限也必须被授予，这些权限包括SELECT、UPDATE、INSERT、DELETE 等。这种用户访问数据库权限的设置是通过用户账号来实现的。

另一方面，从 SQL Server 2000 数据库服务器的角度讲，对于要登录数据库服务器的用户，SQL Server 2000 采用以下三种安全认证模式，Windows 认证模式、混合认证模式、SQL Server 认证模式。

所以在 SQL Server 的安全模式中包括 SQL Server 登录、数据库用户、权限、角色。

（2）SQL Server 登录认证。

在 Windows 认证模式下，SQL Server 数据库系统通常运行在 Windows 服务器平台上，而Windows 作为网络操作系统，本身就具备管理登录、认证用户合法性的能力，因此，Windows认证模式正是利用了这一用户安全性和账号管理的机制，用户只需使用 Windows 的用户名和密码，通过 Windows 的认证，就可以连接到 SQL Server。

在混合认证模式下，允许用户使用 Windows NT 安全性或 SQL Server 安全性连接到 SQL Server，这就意味着用户可以使用其账号登录到 Windows NT，或者使用其登录名登录到 SQL Server 系统。Windows NT 的用户既可以使用 Windows NT 认证，也可以使用 SQL Server 认证。

在 SQL Server 认证模式下，由 SQL Server 系统管理员定义 SQL Server 的登录名和登录密码。这些登录信息存储在系统表 Syslogins 中，与 Windows NT 的登录账号无关，SQL Server自己执行认证处理。如果输入的登录信息与系统表 Syslogins 中的某条记录相匹配，则表明登录成功。

在对登录进行增加、删除等操作时，必须首先设置 SQL Server 的认证模式。

（3）管理 SQL Server 登录。

管理 SQL Server 登录的方法主要有利用企业管理器和 Transact-SQL 语句。

例如，在 SQL Server 中有一些系统存储过程提供了管理 SQL Server 登录的功能。主要包括 sp_addlogin、sp_granlogin、sp revokelogin、sp_denylogin、sp_droplogin、sp_helplogins。

1）sp_addlogin：用于创建新的使用 SQL Server 认证模式的登录账号。其语法格式如下所示。

sp_addlogin'登录名'［,'登录密码'］［,'登录时默认数据库'］［,'登录时默认语言'］［,'安全标识码'］［,'加密选项'］

加密选项有以下三种选择。

- NULL：表示对密码进行加密。
- skip_encryption：表示对密码不加密。
- skip_encryption_old：只在 SQL Server 升级时使用，表示旧版本已对密码加密。

登录名和密码的最大长度为 128 个字符，可以是英文字符、数字，但登录名不能包括"\"，新建的登录名是一个保留名（如 sa 或 public）或是已经存在的登录名，且登录名不能为 NULL或是一个空字符串。

例 7-1　创建一个新登录用户 wh。

exec sp_addlogin 'wh', '666', 'pubs', 'us_english', @encryptopt='skip_encryption'

2）sp_droplogin：用于在 SQL Server 中删除该登录账号，禁止其访问 SQL Server。其语法格式如下所示。

sp_droplogin'登录名'

例 7-2　删除 SQL Server 登录用户 wh。

exec sp_droplogin 'wh'

注意：不能删除系统管理者账户 sa，以及当前连接到 SQL Server 的登录账户。sp_addlogin 和 sp_droplogin 只能用在 SQL Server 认证模式下。

3）sp_granlogin：用于设定一个 Windows NT 用户或用户组为 SQL Server 的登录用户。其语法格式如下所示。

sp_granlogin'登录名'

例 7-3　将 Windows NT 用户 KEH\GD 设定为 SQL Server 登录用户。

exec sp_grantlogin 'KEH\GD'

4）sp_denylogin：用于拒绝某一 Windows NT 用户或用户组连接到 SQL Server。其语法格式如下所示。

sp_denylogin'登录名'

例 7-4　拒绝 Windows NT 用户 KEH\GD 登录到 SQL Server。

exec sp_denylogin 'KEH\GD'

5）sp_revokelogin：用来删除 Windows NT 用户或用户组在 SQL Server 上的登录信息。其语法格式如下所示。

sp_revokelogin'登录名'

例 7-5　删除 Windows NT 用户 KEH\GD 登录到 SQL Server 的登录信息。

exec sp_revokelogin 'KEH\GD'

注意：sp_granlogin 和 sp_revokelogin 只能使用于 Windows 认证模式下对 Windows NT 用户或用户组账号做设定，而不能对 SQL Server 维护的登录账号进行设定。

6）sp_helplogins：用来显示 SQL Server 所有登录者的信息，包括每一个数据库里与该登录者相对应的用户名。其语法格式如下所示。

sp_helplogins'登录名'

注意：如果未指定登录名，则显示当前数据库中所有登录用户（包括 Windows NT 登录用户）信息。

例 7-6　显示登录者 wh 的登录信息。

sp_helplogins 'wh'

注意：只有具有 Sysadmin 和 Securityadmin 服务器角色的成员才可以执行上述系统存储过程。

（4）数据库用户。

1）数据库用户概述。

数据库用户用来指出哪一个人可以访问哪一个数据库。在一个数据库中用户 ID 唯一标识一个用户。用户对数据的访问权限以及对数据库对象的所有关系，都是通过用户账号来控制的。用户账号总是基于数据库的，即两个不同数据库中可以有两个相同的用户账号。

在数据库中，用户账号与登录账号是两个不同的概念，一个合法的登录账号只表明该账号通过了 Windows NT 认证或 SQL Server 认证，但不能表明其可以对数据库数据和数据对象进行某种或某些操作。所以一个登录账号总是与一个或多个数据库用户账号（这些账号必须分别存在相异的数据库中）相对应，这样才可以访问数据库。例如，登录账号 sa 自动与每一个数据库用户 dbo 相关联。

通常而言数据库用户账号总是与某一个登录账号相关联。但有一个例外那就是 Guest。Guest 是一个公共用户，主要是让那些没有属于自己的用户账号的 SQL Server 登录者，把其作为默认的用户，从而使该登录者能够访问具有 Guest 用户的数据库。

2）管理数据库用户。

在企业管理器管理数据库用户主要执行步骤如下：

①在企业管理器中，展开服务器组，再展开服务器。

②展开"数据库"文件夹，打开要创建用户的数据库。

③用鼠标单击用户目录，从快捷菜单中选择"新建数据库用户"命令，弹出"数据库用户属性—新建用户"对话框，如图 7-30 所示。

图 7-30 "数据库用户属性—新建用户"对话框

④在"登录名"下拉列表框中选择一个登录账号，在"用户名"文本框中输入数据库用户名，在"数据库角色成员"列表中为该用户选择数据库角色。

⑤单击"确定"按钮，完成数据库用户的创建。

3）查看数据库用户。

在企业管理器中，展开要查看用户的数据库，单击"用户"，则右面的窗口中显示当前数据库的所有用户信息。

4）删除数据库用户。

在右面的窗格中右击想要删除的数据库用户，则会弹出快捷菜单，然后选择"删除"命令，则会从当前数据库中删除该数据库用户。

（5）权限管理。

用户在登录到 SQL Server 之后，其安全账号（用户账号）所归属的 Windows NT 组或角色被授予的权限，决定了该用户能够对哪些数据库对象执行哪行操作，以及能够访问、修改哪些数据,这是作为访问权限设置的最后一道关卡。

数据库创建完成后,只有拥有者才具有访问数据库对象的权限,其他用户要访问该数据库,必须首先获得拥有者授予的权限。

在 SQL Server 中包括两种类型的权限。

1)对象权限。对象权限是指数据库拥有者将数据库对象的访问权授予其他用户。它是针对表、视图、存储过程而言的决定了能对表、视图、存储过程执行哪些操作(如 UPDATE、DELETE、INSERT 和 EXECUTE)。如果用户想要对某一个对象进行操作,其必须具有相应的操作权限。

不同类型的对象支持不同的操作。例如,当要用户修改表中数据时,必须首先被授予该表的 UPDATE 权限。各种对象支持的操作如表 7-2 所示。

表 7-2 对象权限表

对　　象	操　　作
表	SELECT、INSERT、UPDATE、DELETE、REFERENCE
视图	SELECT、INSERT、UPDATE、DELETE
存储过程	EXECUTE
列	SELECT、UPDATE

2)语句权限。语句权限主要指用户是否具有权限来执行某一语句,这些语句通常是一些具有管理性的操作,如创建数据库、表、视图、存储过程等。这种语句虽然仍包含有操作(如 CREATE 的对象),但这些对象在执行该语句之前,并不存在于数据库中(如创建一个表,在 CREATE TABLE 语句未成功执行前数据库中没有该表),如表 7-3 所示。

表 7-3 语句权限表

语　　句	含　　义
CREATE DATABASE	创建数据库
CREATE TABLE	创建表
CREATE VIEW	创建视图
CREATE RULE	创建规则
CREATE DEFAULT	创建缺省
CREATE PROCEDURE	创建存储过程
BACKUP DATABASE	备份数据库
BACKUP LOG	备份事务日志

管理权限的方法主要是使用企业管理器管理权限和使用 Transact-SQL 命令两种。在 SQL Server 中可使用 GRANT、REVOKE 和 DENY 三种命令来管理权限。

(6)角色管理。

角色是 SQL Server 2000 引进的新概念,它代替了以前版本中组的概念。角色和组非常类似,例如它们都是一些用户的集合。但是,角色和组又有区别,例如组之间不能包含或嵌套,而角色之间可以包含或嵌套。SQL Server 管理者可以将某些用户设置为某一角色，这样只要对角色进行权限设置，便可实现对所有用户权限的设置，大大减少了管理员的工作量。

在 SQL Server 中主要有两种角色类型：服务器角色与数据库角色。

1）服务器角色。

服务器角色是指根据 SQL Server 的管理任务，以及这些任务相对的重要性等级来把具有 SQL Server 管理职能的用户划分成不同的用户组。每一组所具有管理 SQL Server 的权限已被预定义在服务器范围内，且不能被修改，所以也称为固定服务器角色。例如，具有 Sysadmin 角色的用户在 SQL Server 中可以执行任何管理性的工作，任何企图对其权限进行修改的操作，都将会失败。这一点与数据库角色不同。

SQL Server 共有 7 种固定服务器角色，如表 7-4 所示。

表 7-4　服务器角色表

服 务 器 角 色	含　　义
系统管理员（Sysadmin）	拥有 SQL Server 所有的权限许可
服务器管理员（Serveradmin）	管理 SQL Server 服务器端的设置
安装管理员（Setupadmin）	增加、删除连接服务器，建立数据库复制、管理扩展存储过程
安全管理员（Securityadmin）	管理和审核 SQL Server 系统登录
进程管理员（Processadmin）	管理 SQL Server 系统进程
数据库创建者（Dbcreator）	创建数据库，并对数据库进行修改
磁盘管理员（Diskadmin）	管理磁盘文件

SQL Server 2000 提供了管理服务器角色的两种主要方法是企业管理器和存储过程。

2）数据库角色。

将一组数据库访问权限授予多个用户时，可将这些用户归于一个角色，该角色具有相应的数据库访问权限。SQL Server 提供了两种数据库角色，即固定数据库角色和用户自定义的数据库角色。

①固定数据库角色。固定数据库角色是指 SQL Server 已经定义了这些角色所有具有的管理、访问数据库权限，并且 SQL Server 管理者不能对其所具有的权限进行任何修改。每个数据库都有一系列固定数据库角色。

SQL Server 提供了 9 个常用的固定数据库角色，如表 7-5 所示。

表 7-5　固定数据库角色表

预定义的数据库角色	含　　义
db_owner	数据库的所有者，可以对所有拥有的数据库执行任何操作
db_accessadmin	可以增加或删除数据库用户、工作组和角色
db_datareader	查看来自数据库的所有用户表的全部数据
db_datawriter	增加、修改和删除全部表中的数据，但不能进行 SELECT 操作
db_addladmin	增加、删除和修改数据库中任何对象
db_securityadmin	执行语句和对象许可

预定义的数据库角色	含　　　义
db_backupoperator	备份和恢复数据库
db_denydatareader	不能对数据库中任何表执行 SELECT 操作
db_denydatawriter	不能对数据库中任何表执行增加、修改和删除数据操作

例如，如果准备让某一用户临时或长期具有创建和删除数据库对象（表、视图、存储过程）的权限，那么只要将其设置为 db_addladmin 数据库角色即可。

②用户自定义的数据库角色。SQL Server 2000 可以定义新的数据库角色来满足固定数据库角色不能完成的要求。用户定义的数据库角色有两种类型：标准角色和应用角色。

标准角色通过对用户权限等级的认定而将用户划分为不同的用户组，使用户总是对应一个或多个角色，从而实现管理的安全性。所有的固定数据库角色和用户自定义角色都是标准角色。

应用角色是一种比较特殊的角色类型。当打算让某些用户只能通过特定的应用程序间接地存取数据库中的数据，可使用应用角色。当某一用户使用了应用角色时，便放弃了已被赋予的所有数据库专有权限，其所拥有只是应用角色。被设置的权限通过应用角色总能实现这样的目标，即以可控制方式来限定用户的语句或对象权限。

③使用存储过程管理数据库角色。

在 SQL Server 中，支持数据库角色管理的存储过程有以下几种，其具体含义和语法形式如下所示。

sp_addrole：用来创建新数据库角色。

sp_droprole：用来从当前数据库角色中删除一个数据库角色。

sp_helprole：用来显示当前数据库中的所有的数据库角色的全部信息。

sp_addrolemember：用来向数据库某一角色中添加数据库用户，这些角色可以是用户自定义的标准角色，也可以是预定义的数据库角色，但不能是应用角色。

sp_droprolemember：用来删除某一角色的用户。

sp_helprolemember：用来显示某一数据库角色的所有成员。

限于篇幅，其语法格式在此不一一说明，下面仅举数例。

例 7-7　在数据库 pubs 中建立新的数据库角色 authors。

sp_addrole 'authors'

若要建立应用角色，应使用系统存储过程 sp_addapprole，其用法与 sp_addrole 相同。

例 7-8　将数据库 pubs 的数据库角色 authors 删除。

sp_droprole 'authors'

若要删除应用角色，应使用系统存储过程 sp_dropapprole，其用法与 sp_droprole 相同。

例 7-9　显示数据库 pubs 的所有数据库角色信息。

sp_helprole

例 7-10　将数据库用户 wh 加入到角色 authors 中。

sp_addrolemember 'authors'，'wh'

例 7-11　将用户 wh 从数据库角色 authors 中删除。

sp_droprolemember 'authors'，'wh'

例 7-12 显示 pubs 数据库中所有角色的成员。

use pubs

sp_helprolemember

7.3.6 数据库的备份和恢复

1. 概述

备份和恢复是 SQL Server 的重要组成部分。备份就是指对 SQL Server 数据库或事务日志进行复制，数据库备份记录了在进行备份这一操作时数据库中所有数据的状态，如果数据库因意外而损坏，这些备份文件将在数据库恢复时被用来恢复数据库。

恢复就是把遭受破坏或丢失数据或出现错误的数据库恢复到原来的正常状态，这一状态是由备份决定的，但是为了维护数据库的一致性，在备份中未完成的事务并不进行恢复。

需要指出的是，在 SQL Server 中备份和恢复数据库都有两种方法：一是使用 Transact-SQL 语言编写的脚本语言执行；二是利用企业管理器进行备份和恢复。相比较而言，第二种方法更简单和方便，在这里主要介绍这种方法。

2. 备份方法

在 SQL Server 中有 4 种备份方法可供选择，下面分别进行介绍。

（1）完全备份。

这是最完整的数据库备份方式，它会将数据库内所有的对象完整地复制到指定的设备上。由于它是备份完整内容，因此，通常会需要花费较多的时间，同时也会占用较多的空间。对于数据量较少，或者变动较少，不需经常备份的数据库而言，可以选择使用这种备份方式。

（2）差异备份。

差异备份只会针对自从上次完全备份后有变动的部分进行备份处理，这种备份模式必须搭配完全备份一起使用。先使用完全备份保存完整的数据库内容，再使用差异备份记录有变动的部分。由于差异备份只备份有变动的部分，因此，备份速度相对较快，占用的空间也会比较少。对于数据量大，且需要经常备份的数据库，使用差异备份可以减少数据库备份的负担。

若是使用完全备份和差异备份来备份数据库，则在还原数据库的内容时，必须先加载前一个完全备份的内容，然后再加载差异备份的内容。例如，假设每天对数据库 student 做备份，其中星期一到星期六做的是差异备份，星期天做完全备份。若星期三发现数据库有问题，需要将数据库还原到星期二的状况时，必须先将数据库还原到上星期天完全备份，然后再还原星期二的差异备份。

（3）事务日志备份。

事务日志备份与差异数据库备份非常相似，都是备份部分数据内容，只不过事务日志备份是针对自从上次备份后有变动的部分进行备份处理，而不是针对上次完全备份后的变动。若是使用完全备份和事务日志来备份数据库，则在还原数据库内容时，必须先加载前一个完全备份的内容，然后再按顺序还原每一个事务日志备份的内容。例如，假设每天都对数据库 student 进行备份，其中星期一到星期六做的是差异备份，星期天做完全备份。当星期三发现数据库有问题，需要将数据库还原到星期二的状况时，必须先将数据库还原到上星期天的完全备份，然后再还原星期二的差异备份，接着再还原星期三的事务日志备份。

（4）数据库文件和文件组备份。

这种备份方法只备份特定的数据库文件或文件组，同时还要定期备份事务日志，因为当在数据库中还原文件或文件组时，也必须还原事务日志，使得该文件能够与其他的文件保持数据一致性。

3. 数据库的备份

在进行备份以前首先必须创建备份设备。备份设备是用来存储数据库、事务日志或文件和文件组备份的存储介质，它可以是硬盘、磁带或管道。SQL Server 只支持将数据库备份到本地磁带机，而不是备份到网络上的远程磁带机。当使用磁盘时，SQL Server 允许将本地主机硬盘和远程主机硬盘作为备份设备，备份设备在硬盘中是以运行文件的方式存储的。

（1）用企业管理器管理备份设备。

1）使用企业管理器创建备份设备。其具体操作如下：①启动企业管理器，登录到想要增加备份设备的服务器。②在企业管理器的左窗格中，展开"管理"文件夹。③右击"备份"选项，从快捷菜单中单击"新建备份设备"命令，如图 7-31 所示，弹出"备份设备属性"对话框，如图 7-32 所示。④在"备份设备属性"对话框的"名称"文本框中，输入设备名称，该名称是备份设备的逻辑名。⑤选择备份设备类型。单击"文件名"单选按钮，表示使用硬盘做备份。只有正在创建的设备是硬盘文件时，该选项才起作用。单击"磁带驱动器名"单选按钮，表示使用磁带设备，只有正在创建的备份设备是与本地服务器相连的磁带设备时，该选项才起作用。⑥单击"确定"按钮，创建备份设备。

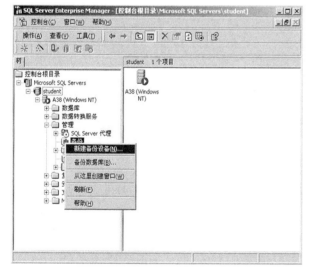

图 7-31 "新建备份设备"命令操作

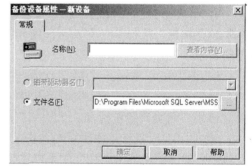

图 7-32 "备份设备属性"对话框

2）使用企业管理器删除备份设备。其具体操作如下：①启动企业管理器，登录到服务器。②在企业管理器的左窗格中，打开"管理"文件夹。③单击"管理"选项，则在右面窗格中会显示出目前已经创建的备份设备。右击要删除的备份设备，从快捷菜单中选择"删除"命令，则删除该备份设备。

（2）数据库备份。

在 SQL Server 2000 中可以使用 BACKUP DATABASE 语句创建数据库备份，也可以使用企业管理器以图形化的方式进行备份，这里只介绍使用企业管理器进行备份。在 SQL Server 中无论是数据库备份，还是事务日志备份、差异备份、文件和文件组备份都执行相同的步骤。使用企业管理器进行备份有如下几个步骤：

1）启动企业管理器，登录到指定的数据库服务器。

2）在企业管理器的左窗格中，打开"数据库"文件夹，右击要进行备份的数据库图标，从快捷菜单中选择"所有任务"中的"备份数据库"命令，如图 7-33 所示。

3）在"SQL Server 备份"对话框，如图 7-34 中的"常规"选项卡中的"备份"选项区域内选择要进行备份的类型。

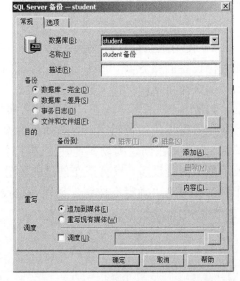

图 7-33 "备份数据库"命令操作   图 7-34 "SQL Server 备份"对话框

4）单击"添加"按钮，选择备份设备。弹出"选择备份目的"对话框，若选择"文件名"单选按钮，用户给出文件名和路径；若选择"备份设备"单选按钮，就从组合框中选择备份设备。

5）在"SQL Server 备份"对话框的"常规"选项卡的"重写"选项区域中，若选择了"追加到媒体"单选按钮，则将备份内容添加到当前备份之后；若选择了"重写现有媒体"单选按钮，则将原备份覆盖。

6）"调度"复选框表示可对备份的时间表进行设置。单击右面的按钮来改变备份的时间安排，在弹出的"编辑调度"对话框中设定备份操作进行的时间。如图 7-35 所示。

7）在"名称"文本框中输入备份任务名称，默认为"第 1 调度"。在"调度类型"选项区域中，选择调度类型。可以单击"更改"按钮来改变当前默认的备份时间设置，然后会弹出"编辑反复出现的作业调度"对话框，如图 7-36 所示。

8）在弹出的"编辑反复出现的作业调度"对话框中自定义备份的时间，然后单击"确定"按钮，完成时间设置，如图 7-36 所示。

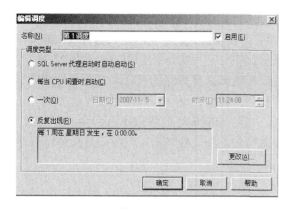

图 7-35　"编辑调度"对话框

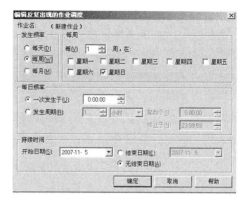

图 7-36　"编辑反复出现的作业调度"对话框

9）在"SQL Server 备份"对话框中选择"选项"选项卡来进行附加设置，如图 7-37 所示。

10）在"选项"选项区域中通过单击复选框进行选择。若选择了"完成后验证备份"复选框，表示 SQL Server 会阅读全部备份，检查备份介质是否可读，保证介质的完整性；若勾选了"备份后弹出磁带"复选框，表示备份完成后立即弹出磁带；若选择"删除事务日志中不活动的条目"复选框，表示备份完成时，从事务日志中删除所有已完成事务的条目；若勾选了"检查媒体集名称和备份集到期时间"复选框，表示检查选定的介质和备份设置是否无效；若勾选了"备份集到期时间"复选框，则应选择如何对已有的备份设备进行覆盖。单击"确定"按钮，则创建备份。

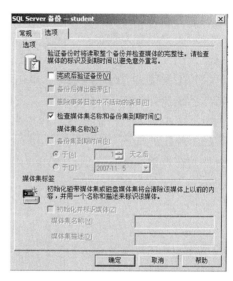

图 7-37　"SQL Server 备份"对话框

4. 恢复模式

在 SQL Server 2000 中有三种数据库恢复模式，它们分别是简单恢复（Simple Recovery）、完全恢复（Full Recovery）和批日志恢复（Bulk-logged Recovery）。

（1）简单恢复。

简单恢复模式就是指在进行数据库恢复时仅使用了数据库备份或差异备份，而不涉及事务日志备份。简单恢复模式可使数据库恢复到上一次备份的状态。但由于不使用事务日志备份来进行恢复，所以无法将数据库恢复到失败点状态。当选择简单恢复模式时，常使用的备份策略是，首先进行数据库备份，然后进行差异备份。

（2）完全恢复。

完全恢复模式是指通过使用数据库备份和事务日志备份，将数据库恢复到发生失败的时刻，因此不造成任何数据丢失。这成为解决因存储介质损坏而数据丢失的最佳方法。选择完全恢复模式时常使用的备份策略是：首先进行完全数据库备份，然后进行差异数据库备份，最后进行事务日志的备份。如果准备让数据库恢复到失败时刻，则必须对数据库失败前正处于运行状态的事务进行备份。

（3）批日志恢复。

在性能上，批日志恢复模式要优于简单恢复和完全恢复模式，它能尽最大努力减少批操作所需要的存储空间。选择批日志恢复模式所采用的备份策略与完全恢复所采用的备份策略基本相同。

从以上的论述中可以看到，在实际应用中备份策略和恢复策略的选择不是相互孤立的，而是有着紧密的联系。并不仅仅只考虑该怎样进行数据库备份，而在选择使用备份类型时，必须更多地考虑，当使用该备份进行数据库恢复时，它能把遭到损坏的数据库返回到怎样的状态，这是关键。但有一点必须强调，即备份类型的选择和恢复模式的确定，都应尽最大可能以最快速度减少或消灭数据丢失。

5. 数据库的恢复

利用企业管理器恢复数据库的操作步骤如下：

（1）启动企业管理器，单击要登录的数据库服务器，然后从主菜单中选择"工具"，在菜单中选择"还原数据库"命令，弹出"还原数据库"对话框。

（2）在"还原为数据库"下拉列表框中，选择要还原的数据库。

（3）在"还原"选项区域中，通过选择单选按钮来选择相应的数据库备份类型。

（4）在"参数"选项区域中，单击"显示数据库备份"下拉列表框，选择数据库。如果该数据库已经执行了备份，那么，在"表格"对话框中就会显示备份历史；单击"要还原的第一个备份"下拉列表框，选择备份模式来还原数据库，在默认情况下使用最近的一次备份。

（5）单击"选项"标签，进行其他选项的设置。

（6）在设置完选项之后，单击"确定"按钮，数据库开始进行恢复。

7.4 SQL Server 程序设计

7.4.1 变量

SQL Server 的变量有两种，即局部与全局变量。局部变量是在批或存储过程中声明与使用的，而全局变量是一种由 SQL Server 提供的特殊函数。

1. 局部变量

局部变量是在批或存储过程内由用户定义并使用的变量。用户在使用局部变量前必须事先声明，而它的使用范围也仅限于声明它的批或存储过程以内。

（1）声明局部变量。

命令格式：

DECLARE（@variable_name datatype［，... n］）

命令说明如下所示。

1）DECLARE：该关键字表示将要声明变量。

2）@variable_name：表示局部变量名，它必须以一个@开头。

3）datatype：数据类型可以是除 text、ntext 和 image 外的数据类型或用户定义的数据类型。

4）［，...n］：表示一个 DECLARE 语句中可以声明多个局部变量，这些变量用逗号相隔。

（2）局部变量的赋值。

声明局部变量后，系统自动为变量赋初值 NULL。若需要另外赋值，可以使用 SET 或

SELECT 语句。

命令格式：

SELECT @variable_name＝expression

［FROM table_name［, ...*n*］ WHERE clause］［, ...*n*］

或

SET@variable_name＝expression

命令说明如下所示。

1）expression：该表达式可以是一个具体的数据，如数字、字符串等，也可以是一个表达式或另一个局部变量或全局变量，还可以是从一个查询语句中查询出来的数据。

2）FROM 子句用于向变量所赋的值源于由一个表中查询所得数据的情形。

3）一个 SELECT 语句可以为多个变量赋值，但一个 SET 语句仅能为一个变量赋值。若使用 SELECT 语句为变量赋值，则不能与其查询功能同时使用。若使用 SELECT 语句从表中取数为变量赋值，则其返回的数据必须唯一，否则仅将最后一个数据赋给变量。

2. 全局变量

全局变量以@@开头。在 SQL Server 中全局变量作为一种特殊函数，由系统预定义。全局变量的作用范围是整个系统，通常利用全局变量来检测系统的设置值或执行查询命令后的状态值。

7.4.2 流程控制语言

流程控制语句是控制程序流程的，一般可分为三类，即顺序、分支和循环。在 SQL Server 2000 中，流程控制语句主要用来控制 SQL 语句、语句块，或者存储过程的执行流程。

1. IF…ELSE 语句

IF…ELSE 语句是条件判断语句，其中 ELSE 子句是可选项，最简单的 IF 语句没有 ELSE 子句部分。IF…ELSE 用来判断当某一条件成立时执行某段程序，条件不成立时执行另一段程序。其语法形式为：

IF<条件表达式>

        <命令行或程序块>

［ELSE［条件表达式］

        <命令行或程序块>］

例 7-13 IF@sex＝"男"

           PRINT"This student is a boy. "

        ELSE

           PRINT"This student is a girl. "

在 SQL Server 中可以使用嵌套的 IF…ELSE 条件判断结构，而且对嵌套的层数没有限制。

例 7-14 IF@Depart＝"CS"

           PRINT"This department is CS. "

        ELSE IF @Depart＝"IS"

              PRINT"This department is IS. "

           ELSE

PRINT "Unknow department! "

例 7-14 中使用了嵌套的 IF…ELSE 结构，在 IF 后的逻辑表达式返回了为假的结果时，将执行另一个 IF…ELSE 语句。

2. BEGIN…END 语句

BEGIN…END 语句能够将多个 Transact-SQL 语句组合成一个语句块，并将它们视为一个单元处理。在条件语句和循环等控制流程语句中，当符合特定条件便要执行两个或者多个语句时，就需要使用 BEGIN…END 语句。其语法形式为：

BEGIN

<命令行或程序块>

END

例 7-15　IF@sex＝"男"

　　　　PRINT "This student is a boy. "

　　ELSE

　　　　PRINT "This student is a girl！"

　　　　PRINT "This girl is beautiful！"

不管@sex＝"男"的结果为真为假，This girl is beautiful！都会输出。原因是当条件为假时的分支只限制执行 ELSE 后的一条语句。如果要在条件为真时不输出 This girl is beautiful！，需要用 BEGIN…END 语句将两条 PRINT 语句组合成一条语句，即用下面的形式：

　　　　IF@sex＝"男"

　　　　PRINT"This student is a boy. "

　　ELSE

　　　　BEGIN

　　　　　PRINT"This student is a girl！"

　　　　　PRINT"This girl is beautiful！"

　　　　END

3. CASE 语句

CASE 语句可以计算多个条件式，并将其中一个符合条件的结果表达式返回。CASE 函数按照使用形式的不同，可以分两种语句格式。

第一种：CASE<运算式>

　　　　WHEN<运算式>THEN<运算式>

　　　　　…

　　　　WHEN <运算式> THEN <运算式>

　　　　[ELSE<运算式>]

　　　　END

第二种：CASE

　　　　WHEN <条件表达式> THEN <运算式>

　　　　　…

　　　　WHEN<条件表达式> THEN <运算式>

　　　　[ELSE<运算式>]

END

CASE 语句可以嵌套到 SQL 命令中。

例 7-16 调整员工工资，工作级别为 1 的员工工资上调 8%，工作级别为 2 的员工工资上调 7%，工作级别为 3 的员工工资上调 6%，其他上调 5%。

```
USE PANGU
UPDATE EMPLOYEE
SET E_WAGE＝
CASE
    WHEN   JOB_LEVEL＝"1"    THEN   E_WAGE*1.08
    WHEN   JOB_LEVEL＝"2"    THEN   E_WAGE*1.07
    WHEN   JOB_LEVEL＝"3"    THEN   E_WAGE*1.06
    ELSE    E_WAGE*1.05
    END
```

执行 CASE 子句只运行第一个匹配的子句。

4. WHILE…CONTINUE…BREAK 语句

WHILE…CONTINUE…BREAK 语句用于设置重复执行 SQL 语句或语句块的条件。只要指定的条件为真，就重复执行语句。其中，CONTINUE 语句可以使程序跳过 CONTINUE 语句之后的语句，回到 WHILE 循环的第一行命令。BREAK 语句则使程序完全跳出循环，结束 WHILE 语句的执行。其语法形式为：

```
WHILE<条件表达式>
BEGIN
    <命令行或程序块>
    ［BREAK］
    ［CONTINUE］
    ［命令行或程序块］
END
```

例 7-17 简单 WHILE 语句，打印 1～10 的整数。

```
DECLARE   @i   INTEGER
DECLARE   @iMAX   INTEGER
SET   @iMAX＝10
SET   @i＝1
WHILE   @i<＝@iMAX
BEGIN
PRINT   @i
SET   @i＝@i＋1
END
```

例 7-18 判断一个数是否是素数。

```
DECLARE   @i   INTEGER
DECLARE   @iTest   INTEGER
```

```
SET    @iTest ＝59
SET    @i＝2
WHILE    @i <＝@iTest
BEGIN
    IF@itest%@i＝0
    BEGIN
        PRINT "该数不是素数"
      BREAK
      END
      SET@i＝@i＋1
      IF@itest＝@i
      PRINT "该数是素数"
      END
```

5. WAITFOR 语句

WAITFOR 语句用来暂时停止执行 SQL 语句、语句块或者存储过程等，直到所设定的等待时间已过，或者所设定的时间已到才继续执行。其语句的格式为：

WAITFOR {DELAY< "时间" > | TIME< "时间" >}

其中，DELAY 用于指定时间间隔，TIME 用于指定某一时刻，其数据类型为 datatime，格式为 "hh：mm：ss"。

例 7-19   等待 1 小时 2 分零 3 秒后才执行 SELECT 语句。

WAITFOR   DELAY "01：02：03"

SELECT   *FROM EMPLOYEE

例 7-20   在晚上 10：20 执行存储过程 update_all_stats。

WAITFOR   TIME "22：20"

EXECUTE   update_all_stats

6. GOTO 语句

GOTO 语句用来改变程序执行的流程，使程序直接跳到标有标识符的指定的程序行，再继续往下执行。作为跳转目标的标识符可以为数字与字符的组合，但必须以 "：" 结尾，如 "a1："。在 GOTO 语句行标识符后不必跟 "："。

由于可读性差，不提倡使用过多的 GOTO 语句来进行语句的跳转。其语法形式为：

GOTO 标识符

…

标识符：

例 7-21   分行打印字符 1   2   3   4   5。

DECLARE@XINTEGER

SELECT@X＝1

LABEL_1：

PRINT@X

SELECT@X＝@X＋1

WHILE @X<6

GOTO LABEL_1

7.4.3　触发器

SQL Server 2000 提供了两种主要机制用于维护数据的完整性：一种是前面介绍的约束，另一种就是本节将要介绍的触发器。触发器虽然是一种特殊的存储过程，但是它与表却是紧密联系的，离开了表，它将不复存在（这点与约束十分类似）。

1．触发器概述

触发器是一种特殊的存储过程，用户不需要直接调用它，而是在对表或视图中的数据进行修改（UPDATE）、插入（INSERT）或删除（DELETE）操作时自动触发执行的。触发器隶属于一个表，一个表最多只能有三个触发器，它们分别是 INSERT、DELETE、UPDATE 触发器。触发器的主要优点是用户可以用编程的方法来实现复杂的处理逻辑和商业规则，增强了数据完整性约束的功能。

使用触发器的最终目的是为了更好地维护企业的业务规则。在实际运用中，触发器的主要作用就是其能够实现由主关键字、外来关键字和 CHECK 约束所不能保证的复杂的参照完整性和数据的一致性。这是因为在触发器中可以包含非常复杂的逻辑过程，而且和 CHECK 约束不同，触发器可以参照其他表中的列。例如，触发器能够找出某一表在数据修改前后状态发生的差异，并根据这种差异执行一定的处理。此外，一个表的同一类型（INSERT、DELETE、UPDATE）的多个触发器，能够对同一种数据操作采取多种不同的处理。

除此之外，触发器还有许多其他功能。

（1）强化约束（Enforce Restriction）。触发器能够实现比 CHECK 语句更为复杂的完整性约束。

（2）跟踪变化（Auditing Changes）。触发器可以侦测数据库内的操作，从而不允许数据库中未经许可的更新和变化。

（3）级联操作（Cascaded Operation）。触发器可以侦测数据库内的操作，并自动地级联影响整个数据库的各项内容。例如，某个表上的触发器中包含有对另外一个表的数据操作（如删除、修改、插入），而该操作又导致该表上的触发器被触发。

（4）存储过程的调用（Stored Procedure Invocation）。为了响应数据库更新，触发器可以调用一个或多个存储过程，甚至可以通过外部过程的调用，而在 DBMS 本身之外进行操作。

正是因为触发器的强大功能和优点，使得触发器技术获得了越来越多的关注、研究和推广应用。

2．触发器类型

触发器可以分为 AFTER 触发器和 INSTEAD OF 触发器两种。

（1）AFTER 触发器：该类型的触发器要求只有执行某一操作（INSERT、DELETE、UPDATE）完成以后，触发器才被激发，且只能在表上定义。可以为针对表的同一操作定义多个触发器。AFTER 触发器可以定义哪个触发器被最先触发，哪一个被最后触发，通常使用系统过程 SP_Settriggerorder 来完成此任务。

（2）INSTEAD OF 触发器：它是 SQL Server 2000 中新增的功能。该类型的触发器表示并不执行其所定义的操作（INSERT、DELETE、UPDATE），而仅是执行触发器本身。即可在表上定义 INSTEAD OF 触发器，也可以在视图上定义 INSTEAD OF 触发器，但对同一操作只能定义一个 INSTEAD OF 触发器。

3. 触发器的原理

每个触发器有两个特殊的表，即插入表和删除表，分别为 Inserted 和 Deleted。这两个表是逻辑表，并且这两个表的结构总是与被该触发器作用的表有相同的表结构，且由系统管理，存储在内存中，不是存储在数据库中。这两个表是只读的，即用户不能向这两个表写入内容，但可以引用表中的数据。例如可用如下语句查看 Deleted 表中的信息：

Select * from Deleted

插入表和删除表是动态驻留在内存中的，当触发器工作完成，这两个表也被删除。这两个表主要保存因用户操作而被影响到的原数据值，或新数据值。

（1）插入表的功能。对一个定义了插入类型触发器的表来讲，一旦对该表执行了插入操作，那么对向该表插入的所有行来说都有一个相应的副本存放到插入表中，即插入表就是用来存储向原表插入的内容。

（2）删除表的功能。对一个定义了删除类型触发器的表来讲，一旦对该表执行了删除操作，则将所有的删除行存放至删除表中。这样做的目的是，一旦触发器被强迫终止时，删除的那些行可以从删除表中得以恢复。

需要强调的是，更新操作包括两个部分：即先将更新的内容去掉，然后将新值插入。因此对一个定义了更新类型触发器的表来讲，当做更新操作时，先在删除表中存放了旧值，然后在插入表中存放新值。

由于触发器仅当被定义的操作被执行时才被激活，即仅当在执行插入、删除和更新操作时才执行。每条 SQL 语句仅能激活触发器一次，可能存在一条语句影响多条记录的情况。在这种情况下就需要变量@@rowcount，该变量存储了一条 SQL 语句执行后所影响的记录数。可以使用该值对触发器的 SQL 语句执行后所影响的记录求合计值。一般来说，首先要用 IF 语句测试@@rowcount 的值，以确定后面的语句是否执行。

4. 创建触发器

上面介绍了有关触发器的概念、类型和原理，下面将分别介绍创建触发器常用的两种方法：使用企业管理器和使用 Transact-SQL 语句。

（1）用企业管理器创建触发器。

当创建一个触发器时，必须要指定触发器的名称、触发器所作用的表、引发触发器的操作，以及在触发器中要完成的功能。其操作步骤如下：

1）打开企业管理器，并展开需要创建触发器的表所在的数据库节点，然后选择将要创建触发器的表。

2）在表上右击，然后在弹出的快捷菜单中依次选择"所有任务"｜"管理触发器"命令，如图 7-38 所示。

3）打开"触发器属性"对话框，在该对话框内的名称下拉列表框中选择"新建"选项，在"文本"框中输入创建触发器的 Transact-SQL 语句。这里创建的触发器名称是 mytrigger，如图 7-39 所示。

图 7-38　创建触发器的菜单命令

图 7-39　新建触发器

4）单击窗口中的"检查语法"按钮，如果有错误，请修改文本框中的 SQL 语句；如果没有错误，将弹出如图 7-40 所示的对话框。

5）单击"语法检查成功"对话框中的"确定"按钮，关闭"触发器属性"对话框，至此触发器创建完成。

（2）使用 Transact-SQL 语言创建触发器。

图 7-40　语法检查

用于创建触发器的 Transact-SQL 语句是 CREATE　TRIGGE，其语法格式为：

CREATE　TRIGGER trigger_name

ON{table │ view}

［WITH　　ENCRYPTION　］

　　输入触发器SQL语句的文本

{

　{{FOR │ AFTER │ INSTEAD OF}　{［DELETE］［,］［INSERT］［,］［UPDATE］}

　　［WITH APPEND］

　　［NOT FOR REPLICATION］

　　AS

　　　［{ IF UPDATE（column）

　　　　　［{AND │ OR}UPDATE column］

　　　　　　　［...n］

　　　 │ IF COLUMNS_UPDATED(){bitwise_operator}　updated_bitmask）

　　　　　{comparison_operator } column_bitmask［...n］

　　　}]

　sql_statement［...n］

　　}

　}

各参数的说明如下所示。

1）trigger_name：用于指定触发器的名称。触发器的名称必须符合 MS SQL Server 的命名规则，并且其名字在当前数据库中必须是唯一的。

2）table | view：用于指定在其上执行触发器的表或视图，有时称为触发器表或触发器视图。可以选择是否指定表或视图的所有者名称。

3）WITH ENCRYPTION：用于加密 Syscomments 表中包含有 CREATE TRIGGER 语句文本的条目。

4）AFTER：表示只有在执行了指定的操作（INSERT、DELETE、UPDATE）之后触发器才被激活，执行触发器中的 SQL 语句。若使用关键字 FOR，则表示为 AFTER 触发器，且该类型触发器仅能在表上创建。

5）INSTEAD OF：用于规定执行的是触发器而不是执行触发 SQL 语句。该类触发器主要用于使不能更新的视图可以更新。在表或视图上，每个触发操作最多可以定义一个 INSTEAD OF 触发器。

6）{［DELETE］［，］［INSERT］［，］［UPDATE］}：用于指定在表或视图上执行相应修改语句时将激活触发器的关键字。必须至少指定一个选项，在触发器的定义中三者的顺序不受限制，需用逗号隔开这些选项。

7）WITH APPEND：用于指定应该添加现有类型的其他触发器。只有当兼容级别（指某一数据库行为与以前版本的 MS SQL Server 兼容程度）是 65 或更低时，才使用该选项。

8）NOT FOR REPLICATION：表示当复制进程更改触发器所涉及的表时，不应执行该触发器。

9）AS：触发器要执行的操作。

10）sql_statement：触发器的条件和操作。触发器条件指定其他准则，以确定 INSERT、DELETE 或 UPDATE 语句是否导致执行触发器操作。

11）IF UPDATE（column）：判断是否在某列上执行插入操作还是更新操作，不能用于删除操作。可测试多列。

12）IF COLUMNS_UPDATED：仅用于 INSERT 和 UPDATE 类型的触发器中，用于测试是否插入或更新了所涉及的列。

13）bitwise_operatorj：用于比较运算的位逻辑运算符。

14）updated_bitmask：整型位掩码，表示被更新或插入的列。

15）comparison_operator：是比较运算符。使用等号（＝）表示检查在 updated_bitmask 中定义的所有列是否都被更新。使用大于号（＞）表示检查 updated_bitmask 中指定的任一列或某些列是否已更新。

16）column_bitmask：指那些被检查是否被更新的列的位掩码。

当创建触发器时，如果使用了相同名称的触发器，后建立的触发器将会覆盖前面建立的触发器。用户不能在系统表上创建用户自定义的触发器。

例 7-22 创建一个触发器，在 titles 表上创建一个插入、更新类型的触发器。

```
Use pubs
If exists  （select name from sysobjects
     Where name＝"reminder" and type＝"TR"）
   DROP TRIGGER reminder
GO
```

CREATE TRIGGER reminder

ON titles

FOR INSERT，UPDATE

AS sql_statements

GO

5．管理触发器

如果要显示作用于表上的触发器究竟对表有哪些操作，必须查看触发器信息。在 SQL Server 中，有多种方法查看触发器信息。下面将介绍常用的两种方法，即使用企业管理器以及系统存储过程来查看触发器信息。

（1）使用企业管理器显示触发器信息。

使用企业管理器显示触发器信息，其步骤如下所示。

1）打开企业管理器，并展开需要创建触发器的表所在的数据库节点，然后选择将要创建触发器的表。

2）在表上右击，然后在弹出的快捷菜单中依次选择"所有任务"｜"管理触发器"命令，出现"触发器属性"对话框，如图 7-41 所示。在"名称"下拉列表框中选择所要查看的触发器的名称，在"文本"框中显示出该触发器的文本命令。

图 7-41　在企业管理器中显示触发器

（2）使用系统存储过程查看触发器。

系统存储过程 sp_help、sp_helptext 和 sp_depends 分别提供有关触发器的不同信息。下面将分别对其进行介绍。

1）sp_help。用于查看触发器的一般信息，如触发器的名称、属性、类型和创建时间。其语法格式为：

sp_help "触发器名称"

例 7-23　查看已经建立的 mytrigger 触发器。

sp_help "mytrigger"

2）sp_helptext。用于查看触发器的正文信息。其语法格式为：

sp_helptext "触发器名称"

例 7-24　查看已经建立的 mytrigger 触发器的命令文本。

sp_helptext "mytrigger"

3）sp_depends。用于查看指定触发器所引用的表或者指定的表涉及到的所有触发器。其语法格式为：

sp_depends "触发器名称"

sp_depends "表名"

例 7-25　查看已经建立的 mytrigger 触发器所涉及的表。

sp_depends "mytrigger"

注意：用户必须在当前数据库中查看触发器的信息，而且被查看的触发器必须已经被创建。

（3）修改、删除触发器。

通过 Enterprise Manager 和系统过程或者 Transact-SQL 命令，可以修改触发器的名称和正文。

1）修改触发器。

①通过 Enterprise Manager 修改触发器正文。

通过 Enterprise Manager 修改触发器正文的操作步骤与查看触发器信息一样。修改完触发器后要使用"检查语法"选项对语句进行检查。

②使用 sp_rename 命令修改触发器的名称。其语法格式如下：

　sp_rename oldname，newname

oldname 为触发器原来的名称，newname 为触发器的新名称。

③通过 ALTER TIGGER 语句修改触发器正文。其语法格式如下：

ALTER　TRIGGER　trigger_name

ON{table ｜ view}

　〔WITH　ENCRYPTION〕

　　输入触发器SQL语句的文本

{

　{{FOR ｜ AFTER ｜ INSTEAD OF}　{〔DELETE〕〔,〕〔INSERT〕〔,〕〔UPDATE〕}

　　〔WITH APPEND〕

　　〔NOT FOR REPLICATION〕

　　AS

　　　〔{IF UPDATE（column）

　　　　　〔{AND ｜ OR}UPDATE column〕

　　　　　　〔...n〕

　　｜ IF COLUMNS_UPDATED(){bitwise_operator}　updated_bitmask）

　　　　　　{comparison_operator}column_bitmask〔...n〕

　　　　}〕

　sql_statement〔...n〕

　　}

　}

可以看出，修改触发器的 Transact-SQL 语句只是将创建触发器的语句中的 CREATE 换为 ALTER，其余部分完全相同。但是在 ALTER　TRIGGER 中引用的触发器名必须是已经存在的触发器名称。

2）删除触发器。

如果不再需某一个触发器，就可以将它删除。只有触发器属主才有权删除触发器。删除已创建的触发器有三种方法。

①在"触发器属性"对话框中选择要删除的触发器，然后单击"删除"按钮即可。

②使用系统命令 DROP TRIGGER 删除触发器。其语法格式为：

DROP TRIGGER　触发器名［，…，n］

③ 删除触发器所在的表时，SQL Server 将自动删除与该表相关的触发器。

7.4.4　存储过程

1．存储过程概述

存储过程与触发器是 SQL Server 中的两类数据库对象。它们都是由 Transact-SQL 语句编写而成的，所不同的是存储过程是由用户根据需要调用执行的，而触发器则是由某个动作（如删除或修改一条记录）引发执行的。另外，存储过程可以不依附于表而单独存在，而触发器则必须依附于一个特定的表。它们与函数也不同，函数可以直接通过函数名返回数值，其返回值可以直接在表达式中使用，而存储过程与触发器则不能直接通过其名称带回返回值，也不能直接在表达式中使用。

使用存储过程有很多优点，它具有对数据库立即访问的功能，属于服务器方软件，在服务器端可以对数据进行统计汇总等信息处理，其速度极为迅速，确保了数据库的安全，另外它还能自动完成需要预先执行的任务。

在 SQL Server 中的存储过程分为两类：系统提供的存储过程和用户自定义的存储过程。

系统存储过程主要存放在 Master 数据库中，并以 sp_为前缀。系统存储过程主要是从系统表中获取信息，为系统管理员管理 SQL Server 提供支持。通过系统存储过程，SQL Server 中的许多管理性或信息性的活动（如了解数据库对象、数据库信息、设置用户角色等）都可以被顺利有效地完成。尽管这些系统存储过程被放在 Master 数据库中，但是仍可以在其他数据库中对其进行调用，在调用时不必在存储过程名前加上数据库名。而且当创建一个新数据库时，一些系统存储过程会在新数据库中被自动创建。

用户自定义存储过程是由用户创建的，并能完成某一特定功能（如查询用户所需数据信息）的存储过程。下面所涉及到的存储过程主要是指用户自定义存储过程。

2．创建存储过程

存储过程是一种数据库对象，在 SQL Server 2000 中可以使用两种方法来创建存储过程，一种是使用企业管理器，另一种是使用 Transact-SQL 命令。Transact-SQL 命令创建存储过程是一种较为快速的方法，但对于初学者，使用企业管理器更易理解，更为简单。

- 当创建存储过程时，需要确定存储过程的三个组成部分：
- 所有的输入参数以及传给调用者的输出参数。
- 被执行的针对数据库的操作语句，包括调用其他存储过程的语句。

返回给调用者的状态值以指明调用是成功还是失败。

（1）使用企业管理器创建存储过程。

在企业管理器中，如果要创建新的存储过程或要修改一个已存在的存储过程，其操作步骤如下：

1）打开企业管理器，在树状目录中展开将存放存储过程的数据库节点。

2）选择下一级节点"存储过程"，右击，在弹出的快捷菜单中选择"新建存储过程"命令，如图7-42所示。

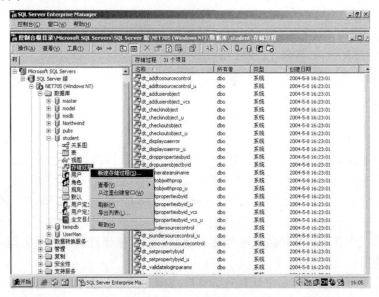

图 7-42　新建存储过程的菜单命令

3）在"存储过程属性"对话框中指定存储过程的名称，方法是将文本框中的［PROCEDUR-ENAME］替换为一个存储过程名称，如图7-43所示。这里创建的存储过程名称是 myprocedure。

4）在文本框中输入创建存储过程的语句，然后单击"检查语法"按钮进行语法检查，如图 7-44 所示。

图 7-43　为新建的存储过程命名

图 7-44　输入 Transaction-SQL 语句进行并
进行语法检查

5）单击"确定"按钮保存存储过程，关闭"存储过程属性"对话框。至此，已经完成了该存储过程的创建。

（2）使用 Transact-SQL 语句创建存储过程。

运用 Create Procedure 命令能够创建存储过程，在创建存储过程之前应该考虑到以下几个方面：

1）在一个批处理中，Create Procedure 语句不能与其他 SQL 语句合并在一起。

2）数据库所有者具有默认的创建存储过程的权限，它可把该权限传递给其他的用户。

3）存储过程作为数据库对象，其命名必须符合命名规则。

4）只能在当前数据库中创建属于当前数据库的存储过程。

用 Create Procedure 创建存储过程。其语法格式如下：

CREATE PROC[EDURE]procedure_name[；number]

    [{@parameter data_type}

        [VARYING][＝default][OUTPUT]

    ][,...n]

    [WITH

        {RECOMPILE｜ENCRYPTION｜RECOMPILE，ENCRYPTION}]

    [FOR REPLICATION]

    AS sql_statement[...n]

其中，各参数的说明如下：

procedure_name：新建存储过程的名称。

@parameter：是存储过程中的参数。在 Create Procedure 语句中可以声明一个或多个参数。用户必须在执行过程时提供每个所声明参数的值（除非定义了该参数的默认值）。存储过程最多可以有 2100 个参数。

data_type：用于参数的数据类型，可以使用包括 text、ntext 和 image 在内的所有数据类型。

VARYING：用于指定由 OUTPUT 参数支持的结果集。仅适用于游标型参数。

default：用于指定参数的默认值。如果定义了默认值，不必指定该参数的值即可执行过程。默认值必须是常数或者是空值。

OUTPUT：说明该参数为一个返回参数。

RECOMPILE：表明 SQL Server 不会保存该存储过程的执行计划，该存储过程每执行一次都要重新编译。

ENCRYPTION：加密该存储过程，以确保其他用户无法查看存储在 Syscomments 系统表中该过程的内容。存储过程一旦加密则无法解密，任何人都将无法查看存储过程定义。

FOR REPLICATION：用于指定不能在订阅服务器上执行为复制创建的存储过程。使用该选项创建的存储过程可用作存储过程筛选，且只能在复制过程中执行。本选项不能和 WITH RECOMPILE 选项一起使用。

AS：用于指定该存储过程要执行的操作。

sql_statement：是包含在存储过程中的 SQL 语句（数量和类型不限）。

例 7-26　建立并调用一个不带参数全部学生的存储过程。

CREATE　PROCEDURE

AS SELECT*

GO FROM 学生

EXEC 全部学生

3. 管理存储过程

（1）查看存储过程。

存储过程被创建以后，它的名字存储在系统表 Sysobjects 中，它的源代码存放在系统表 Syscomments。可以通过 SQL Server 提供的系统存储过程来查看关于用户创建的存储过程信息。

1）通过企业管理器管理工具查看存储过程的源代码。

通过企业管理器管理工具查看存储过程的源代码，其操作步骤如下：①打开企业管理器，在树状目录中展开存储过程所在的数据库节点；②单击"存储过程"节点，此时在右边的内容窗口中显示该数据库的所有存储过程；③在右边的内容窗口中，右击要查看源代码的存储过程，在弹出的快捷菜单中选择"属性"命令，此时便可看到存储过程的源代码。

2）使用 sp_helptext 存储过程查看存储过程的源代码。其语法格式为：

sp_helptex 存储过程名称

例 7-27　查看数据库 student 中存储过程 mypro 的源代码。

sp_helptex mypro

注意：如果在创建存储过程时，使用了 WITH ENCRYPTION 参数，那么无论是使用企业管理器还是使用系统存储过程 sp_helptext，都将无法看到有关存储过程的信息。

（2）重新命名存储过程。

修改存储过程的名称可以使用系统存储过程 sp_rename。其语法格式为：

sp_rename　原存储过程名，新存储过程名

例 7-28　将存储过程 mypro 修改为 mynewproc。

sp_rename　mypro，mynewproc

另外，通过企业管理器也可以修改存储过程的名称，其操作过程与 Windows 下修改文件名字的操作类似。即首先选中需修改名称的存储过程，然后右击鼠标，在弹出的快捷菜单中选择"重命名"命令，最后输入新存储过程的名称。

（3）删除存储过程。

可以使用 DROP PROCEDURE 语句删除不再需要的存储过程。其语法格式为：

DROP PROCEDURE {procedure}[,…n]

procedure　指定要删除的存储过程或存储过程组的名称。可以选择是否指定过程所有者名称，但不能指定服务器名称和数据库名称。

例 7-29　将存储过程 mynewproc 从数据库中删除。

Drop procedure mynewproc

Go

（4）执行存储过程。

执行已创建的存储过程使用 EXECUTE 命令。其语法格式为：

[EXECUTE]
　　{[@return_status＝]
　　{procedure_name[;number] | @procedure_name_var}
　　[[@parameter＝]{value | @variable[OUTPUT]|[DEFAULT][,…n]
　　　　[WITH RECOMPILE]

其中，各参数说明如下：

@return_status：是可选的整型变量，用来保存存储过程向调用者返回的值。

@procedure_name_var：是一个变量名，用来代表存储过程的名字。

WITH RECOMPILE：指定在实行存储过程时重新编译执行计划。

其他参数和保留字的含义与 CREATE PROCEDURE 中介绍的一样。

例 7-30　执行数据库 student 中的存储过程 myproc。

EXECUTE myproc

例 7-31　执行数据库 student 中的存储过程 InsertRecord。

EXECUTE InsertRecord@sno＝"s1"，@sn＝"王大利"，@age＝18，@sex＝"男"，@dept＝"计算机系"

（5）修改存储过程。

使用 ALTER PROCEDURE 语句可以更改先前通过执行 CREATE PROCEDURE 语句创建的存储过程，但不会更改权限，也不影响相关的存储过程或触发器。其语法格式如下：

ALTER PROC[EDURE] procedure_name[;number]

　　[{@parameter data_type }[VARYING][＝ default][OUTPUT]][, ...n]

　　[WITH

　　{RECOMPILE | ENCRYPTION | RECOMPILE ， ENCRYPTION}]

[FOR REPLICATION]

AS

　　sql_statement[...n]

其中各参数和保留字的具体含义请参看 CREATE PROCEDURE 命令。

7.5　SQL Server 2005 系统

7.5.1　概述

SQL Server 2005 与 SQL Server 2000 相比，在性能、可靠性、实用性等方面有了很大扩展和提高。由于 SQL Server 2005 的一些新特征，使 SQL Server 2005 成为优秀的数据平台，可用于大规模联机事务处理、数据仓库和电子商务应用。

SQL Server 2005 与以前版本相比较具有以下新特性。

（1）增强的通知服务。用于开发、部署可伸缩应用程序的先进的通知服务，能够向不同的连接和移动设备发布个性化、及时的信息更新。

（2）增强的报表服务。全面的报表解决方案，可创建、管理和发布传统的、可打印的报表和交互的、基于 Web 的报表。

（3）新增 Service Broker 技术。通过使用 Transact-SQL DML 语言扩展允许内部或外部应用程序发送和接收可靠、异步的信息流。信息可以被发送到发送者所在数据库的队列中，或发送到同一 SQL Server 实例的另一个数据库，或发送到同一服务器或不同服务器的另一个实例。

（4）增强的数据引擎。安全、可靠、可伸缩、高可用的关系型数据库引擎，提升了性能且支持结构化和非结构化（XML）数据。在编程环境上，和微软 . NET 集成到一起。SQL Server 2005 中的 Transact-SQL 增强功能提高了在编写查询时的表达能力，可以改善代码的性能，并且扩充了错误管理能力。

（5）增强的数据访问接口。SQL Server 2005 提供了新的数据访问技术——SQL 本地客户机程序。这种技术将 SQL OLE DB 和 SQL ODBC 集成到一起，连同网络库形成本地动态链接库（DLL）。SQL 本地客户机程序可使数据库应用的开发更为容易，更易于管理，以及更有效率。另外，SQL Server 2005 提升了对微软数据访问和对.NET 框架的支持。

（6）增强的分析服务。联机分析处理（OLAP）功能可用于多维存储的大量、复杂的数据集的快速高级分析。

（7）增强的集成服务。可以支持数据仓库和企业范围内数据集成的抽取、转换和装载能力。

（8）增强的数据复制服务。数据复制可用于数据分发、处理移动数据应用、系统高可用、企业报表、数据可伸缩存储、与异构系统的集成等。

（9）改进的开发工具。开发人员现在能够用一个开发工具开发 Transact-SQL、XML、MDX、XML/A 应用。和 Visual Studio 开放环境的集成也为关键业务应用和商业智能应用提供了更有效的开发和调试环境。

7.5.2　SQL Server 2005 环境需求和配置

安装、运行 SQL Server 2005 的硬件和软件要求如下所示（仅列出常见的 32 位机）。

1．SQL Server 2005 环境需求

（1）硬件需求。

显示器：VGA 或分辨率至少在 1024×768 像素之上的显示器。

点触式设备：鼠标或者兼容的点触式设备。

CD 或者 DVD 驱动器。

处理器型号、速度及内存需求。SQL Server 2005 不同的版本其对处理器型号、速度及内存的需求是不同的，如表 7-6 所示。

表 7-6　SQL Server 2005 不同的版本对处理器型号、速度及内存的需求

SQL Server 2005 版本	处理器型号	处理器速度	内存（RAM）
SQL Server 2005 企业版（Enterprise Edition） SQL Server 2005 开发者版（Developer Edition） SQL Server2005 标准版（Standard Edition） SQL Server2005 工作组版（Workgroup Edition）	Pentium Ⅲ 及其兼容处理器，或者更高型号	至少 600MHz 推荐 1GHz 或更高	至少 512MB 推荐 1GB 或更高
SQL Server 2005 简化版（Express Edition）	Pentium Ⅲ 及其兼容处理器，或者更高型号	至少 600MHz 推荐 1GHz 或更高	至少 192MB，推荐 512MB 或更高

硬盘空间需求。实际的硬件需求取决于系统配置以及所选择安装的 SQL Server 2005 服务和组件，如表 7-7 所示。

表 7-7　SQL Server 2005 的硬盘空间需求

服　务　和　组　件	硬盘需求	服　务　和　组　件	硬盘需求
数据库引擎及数据文件、复制、全文搜索等	150MB	客户端组件	12MB
分析服务及数据文件	35MB	管理工具	70MB

续表

服 务 和 组 件	硬盘需求	服 务 和 组 件	硬盘需求
报表服务和报表管理器	40MB	开发工具	20MB
通知服务引擎组件、客户端组件及规则组件	5MB	SQL Server 联机图书以及移动联机图书	15MB
集成服务	9MB	范例及范例数据库	390MB

（2）软件需求。

浏览器软件。在安装 SQL Server 2005 之前，需安装 Microsoft Internet Explorer 6.0 SP1 或其升级版本，因为微软控制台和 HTML 帮助都需要此软件。

IIS 软件。在安装 SQL Server 2005 之前，需安装 IIS 5.0 或更高版本，以支持 SQLServer 2005 的报表服务。

ASP.NET 2.0。当安装报表服务时，SQL Server 2005 安装程序会检查 ASP.NET 是否已安装到本机上。

还需要安装以下软件：Microsoft Windows .NET Framework 2.0、Microsoft SQL Server Native Client、Microsoft SQL Server Setup support files。表 7-8 列出常见的操作系统是否支持运行 SQL Server 2005 的各种不同版本。

表 7-8　支持运行 SQL Server 2005 不同版本的常见操作系统

操作系统＼SQL Server 2005	企业版	开发版	标准版	工作组版	简化版
Windows 2000	不支持	不支持	不支持	不支持	不支持
Windows 2000 Professional Edition SP4	不支持	支持	支持	支持	支持
Windows 2000 Server SP4	支持	支持	支持	支持	支持
Windows 2000 Advanced Server SP4	支持	支持	支持	支持	支持
Windows 2000 Datacenter Edition SP4	支持	支持	支持	支持	支持
Windows XP Home Edition SP2	不支持	支持	不支持	不支持	支持
Windows XP Profession Edition SP2	不支持	支持	支持	支持	支持
Windows 2003 Server SP1	支持	支持	支持	支持	支持
Windows 2003 Enterprise Edition SP1	支持	支持	支持	支持	支持

2. SQL Server 2005 的安装

SQL Server 2005 的安装过程与其他 Microsoft Windows 系列产品类似，其安装过程如下：

（1）将 SQL Server 2005 的安装盘放入光驱中，单击 servers 目录下的 setup，接受许可协议后，单击"下一步"按钮，则出现安装 SQL Server 之前需要安装的支持文件窗口，为了成功安装 Microsoft SQL Server，在计算机上需要 Microsoft .NET Framework 2.0、Microsoft SQL Server 本机客户端、Microsoft SQL Server 2005 安装程序支持文件等软件组件。

（2）安装程序扫描计算机的配置，接下来就进入 SQL Server 2005 的安装向导，如图 7-45 所示。

图 7-45　SQL Server 2005 的安装向导

（3）单击"下一步"按钮，出现如图 7-46 所示的"系统配置检查"对话框，用于检查系统中是否有潜在的安装问题。系统配置检查完毕后，"报告"按钮变为可用。仅当所有检查结果都成功，或失败的检查项不严重时，"下一步"按钮才可用。对于失败的检查项，系统配置检查报告结果中包含对妨碍性问题的解决方法。

（4）剩下的安装步骤读者可通过帮助了解详细过程。

图 7-46　"系统配置检查"对话框

3. SQL Server 2005 系统数据库简介

SQL Server 2005 有 4 个系统数据库，它们分别为 Master、Model、Msdb、Tempdb。另外，如果在原先装有 SQL Server 2000 数据库的操作系统上安装 SQL Server 2005，系统会和 SQL Server 2000 一样，提供两个范例数据库 Pubs 和 Northwind。如果是全新安装 SQL Server 2005（即本机未装 SQL Server 2000 及以前版本），则安装完成后，SQL Server 2005 会提供两个范例数据库：AdventureWorks、AdventureWorksDW；还提供两个用于报表的数据库：ReportServer、

ReportServerTempDB。这些数据库的文件存储在 Microsoft SQL Server 默认安装目录下的 MSSQL 子目录的 Data 文件夹中，数据库文件的扩展名为.mdf，数据库日志文件的扩展名为.1df。例如，Master 数据库文件和数据库日志文件的文件名分别为 Master．mdf 和 Master．1df。

（1）Master 数据库是 SQL Server 系统最重要的数据库，它记录了 SQL Server 系统的所有系统信息。这些系统信息包括所有的登录信息、系统设置信息、SQL Server 的初始化信息和其他系统数据库及用户数据库的相关信息。因此，如果 Master 数据库不可用，则 SQL Server 无法启动。在 SQL Server 2005 中，系统对象不再存储在 Master 数据库中，而是存储在 Resource 数据库中。

（2）Model 数据库用作在 SQL Server 实例上创建的所有数据库的模板。因为每次启动 SQL Server 时都会创建 Tempdb，所以 Model 数据库必须始终存在于 SQL Server 系统中。当发出 CREATE DATABASE（创建数据库）语句时，将通过复制 Model 数据库中的内容来创建数据库的第一部分，然后用空页填充新数据库的剩余部分。如果修改 Model 数据库，之后创建的所有数据库都将继承这些修改。

（3）Msdb 数据库是代理服务数据库，为其报警、任务调度和记录操作员的操作提供存储空间。

（4）Tempdb 是一个临时数据库，它为所有的临时表、临时存储过程，及其他临时操作提供存储空间。Tempdb 数据库由整个系统的所有数据库使用，不管用户使用哪个数据库，他们所建立的所有临时表和存储过程都存储在 Tempdb 上。SQL Server 每次启动时，Tempdb 数据库被重新建立。当用户与 SQL Server 断开连接时，其临时表和存储过程自动被删除。

7.5.3　SQL Server 2005 工具简介

SQL Server 2005 中常用的管理工具和实用程序包括 SQL Server 2005 管理平台、SQL Server 商业智能开发平台、SQL Server 性能工具、Analysis Services 部署向导、配置工具、文档和教程。

1.　SQL Server 2005 管理平台

SQL Server 2005 管理平台包含了 SQL Server 2000 企业管理器和查询分析器等方面的功能。此外，SQL Server 2005 管理平台还提供了一种环境，用于管理分析服务、集成服务、报表服务和 XQuery。SQL Server 2005 管理平台为开发者提供了一个熟悉的环境，为数据库管理人员提供了一个单一的实用工具，使他们能够通过易用的图形工具和丰富的脚本来完成任务。SQL Server 管理平台不仅能够配置系统环境和管理 SQL Server，而且由于它能够以层叠列表的形式来显示所有的 SQL Server 对象，因而所有 SQL Server 对象的建立与管理都可以通过它来完成。

利用 SQL Server 管理平台可以完成的操作有：管理 SQL Server 服务器；建立与管理数据库；建立与管理表、视图、存储过程、触发程序、角色、规则、默认值等数据库对象，以及用户定义的数据类型；备份数据库和事务日志、恢复数据库；复制数据库；设置任务调度；设置警报；提供跨服务器的拖放控制操作；管理用户账户；建立 Transact-SQL 命令语句。

打开 SQL Server 2005 管理平台，单击"开始"菜单，然后单击 Microsoft SQL Server 程序组中的 SQL Server Management Studio。

应用 SQL Server 2005 管理平台，可实现 SQL Server 2000 中查询分析器的功能，用于输入和执行 Transact-SQL 语句，并且迅速查看这些语句的结果，以分析和处理数据库中的数据。这是一个非常实用的工具，对掌握 SQL 语言，深入理解 SQL Server 的管理工作有很大帮助。在管理平台工具栏上，单击工具栏左侧的"新建查询"可以打开查询分析器，可以在其中输入要执行的 SQL 语句，单击查询分析器左上角的执行按钮，或按 Ctrl＋E 组合键可执行此 SQL 语句，并将查询结果显示在结果窗口中。

2. 商业智能开发平台

SQL Server 商业智能开发平台（Business Intelligence Development Studio）是一个集成的环境，用于开发商业智能构造。SQL Server 商业智能开发平台包含一些项目模板，这些模板可以提供开发特定构造的上下文。

在商业智能开发平台中开发项目时，可以将其作为某个解决方案的一部分进行开发，而该解决方案独立于具体的服务器。例如，可以在同一个解决方案中包括 Analysis Services 项目、Integration Services 项目和 Reporting Services 项目。在开发过程中，可以将对象部署到测试服务器中进行测试，然后，可以将项目的输出结果部署到一个或多个临时服务器或生产服务器。

SQL Server 管理平台（Management Studio）可用于开发和管理数据库对象，以及用于管理和配置现有 Analysis Services 对象。如果要实现使用 SQL Server 数据库服务的解决方案，或者要管理使用 SQL Server、Analysis Services、Integration Services 或 Reportin Services 的现有解决方案，则应当使用 SQL Server Management Studio。如果要开发使用 Analysis Services、Integration Services 或者 Reporting Services 的方案，则应当使用商业智能开发平台。

3. SQL Server 分析器

SQL Server 分析器（Profiler）是一个图形化的管理工具，用于监督、记录和检查 SQL Server 数据库的使用情况。对系统管理员来说，它是一个连续实时地捕获用户活动情况的间谍。可以通过多种方法启动 SQL Server Profiler，以支持在各种情况下收集跟踪输出。启动 SQL Server Profiler 的方式包括通过"开始"菜单启动、通过 SQL Server Management Studio 中的"工具"菜单启动，以及通过数据库引擎优化顾问中的"工具"菜单启动。启动 SQL Server 分析器（Profiler）后，单击文件菜单中的"新建跟踪"选项，在"常规"选项卡，可设置跟踪名称、跟踪提供程序名称、类型、使用的模板、保存的位置、是否启用跟踪停止时间及时间设置。在"事件选择"选项卡，设置要跟踪的事件和事件列。

SQL Server Profiler 是用于从服务器捕获 SQL Server 2005 事件的工具。事件保存在一个跟踪文件中，可以后对该文件进行分析，也可以在试图诊断某个问题时，用它来重播某一系列的步骤。

SQL Server Profiler 还支持对 SQL Server 实例上执行的操作进行审核。

4. 数据库引擎优化顾问

企业数据库系统的性能依赖于组成这些系统的数据库中物理设计结构的有效配置。这些物理设计结构包括索引、聚集索引、索引视图和分区，其目的在于提高数据库的性能和可管理性。Microsoft SQL Server 2005 提供了数据库引擎优化顾问，这是分析一个或多个数据库上工作负荷的性能效果的工具。工作负荷是对要优化的数据库执行的一组 Transact-SQL 语句。分析数据库的工作负荷效果后，数据库引擎优化顾问会提供在 Microsoft SQL Server 数据库中添加、删除或修改物理设计结构的建议。这些物理性能结构包括聚集索引、非聚集索引、索引视图和分区。实现这些结构之后，数据库引擎优化顾问使查询处理器能够用最短的时间执行工作负荷任务。

数据库引擎优化顾问提供了两种界面。

（1）独立图形用户界面，一种用于优化数据库、查看优化建议和报告的工具。

（2）命令行实用工具程序 dta.exe，用于实现数据库引擎优化顾问在软件程序和脚本方面的功能。

在早期版本的 SQL Server 中，数据库引擎优化顾问的一些功能是由索引优化向导提供的。

5．Analysis Services

Microsoft SQL Server 2005 Analysis Services（SSAS）为商业智能应用程序提供联机分析处理（OLAP）和数据挖掘功能。Analysis Services 允许设计、创建和管理包含从其他数据源（如关系数据库）聚合的数据的多维结构，以实现对 OLAP 的支持。对于数据挖掘应用程序，Analysis Services 允许设计、创建和可视化处理那些通过使用各种行业标准数据挖掘算法，并根据其他数据源构造出来的数据挖掘模型。

Analysis Services 部署向导使用从 Microsoft SQL Server 2005 Analysis Services（SSAS）项目生成的 XML 输出文件作为输入文件。可以轻松地修改这些输入文件，以自定义 Analysis Services 项目的部署。随后，可以立即运行生成的部署脚本，也可以保留此脚本供以后部署。使用 Analysis Services 部署向导的步骤如下：单击"开始"菜单，依次指向"所有程序"、Microsoft SQL Server 2005 和 Analysis Services，然后单击"部署向导"命令。

6．SQL Server 配置管理器

SQL Server 配置管理器是一种工具，用于管理与 SQL Server 相关联的服务、配置 SQL Server 使用的网络协议，以及从 SQL Server 客户端管理网络连接配置。SQL Server 配置管理器是一个 Microsoft 管理控制台管理单元，可以从"SQL Server 程序组"菜单进行访问。SQL Server2005 配置管理器集成了以下 SQL Server 2000 工具的功能：服务器网络实用工具、客户端网络实用工具和服务管理器。

7．SQL Server 文档和教程

SQL Server 2005 提供了大量的联机帮助文档，它具有索引和全文搜索能力，可根据关键词来快速查找用户所需信息。SQL Servel 2005 中提供的教程可以帮助了解 SQL Server 技术和开始项目。

7.6　小　　结

本章主要讲述了网络环境下数据库应用系统的体系结构：客户机/服务器（C/S）模式、浏览器/服务器（B/S）模式和 B/S 与 C/S 的混合模式。C/S 模式一般工作在局域网上，B/S 模式工作在 Internet 或 Intranet 上，无平台的限制。随着 Internet 的迅速发展，B/S 系统获得了日益广泛的应用。

网络数据库应用系统的开发过程，在系统开发的初始阶段，需要进行需求分析和系统设计，然后进入系统实现阶段。

常用通用数据库访问接口 ODBC、JDBC 和 OLE DB。ODBC 屏蔽了异构环境的复杂性，提供了数据库访问的统一接口，为应用程序实现与平台的无关性和可移植性提供了基础。JDBC 则为单一的 Java 语言的数据库接口。OLE DB 则为各种各样的数据存储都提供一种相同的访问接口。

利用 SQL Server 2000 数据库管理系统进行数据库管理的方法，利用企业管理器、Transact-SQL 可以完成各种数据库对象的管理，如数据库、数据表、索引、存储过程、触发器、数据库备份与恢复等。在 SQL Server 2000 中创建与管理数据库服务器对象的方法与技能，同样适用于 SQL Server 2005 最新版数据库管理系统。

习　　题

1. 简述网络数据库的特点。
2. 网络数据库应用系统的主要开发方法有哪些？每种方法的主要特点是什么？
3. 采用结构化方法开发网络数据库应用系统的具体步骤有哪些？
4. 什么是两层客户机/服务器结构？这种结构的优点是什么，有什么局限性？
5. 什么是浏览器/服务器结构？这种结构的优点是什么？
6. 试述使用 ODBC 开发数据库的应用系统的体系结构。
7. 在计算机上建立一个 SQL Server 数据库的 ODBC 数据源。
8. 简述 SQL Server 2000 的主要特点。
9. 简述 Char 数据类型和 Varchar 数据类型的区别。
10. 企业管理器的主要功能有哪些？
11. 查询分析器的主要功能有哪些？
12. 在 SQL Server 2000 中，什么是文件、文件组？二者有何关系？
13. SQL Server 2000 中默认的系统数据库有哪几个？各自的主要作用是什么？
14. 名词解释：约束，缺省，规则，触发器，账号，角色。
15. 简述 SQL Server 2000 的验证模式类型及各自主要特点。
16. 对比 SQL Server 2000 中各种数据库备份模式的特点、功能。
17. 对比分析 SQL Server 2000 中三种数据库恢复模式。
18. 简要说明触发器的工作原理。
19. 什么是存储过程，其作用是什么？
20. 操作并认识 SQL Server Management Studio 窗体界面。

第8章 数 据 仓 库

数据仓库技术是数据库技术的延伸和发展。近几年来，随着数据库技术的应用和发展，传统数据库系统已经无法满足数据处理多样化的要求，人们尝试对数据库中的数据进行再加工，形成一个综合的、面向分析的环境，以更好地支持决策分析，从而形成了数据仓库技术（Data Warehousse，简称 DW）。

数据仓库的概念是 20 世纪 90 年代初提出的，近几年得到了迅速发展。它的目标是为用户提供有效的决策支持。数据仓库作为决策支持系统的有效解决方案涉及三方面的技术内容：数据仓库技术、联机分析处理（OLAP）技术和数据挖掘（Data Mining，简称 DM）技术。数据仓库技术用于数据的存储和组织；联机分析处理用于数据的分析；数据挖掘技术（DM）用于从数据中自动发现知识。

本章简要介绍数据仓库、联机分析处理和数据挖掘的基本概念和基本技术，以期对它们有一个概貌性的了解。

8.1 数 据 仓 库 概 述

8.1.1 数据仓库的产生

传统的数据库技术是以单一的数据资源为中心，同时进行各种类型的处理，从事务处理到批处理，到决策分析。近年来，人们逐渐认识到计算机系统中存在着两类不同的数据处理：操作型处理和分析型处理。操作型处理也叫联机事务处理（On-Line Transaction Processing，简称 OLTP），是指对数据库联机的日常操作，通常是对一个或一组记录的查询和修改，主要是为企业的特定应用服务的，人们关心的是响应时间、数据的安全性和完整性。分析型处理也叫联机分析处理（On-Line Analytical Processing，简称 OLAP），主要用于管理人员的决策分析。例如，DSS、EIS 和多维分析等，需要经常访问大量的历史数据，两者之间存在很大的差异。

虽然各种传统的数据库技术特别是关系数据库，经过 20 多年的发展已经相当成熟，在事务处理方面的应用获得了巨大的成功。但由于事务型处理与分析型处理之间的巨大差异，使得其在决策分析方面的应用不如人意，具体体现在以下几方面。

1. 事务处理和分析处理的性能特性不同

在事务处理环境中，用户的行为特点是数据的存取操作频率高，而每次操作处理的时间短，因此，系统可以允许多个用户以并发方式共享系统资源且保持较快的响应时间。在分析型环境中，某些决策分析应用程序可能需要连续运行几个小时，从而消耗大量的系统资源。将两种如此不同处理性能的应用放在同一环境中运行显然是不适当的。

2. 数据集成问题

决策分析需要多方面的数据，相关数据收集越完整，分析结果就越可靠。因此，它不仅需

243

要本单位内部各部门的相关的数据，还需要有关外单位的数据。由于这些数据来源不同，造成数据结构的不同、词义不同，需要数据提取、转换等集成工作。而集成工作是一种复杂的事情，传统的数据库不能好好地支持这项工作。

3. 历史数据问题

事务处理一般只需要当前数据，在数据库中一般也只存储短期数据，且不同数据的保存期限也不一样，即使有一些历史数据保存下来了，也被束之高阁，未得到充分利用。但对于决策分析而言，历史数据是非常重要的，许多分析方法必须以大量的历史数据为依托。没有对历史数据的详细分析，是难以把握企业的发展趋势的。

可以看出决策支持系统（Decision-making Support System，简称 DSS）对数据在空间和时间广度上都有了更高的要求，而事务处理环境难以满足这些要求。

4. 数据的综合问题

在联机事务处理的系统中积累了大量的详细数据，但对决策未必都有用，因为详细数据量太大，会严重影响分析的效率。而决策分析所需要的数据多为综合数据，事务处理系统不具备这种综合能力。

以上这些问题表明，在传统的数据库系统环境中不宜构成分析型的应用。要提高分析和决策的效率和有效性，分析型处理及其数据必须与操作型处理及其数据相分离。必须把分析型数据从事务处理的环境中提取出来，按照 DSS 处理的需要进行重新组织，建立单独的分析处理环境，数据仓库正是为了构建这种新的分析处理环境而出现的一种数据存储和组织技术。

8.1.2 数据仓库的基本概念

数据仓库和数据库只有一字之差，似乎是一样的概念，但实际则不然。数据仓库是为了构建新的分析处理环境而出现的一种数据存储和组织技术。由于分析处理和事务处理具有极不相同的性质，因而两者对数据也有不同的要求。

20 世纪 90 年代初，美国著名信息工程科学家 W.H.Inmon 在其著作 Building the Data Warehouse 一书给数据仓库所下的定义为："数据仓库（Data Warehouse）是一个面向主题的（Subject Oriented）、集成的（Integrate）、非易失的（Non-Volatile）、随时间变化的（Time Variant）数据的集合，用于支持经营管理中的决策制定过程。"

对于数据仓库的概念可以从两个层次予以理解。第一，数据仓库用于支持决策，面向分析型数据处理，它不同于企业现有的操作型数据库；第二，数据仓库是对多个异构的数据源有效集成，集成后按照主题进行了重组，并包含历史数据，而且存放在数据仓库中的数据一般不再修改。

8.1.3 数据仓库系统的主要特征

根据数据仓库的基本概念，数据仓库除具有传统数据库数据的独立性、共享性等特点外，还具有以下 4 个主要特征。

1. 数据仓库是面向主题的

操作型数据库的数据组织面向事务处理任务，各个业务系统之间各自分离，而数据仓库中的数据是按照一定的主题域进行组织的。主题是一个抽象的概念，是指用户使用数据仓库进行决策时所关心的重点方面，一个主题通常与多个操作型信息系统相关。

2. 数据仓库是集成的

面向事务处理的操作型数据库通常与某些特定的应用相关,数据库之间相互独立,并且往往是异构的。而数据仓库中的数据是在对原有分散的数据库数据抽取、清理的基础上,经过系统加工、汇总和整理得到的,必须消除源数据中的不一致性,以保证数据仓库内的信息是关于整个企业的一致的全局信息。

3. 数据仓库是相对稳定的

操作型数据库中的数据通常要实时更新,数据根据需要及时发生变化。数据仓库的数据主要供企业决策分析之用,所涉及的数据操作主要是数据查询,一旦某个数据进入数据仓库以后,一般情况下将被长期保留,也就是数据仓库中一般有大量的查询操作,但修改和删除操作很少,通常只需要定期地加载、刷新。

4. 数据仓库是反映历史变化

操作型数据库主要关心当前某一个时间段内的数据,而数据仓库中的数据通常包含历史信息,系统记录了企业从过去某一时点(如开始应用数据仓库的时点)到目前的各个阶段的信息。通过这些信息,可以对企业的发展历程和未来趋势做出定量分析和预测。

8.2 数据仓库的数据组织

在对数据仓库系统的主要特征进行分析后,下面来学习数据仓库的数据组织结构和组织方式。

一个典型的数据仓库的数据组织结构如图 8-1 所示。

在数据仓库中,数据被分成 4 个级别,分别是高度综合级、轻度综合级、当前细节级、早期细节级。

源数据经过综合后,首先进入当前细节级,并根据具体需要进行进一步地综合,从而进入轻度综合级乃至高度综合级,老化的数据将进入早期细节级。由此可见,数据仓库中存在着不同的综合级别,一般称之为"粒度"。粒度越大,表示细节程度越低,综合程度越高。

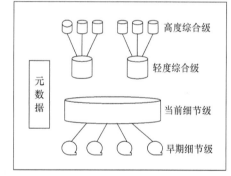

图 8-1 数据仓库的数据组织结构

数据仓库中另一种重要的数据就是——元数据(metadata),元数据是"关于数据的数据",即是对数据的定义和描述。如在传统数据库中,数据字典就是一种元数据。在数据仓库环境下,主要有两种元数据:第一种是为了从操作性环境向数据仓库转化而建立的元数据,包含了所有源数据项名、属性,及其在数据仓库中的转化;第二种元数据在数据仓库中是用来和终端用户的多维商业模型/前端工具之间建立映射,此种元数据称之为 DSS 元数据,常用来开发更先进的决策支持工具。

数据仓库中常见的数据组织形式如下所示。

(1)简单堆积文件:它将每日由数据库中提取并加工的数据逐天积累并存储起来。

(2)轮转综合文件:数据存储单位被分为日、周、月、年等几个级别。在一个星期的 7 天中,数据被逐一记录在每日数据集中。然后,7 天的数据被综合并记录在周数据集中。接下去的一个星期，日数据集被重新使用，以记录新数据。同理，周数据集达到 5 个后，数据再一次被综合并记入月数据集，依次类推。轮转综合结构十分简捷，数据量较简单，堆积结构大大减少。当然，它是以损失数据细节为代价的，越久远的数据，细节损失越多。

（3）简化直接文件：它类似于简单堆积文件，但它是间隔一定时间的数据库快照，比如每隔一星期或一个月做一次。

（4）连续文件：通过两个连续的简化直接文件，可以生成另一种连续文件，它是通过比较两个简单直接文件的不同而生成的。当然，连续文件同新的简单直接文件也可生成新的连续文件。

8.3　数据仓库系统的体系结构

一个典型的企业数据仓库系统通常包含数据源、数据的存储与管理、OLAP 服务器以及前端工具与应用 4 个部分，如图 8-2 所示。

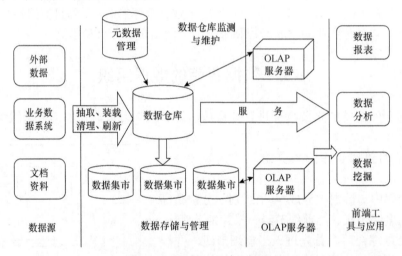

图 8-2　数据仓库的体系结构

（1）数据源：是数据仓库系统的基础，是整个系统的数据源泉。通常包括企业内部信息和外部信息。内部信息包括存放于企业操作型数据库中（通常存放在 RDBMS 中）的各种业务处理数据和办公自动化（OA）系统包含的各类文档数据。外部信息包括各类法律法规、市场信息和竞争对手的信息等。

（2）数据的存储与管理：是整个数据仓库系统的核心。数据仓库的真正关键是数据的存储和管理。数据仓库的组织管理方式决定了它有别于传统数据库，同时也决定了其对外部数据的表现形式。要决定采用什么产品和技术来建立数据仓库的核心，则需要从数据仓库的技术特点着手分析。在现有各业务系统的基础上，对数据进行抽取、清理，并有效集成，按照主题进行重新组织，最终确定数据仓库的物理存储结构，同时组织存储数据仓库元数据（具体包括数据仓库的数据字典、记录系统定义、数据转换规则、数据加载频率，以及业务规则等信息）。按照数据的覆盖范围，数据仓库存储可以分为企业级数据仓库和部门级数据仓库［通常称为"数据集市"（Data Mart）］。数据仓库的管理包括数据的安全、归档、备份、维护和恢复等工作。这些功能与目前的 DBMS 基本一致。

（3）OLAP 服务器：对分析需要的数据进行有效集成，按多维模型予以组织，以便进行多角度、多层次的分析，并发现数据趋势。其具体实现可以分为：ROLAP、MOLAP 和 HOLAP。ROLAP 基本数据和聚合数据均存放在 RDBMS 之中；MOLAP 基本数据和聚合数据均存放于多维数据库中；而 HOLAP 是 ROLAP 与 MOLAP 的综合，基本数据存放于 RDBMS 之中，聚合数据存放于多维数据库中。

（4）前端工具与应用：前端工具主要包括各种数据分析工具、报表工具、查询工具、数据挖掘工具，以及各种基于数据仓库或数据集市的应用开发工具。其中数据分析工具主要针对OLAP 服务器，报表工具、数据挖掘工具主要针对数据仓库，同时也针对 OLAP 服务器。

8.3.1 数据仓库的后台工具

数据仓库的后台工具包括数据抽取（Extracting）、清洗（Cleaning）、转换（Transformation）、装载（Loading）和维护（Maintaining）工具。目前许多公司把后台工具简记为 ECTL 工具或ETL 工具。

数据仓库的数据来源于多种不同的数据源，它们可能是不同平台上异构数据库中的数据，也可能是外部独立的数据文件（如由某些应用产生的文件）、Web 页面、市场调查报告等。因此，这些数据常常是不一致的。例如：

（1）同一字段在不同应用中具有不同的数据类型，例如，字段 Sex 在 A 应用中的值为 M/F，在 B 应用中的值为"0/1"，在 C 应用中又为 Male/Female。

（2）同一字段在不同应用中具有不同的名字。例如，A 应用中的字段 balance 在 B 应用中名称为 bal，在 C 应用中又变成了 currbal。

（3）同名字段，不同含义。例如，字段 long 在 A 应用中表示人的身高，在 B 应用中表示桌子的长度等。

为了将这些不一致的分散的数据集成起来，必须对它们进行转换后才能供分析之用。数据的不一致是多种多样的，对每种情况都必须专门处理。数据抽取、清洗、转换等工具就是用来完成这些工作的。

数据抽取工具主要通过网关或标准接口（如 ODBC、Oracle Open Connect、Sybase Enterprise Connect、Informix Enterprise Gateway 等）把原来 OLTP 系统中的数据按照数据仓库的数据组织进行抽取。

数据清洗工具主要是对源数据之间的不一致性进行专门处理，并且要去除与分析无关的数据或不利于分析处理的噪声数据。

数据经过抽取、清洗和转换后，就可以装载到数据仓库中，这由数据仓库的装载工具来实现。在数据装载过程中，需要做以下的预处理：完整性约束检查、排序，对一些表进行综合和聚集计算，创建索引和其他存取路径，把数据分割到多个存储设备上等，同时应该允许系统管理员对装载过程监控。

数据装载工具要解决的另一个问题是对大量数据的处理。数据仓库中的数据量比 OLTP 系统要大得多，装载需要很长时间。目前通常的解决方式有两种：并行装载和增量装载。并行装载是把任务进行分解，充分利用 CPU 资源。增量装载是只装载修改的元组以减少需要处理的数据量。

数据仓库维护的主要内容是：把操作型环境中的新数据定期加入（pump）数据仓库中，

刷新数据仓库的当前细节数据，将过时的数据转换成历史数据，清除不再使用的数据，调整粒度级别，等等。特别注意，当刷新数据仓库的当前细节数据后，相应的粒度高的综合数据也要进行重新计算、重新综合等维护修改工作。

元数据管理工具是数据仓库系统的一个重要组成部分。由于分析需求的多变性，导致数据仓库的元数据也会经常变化，对元数据的维护管理比传统数据库对数据字典的管理要复杂和频繁得多。因此，需要一个专门的工具软件来管理元数据。

8.3.2　数据仓库服务器

数据仓库服务器相当于数据库系统中的数据库管理系统，它负责管理数据仓库中数据的存储管理和数据存取，并给 OLAP 服务器和前端工具提供存取接口（如 SQL 查询接口）。数据仓库服务器目前一般是 RDBMS 或扩展的 RDBMS，即由传统数据库厂商对 DBMS 加以扩展修改，使传统的 DBMS 支持数据仓库的功能。

OLAP 服务器透明地为前端工具和用户提供多维数据视图。用户不必关心分析数据（即多维数据）到底存储在什么地方，是怎么存储的。OLAP 服务器则必须考虑物理上这些分析数据的存储问题。

数据仓库服务器和 OLAP 服务器之间的功能划分没有严格的界限。其含义是：

从逻辑功能上可以分为数据仓库服务器软件和 OLAP 服务器软件。从物理实现上可以分别开发数据仓库服务器软件和 OLAP 服务器软件，也可以合二为一。

数据仓库服务器软件向 OLAP 服务器提供 SQL 接口，OLAP 服务器软件向诸分析软件提供多维查询语言接口，如微软公司的 MDX 语言。

传统的 DBMS 厂商通常是用扩展的 DBMS 作为数据仓库服务器，然后收购第三方厂商的 OLAP 服务器，实现向用户提供数据仓库的整体解决方案。我国的数据库工作者，例如，中国人民大学开发的并行数据仓库系统 Pareware、哈尔滨工业大学开发的蓝光系统，则专门为管理数据仓库开发了软件系统。把数据仓库服务器和 OLAP 服务器功能合二为一，减少了两者之间的接口，并采用了多种适合数据仓库特点的技术来提高 OLAP 服务器的性能。

8.3.3　前台工具

查询报表工具、多维分析工具、数据挖掘工具和分析结果可视化工具等结合在一起构成了数据仓库系统的前台工具层。数据挖掘是从大量数据中发现未知的信息或隐藏的知识的新技术。目的是通过对大量数据的各种分析，帮助决策者寻找数据间潜在的关联或潜在的模式，发现经营者被忽略的要素，而这些要素对预测趋势、决策行为也许是十分有用的信息。

但在实际工作中，查询报表工具、多维分析工具和数据挖掘工具是相互补充的，只有很好地结合起来使用，才能达到最好的效果。建立三者紧密集成的数据仓库工具层是数据仓库系统真正发挥其数据宝库作用的重要环节。

总之，数据仓库系统是多种技术的综合体，它由数据仓库、数据仓库的后台工具、数据仓库服务器、OLAP 服务和前台工具等多个部分组成。在整个系统中，数据仓库居于核心地位，是数据分析和挖掘的基础；数据仓库管理系统负责管理整个系统的运转，是整个系统的引擎；而数据仓库工具则是整个系统发挥作用的关键，只有通过高效的工具，数据仓库才能真正把数据转化为知识，为企业和部门创造价值发挥作用。

8.4 联机分析处理 OLAP

前面介绍了数据仓库的有关概念和技术,阐述了数据仓库是进行分析决策的基础,下面讨论与数据仓库技术密切相关的 OLAP 技术。

8.4.1 OLAP 的含义

联机分析处理（OLAP）的概念是 E.F.Codd 先生在 1993 年提出的。E.F.Codd 先生在它的文章中是这样说明的:"OLAP 是一个赋于动态的、企业分析的名词,这些分析是注释的、熟悉的、公式化数据分析模型的生成、操作、激活和信息合成。这包括能够在变量间分辨新的或不相关的关系,能够区分对处理大量数据必要的参数,而生成一个不限数量的维（合成途径）和指明跨维的条件表达式。"

OLAP 是使分析人员、管理人员或执行人员能够从多种角度对从原始数据中转化出来的、能够真正为用户所理解的,并真实反映企业维特性的信息进行快速、一致、交互地存取,从而获得对数据更深入地理解的一类软件技术。它的技术核心是"维"概念。因此,也可以说 OLAP 是多维分析工具的集合。

OLAP 是一种数据分析技术,它的主要目标是满足决策支持或多维环境特定的查询和报表的需求,其功能特征有以下几个方面。

1. 快速性

用户对 OLAP 的快速反应能力有很高的要求。系统应能在 5s 内对用户的大部分分析要求做出反应。如果终端用户在 30s 内没有得到系统响应就会变得不耐烦。因而可能失去分析主线索,影响分析质量。对于大量的数据分析要达到这个速度并不容易,因此就更需要一些技术上的支持,如专门的数据存储格式、大量的事先运算和特别的硬件设计等。

2. 可分析性

OLAP 系统应能处理与应用有关的任何逻辑分析和统计分析。尽管系统需要事先编程,但并不意味着系统已定义好了所有的应用。用户无须编程即可以定义新的专门的计算,将其作为分析的一部分,并以用户满意的方式给出报告。用户可以在 OLAP 平台上进行数据分析,也可以连接到其他外部分析工具上,如时间序列分析工具、成本分配工具、意外报警和数据开采等。

3. 共享性

在大量用户间实现潜在地共享秘密数据所必需的安全性需求。

4. 多维性

多维性是 OLAP 的关键属性。系统必须提供对数据分析的多维视图和分析,包括对层次维和多重层次维的完全支持。事实上,多维分析是分析企业数据最有效的方法,是 OLAP 的灵魂。

5. 信息性

不论数据量有多大,也不管数据存储在何处,OLAP 系统应能及时获得信息,并且管理大容量信息。这里有许多因素需要考虑,如数据的可复制性、可利用的磁盘空间、OLAP 产品的性能,以及与数据仓库的结合度等。

8.4.2 多维数据模型

从上面对 OLAP 的定义中，可以看到 OLAP 的显著特征是能提供数据的多维概念视图。数据的多维视图使最终用户能多角度、多侧面、多层次地考察数据，从而深入地理解包含在数据中的信息及其内涵。

在多维数据模型中，数据不再以实体和联系来进行组织，而是以度量指标和维进行组织。所以，首先介绍一下与多维数据模型有关的基本概念。

1. 度量

度量（Measure），是决策者所关心的具有实际意义的数量。例如，销售量、库存量等。

2. 维

维（Dimension）是人们观察数据的特定角度。例如，一个企业在考虑产品的销售情况时，通常从时间、地区和产品的不同角度来深入观察产品的销售情况。这里的时间、地区和产品就是维。例如，时间维、地区维、产品维。"维"是 OLAP 中十分重要的概念。

3. 维层次

人们在观察数据的某个特定角度（即某个维）还可能存在细节程度不同的多个描述方面，称这多个描述方面为维的层次（Hierarchy）。例如，描述时间维时，可以从年、月份、日期等不同层次来描述，那么年、月份、日期等就是时间维的一种层次；同样，县、市、省、国家等就构成了地理维的一种层次。

4. 维成员

维的一个取值称为该维的一个维成员（Member），也称作维值。如果一个维已经分成了多层次的，则该维的维成员就是在不同维层次的取值的组合。例如，考虑时间维具有年、月份、日期这三个层次，分别在年、月份、日期上各取一个值组合起来，就得到了时间维的一个维成员，即"某日某月某年"。一个维成员并不一定在每个维层次上都要取值，例如，"某年某月"、"某年"、"某月某日"等都是时间维的维成员。

对应一个度量数据来说，维成员是该度量数据在某个维中位置的描述。例如，对一个销售数据来说，时间维的维成员"某年某月某日"是该销售数据在时间维上位置的描述，表示是"某年某月某日"的销售数据。

5. 多维立方体

多维数据模型的数据结构可以用这样一个多维数组来表示为：（维 1，维 2，…，维 n，度量值）。例如，图 8-3 所示的销售数据是按时间、地区、产品种类，加上变量"销售额"组成的一个三维数组：（地区，时间，产品种类，销售额）。三维数组可以用一个立方体直观地来表示。一般地，多维数组用多维立方体（Cube）来表示。多维立方体也称为超立方体。

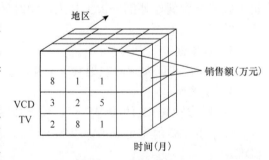

图 8-3 销售数据立方体

6. 数据单元（单元格）

多维立方体的取值称为数据单元。当在多维立方体的各个维都选中一个维成员以后，这些维成员的组合就唯一确定了一个变量的值。数据单元也就可以表示为：（维 1 维成员，维 2 维成员，……，维 n 维成员，变量的值）。例如，在图 8-3 中在销售地区、时间、产品种类上各取维成员："上海"、"2003-10-12"、"服装"，则可以唯一地确定观察变量"销售额"的值（假设为 10000 万元），则该数据单元可表示为（上海，2003-10-12，服装，10000）。

对于三维以上的多维立方体，很难用可视化的方式直观地表示出来。为此人们用较形象的"星型模式"（Star Schema）和"雪花模式"（Snow Flake Schema）来描述多维数据模型。

"星型模式"通常由一个中心表（事实表）和一组维表组成，如图 8-4 所示，星型模式的中心是销售事实表，其周围的维表有：时间维表、产品维表、地区维表。事实表一般很大，维表一般较小。

星型模式的事实表与所有的维表相连，而每一个维表只与事实表相连。维表与事实表的连接是通过键来体现的，如图 8-5 所示。

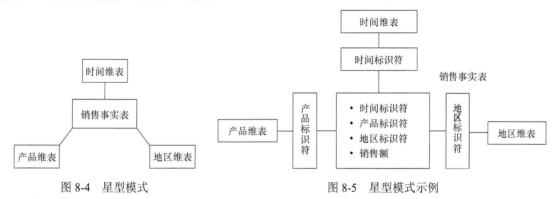

图 8-4　星型模式　　　　　　　　图 8-5　星型模式示例

在上述结构中，销售表表示销售的基本情况为事实表，其中存放了通过三个维表的主键：产品标识符、时间标识符、地区标识符。这样，通过这三个维表的主键，将事实表与维表连接在一起，形成了完整的"星型模式"，建立"星型模式"之后，就可以在关系数据库中模拟数据的多维查询。通过维表的主键，对事实表和维表做一次连接操作，一次查询就可以得到数据的值，以及对数据的多维描述（即对应的各维上的维成员）。

在实际应用过程中，维通常是有层次的，雪花模式就是对维表按层次进一步细化后形成的。如图 8-5 销售数据的星型模式，地区维的层次结构有城市——省，省——国家；时间维的层次结构为日——月——季——年；产品的层次结构为产品——类等。若把维表按层次结构表示，则数据模式如图 8-6 所示。这种数据模式形如雪花，称为雪花模式（Snow Flake Schema）。用雪花模式表示，可以节省存储空间，但在查询时要多做连接运算。

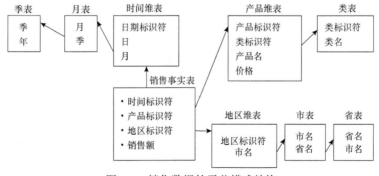

图 8-6　销售数据的雪花模式结构

8.4.3 OLAP 的基本操作

在多维数据模型中，数据按照多个维进行组织，每个维又具有多个层次，每个层次由多个层组成。多维数据模型使用户可以从不同的视角来观察和分析数据。常用的 OLAP 多维分析操作有切片（slice）、切块（dice）、旋转（pivot）、向上综合（rollup）、向下钻取（drill down）等。通过这些操作，最终用户能从多个角度多侧面观察数据、剖析数据，从而深入地了解包含在数据中的信息与内涵。

1. 切片

在多维立方体的某一维上选定一个维成员的操作称为切片。一次切片使原来的多维立方体维数减 1，即结果为一个维数减 1 的多维立方体。

例如，对图 8-3 所示的销售数据的立方体中，如果在时间维上选择一个维成员，如时间是"2003 年 1 月"，该切块操作就得到了一个子多维立方体，是二维（3－1＝2）"平面"。它表示2003 年 1 月各地区、各产品的销售额。

2. 切块

在多维立方体的某一维（或某几维）上选定某一区间的维成员的操作称为切块。可以看成是在切片的基础上，进一步确定各个维成员的区间得到的片断体，即由多个切片叠合而成。

例如，对图 8-3 的销售数据立方体在时间维上选择两个维成员，如时间是"2003 年 1 月"和"2003 年 4 月"，该切块操作就得到了一个子多维立方体。它表示 2003 年 1 月至 2003 年 4月各地区、各产品的销售额。

3. 旋转

改变一个多维立方体的维方向的操作称为旋转，使最终用户可以从其他视角来观察多维立方体。例如，旋转可以交换行和列，或是把某一行维移到列维中去。

4. 向上综合

向上综合也称为上钻操作，提供多维立方体上的聚集操作。包括两种形式，一种是在某个维的某一层次上由低到高的聚集操作，如在时间维上由日聚集到月，由月聚集到年；另一种是通过减少维的个数进行聚集操作，如两维立方体中包含有时间维和地区维，如果把地区维去掉，则得到一个按时间维对所有地区进行聚集操作。

5. 向下钻取

向下钻取也称为下钻操作，是向上综合的逆操作。它同样包括两种形式，在某个维的某一层次上由高到低的钻取操作，找到更详细的数据；或者通过增加新的维来获取更加细节的数据。例如，在时间维上由每一季度的销售额向下钻取，查到每一个月的销售额。

向下钻取和向上综合操作是在维的层次上查看数据，向下钻取操作可以看到更细节的数据，而向上综合操作则是看到比较综合的数据。

8.4.4 OLAP 实现技术

在本节，简要介绍一些用于 OLAP 系统的实现技术。由于 OLAP 系统中绝大多数的操作主要是只读和聚集汇总运算，而聚集汇总很费时间。为了加快响应时间，可把使用较多的聚集汇总数据当作实视图存放于数据仓库中，可供多次使用。OLAP 操作的数据是非常大的多维数据，并且常要将事实表和维表进行连接，因此建立相应的索引变得很重要。下面，主要讨论实视图、位图索引等技术。

1. 实视图

把 OLAP 操作中常用聚集汇总的结果定义为视图，把它的定义和数据都存放于数据仓库中，这样的视图称为实视图（Materialized view），它与一般的数据库中的视图是不同的，数据库中的视图仅是一个虚表，只有逻辑定义。

例如，以图 8-5 中的销售表为例，其事实表共有三维，即产品 P（product）、日期 D（date）和地区 Z（zone），它们可以定义下列四种实视图。

（1）PDZ 视图。这里，销售表本表就是 PDZ 视图。

（2）PZ、ZD、PD 视图。

先定义 PZ 视图如下：

CREATE view PZ（产品标识符，地区标识符，销售总额）AS

SELECT 产品标识符，地区标识符，SUM（销售额）AS 销售总额

FROM PDZ

GROUP BY 产品标识符，地区标识符；

也可以用类似方法定义 ZD、PD 视图。

（3）P、D、Z 视图。

先定义 P 视图如下：

CREATE view P（产品标识符，销售总额）AS

SELECT 产品标识符，SUM（销售总额）AS 销售总额

FROM PZ

GROUP BY 产品标识符；

也可以用类似方法定义 D、Z 视图。P 从 PZ 定义以节省计算量，P 也可以从 PDZ 定义。

（4）ALL 视图。

ALL 视图表示不分组，该视图中的销售额表示销售表中所有销售金额之和。ALL 视图定义如下：

CREATE view ALL（总额）AS

SELECT SUM（销售总额）AS 销售总额

FROM P

GROUP BY 产品标识符；

上面共定义了四种共 8 个基本实视图，例如，{P，D，Z}对应于 PDZ，{P，D}对应于 PD，……，{Z}对应于 Z，空对应于 ALL。它们间互相依赖可构成一个如图 8-7 所示的实视图关系。如果两个视图有线相连，表示下方的实视图可由上方的实视图导出。例如 ALL 可由 P 或 Z 或 D 导出，P 可由 PZ 或 PD 导出。

这 8 个基本实视图还可与维表结合起来，产生其他实视图。

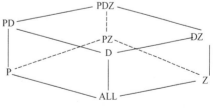

图 8-7 实视图关系

在计算实视图时，分组的粒度有粗细之分，图 8-7 中各视图计算 SUM 函数的分组粒度，

从上而下由细变粗。而上卷操作就是由细粒度的聚集函数推算粗粒度分组的过程。使用实视图之后可以加快向上综合操作和向下钻取操作。

2. 位图索引

现在通过一个例子来描述客户的关系表。

客户表包含以下属性。客户标识符：int；姓名：string；信用等极：int；性别：Boolean。

属性"信用等级"的取值范围是从 1～5 的整数，而"性别"属性只有两个取值，即男或女。不管客户表多大，这两个属性可能取值很少，这样的属性称为低基数属性。该方法的主要思想是使用位序列来表示低基数属性的值，每个可能的取值需要用一个位来表示。

在低基数属性上建立一个位图如下，位图的每一列代表该属性的一个值。有多少种可能的属性就有多少列，位图的位数等于客户表的行数，每一行对应客户表的元组。在该元组所取的属性值的下面填"1"，在其他属性值下面填"0"。如图 8-8（a）是性别的位图，图 8-8（c）是信用等级位图。性别位图和信用等级位图都有 5 行，因为客户表有 5 行，性别位图的第一行在"男"列下为"1"，"女"列下为"0"，因为对应性别表的第一元组性别值为男，其余行依此填写。这样建立的属性位图称为此属性的位图索引。位图索引建立在低基数属性上，通常是一个很小的索引。

男	女
1	0
1	0
0	1
1	0
0	1

（a）性别

客户标识符	姓名	性别	信用等级
112	李平	男	3
115	朝将	男	5
119	孔敏	女	5
112	刘伟	男	4
122	黄文	女	3

（b）客户表

1	2	3	4	5
0	0	1	0	0
0	0	0	0	1
0	0	0	0	1
0	0	0	1	0
0	0	1	0	0

（c）信用等级

图 8-8　客户关系表上的位图索引

位图索引与散列索引和树索引相比有两个主要的优点。

（1）可以有效地使用按位 AND 和 OR 运算执行查询。

例如，对于查询"找出有多少男性客户的信用等级为"5"，就可以通过将性别位图"男"列和信用等级"5"列每行进行位 AND 运算，结果只有一个"1"，故满足查询条件的客户只有一个。

（2）可以通过压缩，减少位图索引查询。

在位图的每行中，只要确定某行是"1"，其他列必为"0"，因此，可以采用某种压缩技术，减少编程长度，从而节省存储空间。

3. 连接索引

在 OLAP 中，经常要执行事实表与若干个维表的连接，也称星型连接。为了加快星型连接运算，可利用位图连接索引（Bitmap Join Index）。

位图连接索引背后的技术其实是把低基数数据列预先连接在一起，这样就让整体的连接（操作）进行得更快。例如，以图 8-3 中的销售情况为例，查询"TV 在北京地区销售情况"，可使用如下的 SQL 语句：

Select 产品表，产品名，日期标识符，地区表，城市，销售额

From 销售表，产品表，地区表

Where 销售表，产品标识符＝产品表，产品标识符 AND

销售表，地区标识符＝地区表，地区标识符 AND

产品表，产品名＝"TV" AND 地区表. 城市＝"北京"

这里，产品标识符是产品表的主键，是销售表的外键，地区标识符是地区表的主键，也是销售表的外键。该查询需要执行销售表和产品表、地区表的自然连接。产品名是产品表的非键属性，城市是地区表的非键属性。为此，建立下列的位图连接索引。

销售表和产品表位图的列为产品标识符可能取的值，本例为 11、12、13，行数等于销售表的元组数。每一行对应于销售表的每个元组。在该元组产品标识符所取值的下面填"1"，在其他的属性值下面填"0"，如图 8-9（a）所示。同样建立销售表和地区表的位图连接索引，如图 8-9（b）所示。

11	12	13
1	0	0
1	0	0
1	0	0
0	1	0
0	1	0
0	1	0
1	0	0
1	0	0
1	0	0
0	1	0
0	1	0
0	1	0

1	2	3
1	0	0
1	0	0
1	0	0
1	0	0
1	0	0
1	0	0
0	1	0
0	1	0
0	1	0
0	1	0
0	1	0
0	1	0

（a）销售表和产品表位图连接索引　　（b）销售表和地区表位图连接索引

图 8-9　位图连接索引示例

利用位图连接索引进行星型连接步骤如下所示。

（1）从产品表中，按照条件：产品表. 产品名＝"TV"，选出满足此条件的元组及产品标识符＝11，从地区表选出满足条件：城市＝"北京"的元组及其地区标识＝1。

（2）利用销售表和产品表位图连接索引，选出产品标识符＝11 的列，利用销售表和地区表位图连接索引选出地区标识符＝1 的列。

（3）将第（2）步选出的两列，按行进行位 AND 运算，得到新的一列。

（4）依次取出第（3）步中得出的列中为"1"所对应的销售表的元组，并与第（1）步选出的产品表元组和地区表元组进行连接和投影，即为所求结果。

其他的星型连接可按此进行。

上面只介绍了实视图、位图索引等技术，有关 OLAP 实现的其他技术不再讨论，有兴趣的读者可参考有关文献。

总而言之，位图连接索引会极大地提高特定数据仓库查询的速度，但是其代价是在位图索引创建的时候，需要预先连接表格。

8.5　如何建立数据仓库

开发一个数据仓库应用往往需要技术人员与企业人员有效合作。企业人员往往不懂如何建立和利用数据仓库，从而发挥其决策支持的作用。而数据仓库公司人员又不懂业务，不知道建立哪些决策主题，从数据源中抽取哪些数据。这就需要双方互相沟通，共同协商开发数据仓库，这是一个不断往复前进的过程。

1. 数据仓库开发的流程

数据仓库开发的流程包括以下几个步骤：

（1）启动工程。建立开发数据仓库工程的目标及制定工程计划。计划包括数据范围、提供者、技术设备、资源、技能、组员培训、责任、方式方法、工程跟踪及详细工程调度等。

（2）建立技术环境。选择实现数据仓库的软硬件资源，包括开发平台、DBMS、网络通信、开发工具、终端访问工具及建立服务水平目标（关于可用性、装载、维护及查询性能）等。

（3）确定主题。进行数据建模要根据决策需求确定主题，选择数据源，对数据仓库的数据组织进行逻辑结构设计。

（4）设计数据仓库中的数据库。基于用户的需求，着重于某个主题，开发数据仓库中数据的物理存储结构，及设计多维数据结构的事实表和维表。

（5）数据转换程序实现。从源系统中抽取数据、清理数据、一致性格式化数据、综合数据、装载数据等过程的设计和编码。

（6）管理元数据。定义元数据，即表示、定义数据的意义以及系统各组成部分之间的关系。元数据包括关键字、属性、数据描述、物理数据结构、映射及转换规则、综合算法、代码、默认值、安全要求、变化及数据时限等。

（7）开发用户决策的数据分析工具。建立结构化的决策支持查询，实现和使用数据仓库的数据分析工具，包括优化查询工具、统计分析工具、C/S 工具、OLAP 工具及数据挖掘工具等，通过这些分析工具实现决策支持需求。

（8）管理数据仓库环境。数据仓库必须像其他系统一样进行管理，包括质量检测、管理决策支持工具及应用程序，并定期进行数据更新，使数据仓库正常运行。

数据仓库的实现主要以关系数据库（RDB）技术为基础，因为关系数据库的数据存储和管理技术发展得较为成熟，其成本和复杂性较低，已开发成功的大型事务数据库多为关系数据库，但关系数据库系统并不能满足数据仓库的数据存储要求，需要通过使用一些技术，如动态分区、位图索引、优化查询等，使关系数据库管理系统在数据仓库应用环境中的性能得到大幅度的提高。

数据仓库在构建之初应明确其主题，主题是一个在较高层次将数据归类的标准，每一个主题对应一个宏观的分析领域，针对具体决策需求可细化为多个主题表，具体来说就是确定决策涉及的范围和所要解决的问题。但是主题的确定必须建立在现有联机事务处理（OLTP）系统基础上，否则按此主题设计的数据仓库存储结构将成为一个空壳，缺少可存储的数据。但一味地注重 OLTP 数据信息，也将导致迷失数据提取方向，偏离主题。需要在 OLTP 数据和主题之间找到一个"平衡点"，根据主题的需要完整地收集数据，这样构建的数据仓库才能满足决策和分析的需要。

下面简单介绍一下建立一个数据仓库的几个重要环节：数据仓库设计、数据抽取和数据管理。

2. 数据仓库设计

由于数据仓库与传统数据库有不同的特点，两者的设计区别较大。数据库设计从用户需求出发，进行概念设计、逻辑设计和物理设计，并编制相应的应用程序；数据仓库设计是从已有数据出发的"数据驱动"设计方法，是在已有数据基础上组织数据仓库的主题，利用数据模型有效识别原有数据库中数据和数据仓库中的主题数据的共同性，对数据的抽取、转换、充足统计工作进行构思和描述，是一个动态、反馈和循环的系统设计过程。

（1）事物建模。在需求分析的基础上，设计人员充分理解系统信息结构、属性及其相互关系，建立标准事物模型。

1）收集现行信息系统文档，与信息系统管理人员及现行系统设计人员积极交流，充分了解现行系统的整体结构。

2）了解用户需求。用户需求往往基于以往经验，受到现行系统提供信息的限制，因此与用户交流方式的选择极为重要。在分析过程中，设计人员应充分利用数据库管理员的经验，发现可能疏忽的或非正常的数据，尤其要注意对空值的正确控制，这是高质量查询的前提条件。考虑数据质量及其稳定性，选择操作数据。同时确定等价数据源，以保证视图与操作数据的同步更新。这里通常利用元数据聚集一致性来实现视图同步更新。确定集成数据，得到数据库范围内的完整视图集。已有大量数据库文献解决了不同类视图的集成问题。深刻理解数据环境，使数据阶段过程中的数据交叉处理成为可能。

3）建立事物模型。首先，分析当前信息系统文档，选择事实。然后，用适当的建模工具描述事实。若当前信息系统用 E-R 图描述，事实可用实体图或 n 维图表示；若当前信息系统用关系图描述，事实仍选用关系图表示。对于需要频繁更新的事物，最好选用实体图或关系图。在建模中，还要求实体和关系的定义满足第三范式。这样，可以保证实体和关系的变更只作用于有效范围内，而且信息查询路径清楚明了。最终获得描述整个系统有效源信息的全局 E-R 图。在概念设计、逻辑设计中需要的方法、维度和初始的 OLAP 查询都可以从 E-R 图中分析得到。

（2）概念设计。概念设计是主观和客观之间的桥梁，是为系统设计和收集信息服务的一个概念性工具。在计算机领域中，概念模型是客观世界到计算机世界的一个中间层次。人们将客观世界抽象为信息世界，再将信息世界抽象为机器世界，这个信息世界就是通常所说的概念模型。概念设计的主要任务是：

1）界定系统边界。

2）确定数据仓库的主题及其内容。

概念模型仍然用 E-R 图描述实体与实体之间的关系。

（3）逻辑设计。逻辑设计是指在数据仓库中如何将一个主题描述出来，把实体、属性以及它们之间的关系描述清楚。它是对概念模型设计的细化。一般来说，数据仓库都是在现有的关系数据库基础上发展起来的，所以数据仓库中的数据仍然以数据表格的形式组织，逻辑模型就是把不同主题和维的信息映射到数据仓库的具体的表中。这一阶段的设计主要包括：

1）分析主题域和维信息，确定粒度层次划分。

2）关系模式的定义。

（4）物理设计。数据仓库物理设计的任务是在数据仓库实现逻辑关系模型，设计数据的存放形式和数据的组织。目前数据仓库都是建立在关系型数据库的基础上，最终的数据存放是由数据库系统进行管理的，因此物理模型设计主要考虑物理存储方式、数据储存结构、数据存放位置，以及存储分配等，特别是 I/O 存储时间、空间利用率和维护代价等。对于大数据量的结构还要考虑数据分割。数据分割的标准应该是自然的、易于实现的。例如，以时间先后来组织数据的物理存储区域，将关系表中的记录按时间段分成若干互不相交的子集，将同一时间段的数据在物理上存放在一起，这样做一方面实现了数据的条带化管理，另一方面，还可以大幅度减少检索范围，减少 I/O 次数。

3. 数据抽取模块

该模块是根据元数据库中的主题表定义、数据源定义、数据抽取规则定义对异地异构数据源（包括各平台的数据库、文本文件、HTML 文件、知识库等）进行清理、转换，对数据进行重新组织和加工，装载到数据仓库的目标库中。在组织不同来源的数据过程中，先将数据转换成一种中间模式，再把它移至临时工作区。加工数据是保证目标数据库中数据的完整性、一致性。例如，有两个数据源存储与人员有关的信息，在定义数据组成的人员编码类型时，可能一个是字符型，一个是整型；在定义人员性别这一属性的类型时，一个可能是 char（2），存储的数据值为"男"和"女"，而另一个属性类型为 char（1），数据值为 F 和 M。这两个数据源的值都是正确的，但对于目标数据来说，必须加工为一种统一的方法来表示该属性值，然后交由最终用户进行验证，这样才能保证数据的质量。在数据抽取过程中，必须在最终用户的密切配合下，才能实现数据的真正统一。早期数据抽取是依靠手工编程和程序生成器实现，现在则通过高效的工具来实现，如 SAS 的数据仓库产品 SAS/WA（Warehouse Administrator）及各大数据仓库厂商推出的、完整的数据仓库解决方案。

4. 数据维护模块

该模块分为目标数据维护和元数据维护两方面。目标数据维护是根据元数据库所定义的更新频率、更新数据项等更新计划任务来刷新数据仓库，以反映数据源的变化，且对时间相关性进行处理。更新操作有两种情况，即在仓库的原有数据表中进行某些数据的更新和产生一个新的时间区间的数据，因为汇总数据与数据仓库中的许多信息元素有关系，必须完整地汇总，这样才能保证全体信息的一致性。

8.6 数据挖掘（Data Mining）

8.6.1 数据挖掘的基本概念

人们在日常生活中经常会遇到这样的情况，保险公司想知道购买保险的客户一般具有哪些特征；超市的经营者希望将经常被同时购买的商品放在一起，以增加销售；医学研究人员希望从已有的成千上万份病历中找出患某种疾病的病人的共同特征，从而为治愈这种疾病提供一些帮助。

对于以上问题，现有的信息管理系统中的数据分析工具无法给出答案。因为无论是查询、统计还是报表，其处理方式都是对指定的数据进行简单地数字处理，而不能对这些数据所包含的内在信息进行提取。随着信息管理系统的广泛应用和数据量激增，人们希望能够提供更高层次的数据分析功能，从而更好地对决策或科研工作提供支持。

数据挖掘就是为顺应这种需要应运而生发展起来的数据处理技术。数据挖掘，也可以称为数据库中的知识发现（Knowledge Discovery in Database，KDD），是从大量数据中提取出可信、新颖、有效并能被人理解的模式的高级处理过程。

数据库中的知识发现是一个多步骤的处理过程，一般分为：

（1）问题定义。了解相关领域的有关情况，熟悉背景知识，弄清用户要求。

（2）数据提取。根据要求从数据库中提取相关的数据。

（3）数据预处理。主要对前一阶段产生的数据进行再加工，检查数据的完整性及数据的一致性，对其中的噪音数据进行处理，对丢失的数据进行填补。

（4）数据挖掘。运用选定的知识发现算法，从数据中提取出用户所需要的知识，这些知识可以用一种特定的方式来表示或使用一些常用的表达方式。

（5）知识评估。将发现的知识以用户能了解的方式呈现，根据需要对知识发现过程中的某些处理阶段进行优化，直到满足要求。

由此可见，数据挖掘只是数据库中知识发现的一个步骤，但又是最重要的一步。因此，往往可以不加区别地使用 KDD 和数据挖掘。一般在研究领域被称作数据库中知识发现，在工程领域则称之为数据挖掘。

数据挖掘技术可按多种方法分类。根据挖掘的数据库的种类来分，可分为关系数据型数据挖掘、面向对象数据挖掘、空间数据挖掘、时态数据挖掘等；按所发现的知识类别来分，数据挖掘可发现多种类型的知识，包括关联规则、特性规则、分类规则、聚集、区分规则、演化和偏差分析等。此外还可以按数据挖掘方法和技术来分，按知识抽象层次来分。

数据挖掘不一定需要建立在数据仓库的基础上，却是数据仓库必不可少的功能。

8.6.2 数据挖掘的特点

为了能进行有效地数据挖掘，必须了解数据挖掘具有什么特点。一般来讲，数据挖掘有以下几个特点。

（1）数据挖掘要处理大量数据，它所处理的数据库，其数据量可达到 GB、TB 级，甚至更大。

（2）用户往往不能提出精确的查询要求，数据挖掘应为用户找寻可能感兴趣的内容。

（3）所处理的数据对象的变化大，可能会很快过时，数据挖掘应快速响应，及时提供决策支持的信息。

（4）数据挖掘不但要发现存在于大量数据中的潜在的关联规则，还要管理和维护规则。

（5）数据挖掘所发现的知识（规则）是动态的，只反映当前状态的数据库所拥有的知识（规则），随着新数据的加入，应不断地刷新。

8.6.3 数据挖掘的主要目标

根据发现的知识类型的不同，可以把数据挖掘的目标主要分为以下几种。

1. 数据总结

数据总结的目的是对数据进行浓缩，给出它的紧凑描述。传统的也是最简单的数据抽取方法是计算出数据库的各个字段上的求和值、平均值、方差值等统计值，或者用直方图、饼状图等图形方式表示。数据挖掘主要关心从数据泛化的角度来讨论数据总结。

数据泛化是一种把数据库中的有关数据从低层次抽象到高层次上的过程。由于数据库上的数据或对象所包含的信息总是最原始、基本的信息（这是为了不遗漏任何可能有用的数据信息）。人们有时希望能从较高层次的视图上处理或浏览数据，因此需要对数据进行不同层次上地泛化，以适应各种查询要求。数据泛化目前主要有两种技术：多维数据分析方法和面向属性的归纳方法。

多维数据分析方法是一种数据仓库技术，也称作联机分析处理（OLAP）。决策的前提是数据分析。在数据分析中经常要用到诸如求和、总计、平均、最大、最小等汇集操作，这类操作的计算量特别大。因此一种很自然的想法是，把汇集操作结果预先计算并存储起来，以便于决策支持系统使用。存储汇集操作结果的地方称作多维数据库。多维数据分析技术已经在决策支持系统中获得了成功的应用，如著名的 SAS 数据分析软件包、Business Object 公司的决策支持系统 Business Object，以及 IBM 公司的决策分析工具都使用了多维数据分析技术。

采用多维数据分析方法进行数据抽取，它针对的是数据仓库，数据仓库存储的是脱机的历史数据。为了处理联机数据，研究人员提出了一种面向属性的归纳方法。它的思路是，直接对用户感兴趣的数据视图（用一般的 SQL 查询语言即可获得）进行泛化，而不是像多维数据分析方法那样预先就存储好了泛化数据。方法的提出者对这种数据泛化技术称之为面向属性的归纳方法。原始关系经过泛化操作后得到的是一个泛化关系，它从较高的层次上总结了在低层次上的原始关系。有了泛化关系后，就可以对它进行各种深入地操作而生成满足用户需要的知识，如在泛化关系基础上生成特性规则、判别规则、分类规则，以及关联规则等。

2. 分类

分类（classification）在数据挖掘中是一项非常重要的任务，目前在商业上应用最多。分类的目的是学会一个分类函数或分类模型（也常常称作分类器），该模型能把数据库中的数据项映射到给定类别中的某一个。

要构造分类器，需要有一个训练样本数据集作为输入。训练集由一组数据库记录或元组构成，每个元组是一个由有关字段（又称属性或特征）值组成的特征向量，此外，训练样本还有一个类别标记。一个具体样本的形式可为：（v1，v2，…，vn；c）；其中 vi 表示字段值，c 表示类别。

分类器的构造方法有统计方法、机器学习方法、神经网络方法等。统计方法包括贝叶斯法和非参数法（近邻学习或基于事例的学习），对应的知识表示则为判别函数和原型事例。机器学习方法包括决策树法和规则归纳法，前者对应的表示为决策树或判别树，后者则一般为产生式规则。神经网络方法主要是 BP 算法，它的模型表示是前向反馈神经网络模型（由代表神经元的节点和代表连接权值的边组成的一种体系结构），BP 算法本质上是一种非线性判别函数。另外，最近又兴起了一种新的方法：粗糙集（roughset），其知识表示是产生式规则。

不同的分类器有不同的特点。有三种分类器评价或比较尺度：①预测准确度；②计算复杂度；③模型描述的简洁度。预测准确度是用得最多的一种比较尺度，特别是对于预测型分类任务，目前公认的方法是 10 番分层交叉验证法。计算复杂度依赖于具体的实现细节和硬件环境，在数据挖掘中，由于操作对象是巨量的数据库，因此空间和时间的复杂度问题将是非常重要的一个环节。对于描述型的分类任务，模型描述越简洁越受欢迎；例如，采用规则表示的分类器构造法就更有用，而神经网络方法产生的结果就难以理解。

另外要注意的是，分类的效果一般和数据的特点有关，有的数据噪声大，有的有缺值，有的分布稀疏，有的字段或属性间相关性强，有的属性是离散的，而有的是连续值或混合式的。目前普遍认为不存在某种方法能适合于各种特点的数据。

3. 时序模式

通过时间序列搜索出重复发生概率较高的模式。这里强调时间序列的影响。例如，在所有购买了激光打印机的人中，半年后 80%的人再购买新硒鼓，20%的人用旧硒鼓装碳粉；在所有购买了彩色电视机的人中，有 60%的人再购买 VCD 产品。

在时序模式中，需要找出在某个最小时间内出现比率一直高于某一最小百分比（阈值）的规则。这些规则会随着形式的变化做适当的调整。

时序模式中，一个有重要影响的方法是"相似时序"。用"相似时序"的方法，要按时间顺序查看时间事件数据库，从中找出另一个或多个相似的时序事件。例如在零售市场上，找到另一个相似销售的部门，在股市中找到有相似波动的股票。

4. 聚类

聚类（clustering）是把一组个体按照相似性归成若干类别，即"物以类聚"。它的目的是使得属于同一类别的个体之间的距离尽可能地小，而不同类别上的个体间的距离尽可能地大。聚类增强了人们对客观现实的认识，即通过聚类建立宏观概念。例如鸡、鸭、鹅等都属于家禽。

聚类方法包括统计方法、机器学习方法、神经网络方法和面向数据库的方法。

在统计方法中，聚类称为聚类分析，它是基于几何距离的聚类，如欧式距离、明考斯基距离等。这种聚类分析方法是一种基于全局比较的聚类，它需要考察所有的个体才能决定类的划分。

在机器学习中，聚类是无导师的学习。在这里聚类是根据概念的描述来确定的，故聚类也称为概念聚类，当聚类对象动态增加时，概念聚类则称为概念形成。

在神经网络中，自组织神经网络方法用于聚类。如 ART 模型、Kohonen 模型等，这是一种无监督学习方法。当给定距离阈值后，各样本按阈值进行聚类。

5. 关联规则

关联分析是从数据库中发现知识的一类重要方法。若两个或多个数据项的取值之间重复出现且概率很高时，就存在某种关联，可以建立起这些数据项的关联规则（association rule）。

例如，"在购买面包和黄油的顾客中，有 90%的人同时也买了牛奶"（面包＋黄油＋牛奶）。这是一条关联规则。若商店将面包和牛奶放在一起销售，将会提高它们的销量。

在大型数据库中，这种关联规则是很多的，需要进行筛选。一般用"支持度"和"可信度"两个阈值来淘汰那些无用的关联规则。

"支持度"表示该规则所代表的事例（元组）占全部事例（元组）的百分比。如既买面包，又买牛奶的顾客占全部顾客的百分比。

"可信度"表示该规则所代表事例占满足前提条件事例的百分比。如既买面包，又买牛奶的顾客占买面包顾客中的 90%，则可信度为 90%。

6. 预测

预测（predication）是利用历史数据找出变化规律，建立模型，并用此模型来预测未来数据的种类、特征等。

典型的方法是回归分析，即利用大量的历史数据，以时间为变量建立线性或非线性回归方法。预测时，只要输入任意的时间值，通过回归方法就可求出该时间的状态。

近年来，发展起来的神经网络方法，如 BP 模型，实现了非线性样本的学习，能进行非线性函数的判别。

分类也能进行预测，但分类一般用于离散数值；回归预测用于连续数值；神经网络方法预测既可以用于连续数值，又可以用于离散数值。

在数据仓库系统中，可以根据需要确定数据挖掘的目标，并非一定需要支持上述全部目标的数据挖掘功能。

8.6.4 数据挖掘模型

数据挖掘模型用于开发决定数据间的联系规则。一般可分为以下几类。

1. If-Then 模型

If-Then 模型类似人工智能中的产生式规则，表达了数据间的因果关系。

例如，一个 If-Then 模型：

If a customer requests an address change

Then the customer is likely to purchase household goods

利用这个模型，邮购公司可以向所有地址改变的顾客发送家用物资的目录。

2. 分类模型

其主要功能是根据商业数据的属性将数据分派到不同的组中。在实际应用过程中，分类模型可以分析分组中数据的各种属性，并找出数据的属性模型，确定哪些数据模型属于哪些组。这样就可以利用该模型来分析已有数据，并预测新数据将属于哪一个组。

例如，可以将银行网点分为好、一般和较差三种类型，并以此分析这三种类型银行网点的各种属性，特别是位置、盈利情况等属性，找出决定它们分类的关键属性及相互间关系，此后就可以根据这些关键属性对每一个预期的银行网点进行分析，以便决定预期银行网点属于哪一种类型。

3. 聚簇模型

主要用于当要分析的数据缺乏描述信息或无法组织成任何分类模式时，按照某种相近程度度量方法将用户数据分成互不相同的一些分组。进而，通过采用聚簇模型，根据部分数据发现规律，找出对全体数据的描述。

例如，可以采用聚簇模型对客户现金流进行分析。当用户收到社会保险支票，或月工资存入账户时，他们会很快交付本月的账务。在这个例子中，收到社会保险支票和月工资存入账户可以看作是月支付账务的聚簇模型中的相近数据。

4. 序列模型

序列显示了过一段时间还会重新发生的时间模式，序列关联规则可以用来标识随时间推移的购买模式。

例如，客户现在订购一台激光打印机，以后还可能订购打印纸，可能在初始购买时有大量订货，在售后服务请求时订货量较小，在服务请求完成后可能又有大量的订货。因此，就可以针对上述情况指定相应的促销或营销方法。

又例如：

（1）超市中客户在购买 A 的同时，经常会购买 B，即 A=>B（关联规则）。

（2）客户在购买 A 后，隔一段时间，会购买 B（序列分析）。

5. 关联模型

主要是描述了一组数据项目的密切度或关系，通过挖掘数据派生关联规则，了解客户的行为。

市场分析员要从大量的数据中发现顾客放入其购物篮中的不同商品之间的关系。如果顾客买牛奶，则他也会购买面包的可能性有多大？什么商品组合顾客多半会在一次购物时同时购买？例如，买牛奶的顾客有 80%也同时买面包，或买铁锤的顾客中有 70%的人同时也买铁钉。分析结果可以帮助经理设计不同的商店布局。一种策略是：经常一块购买的商品可以放近一些，以便进一步刺激这些商品一起销售，例如，如果顾客购买计算机，又倾向于同时购买财务软件，那么将硬件摆放离软件陈列近一点，可能有助于增加两者的销售。另一种策略是：将硬件和软件放在商店的两端，可能诱发购买这些商品的顾客一路挑选其他商品。

数据挖掘工具使用几种数学技术实现，包括：神经网络、决策树、标准统计学、基于记忆的推理、遗传算法和连接分析等。每种技术实现不同的功能，发现不同的信息片。

这些数据挖掘技术需要三个数据集来开发模型。第一个数据集是培训集。这个集合被用来开发最初模型。第二个数据集是试验数据。试验数据被用来测试培训集创建的模型。如果该模型用试验数据测试是非常准确的，那么该模型可被假设用实际数据是正确的。第三个数据集是应用数据。这种数据是该模型真正使用的数据。随着时间的流逝，该模型会接受到关于其准确性的反馈信息。每次收到反馈信息，该模型会决定它是否需要改动。

在模型被开发和测试之后，可以将它们交给高层管理人员作决策使用。但在这之前，数据分析员必须执行几个功能：删除错误的关系，删除不重要的关系，删除大多数具有低信任因子的关系，提出基于关系的具体推荐。

8.7 小 结

本章主要介绍了近年来数据库领域的新技术——数据仓库技术，它包括数据仓库、联机分析处理和数据挖掘，其目标是对高层决策提供支持。

数据库中存放的是大量详细的事务数据，侧重于联机事务型处理；数据仓库存储的多为综合数据、历史数据，侧重于决策分析。

联机分析处理（OLAP）是针对特定的联机数据存取和分析处理。维是考察问题的特定角度，数据按维表示成一个立方体，联机分析按维进行。OLAP 的基本操作有：切片、切块、旋转、向上综合、向下钻取等。OLAP 实现技术主要有位图索引、实视图、连接索引等。

数据挖掘是从大量的、不完全的、有噪声的、模糊的、随机的数据中提取隐含在其中的、人们事先不知道的，但又是潜在有用的信息和知识的过程。数据挖掘阶段首先要确定挖掘的目标，如数据总结、分类、关联规则、聚集、预测等。确定了挖掘目标后，就要决定使用什么样的挖掘模型，挖掘模型有 If-Then 模型、分类模型、聚簇模型、序列模型、关联模型等。

习 题

1．操作型数据和分析型数据的主要区别是什么？
2．什么是数据仓库？它的主要特征是什么？
3．试述数据仓库数据的组织结构。
4．试述数据仓库系统的体系结构。
5．什么是 OLAP？OLAP 是一种技术还是一种数据库？
6．什么是数据挖掘技术？它与数据仓库的关系是什么？
7．试解释实视图、位图索引和连接索引以及它们的应用。

参 考 文 献

1. 萨师煊，王珊. 数据库系统概论（第三版）[M]. 北京：高等教育出版社，2000.2.
2. 汤庸，叶小平，汤娜. 数据库理论及应用基础 [M]. 北京：清华大学出版社，2004.2.
3. 姚春龙，丁春欣，姜翠霞. 数据库系统基础教程 [M]. 北京：北京航空航天大学出版社，2003.
4. 王珊，李盛恩. 数据库基础与应用 [M]. 北京：人民邮电出版社，2002.8.
5. 张龙祥，黄正瑞，龙军. 数据库原理与设计 [M]. 北京：人民邮电出版社，2002.7.
6. 徐进，姜世锋等. SQL Server 2000 编程员指南[M]. 北京：北京希望电子出版社，2000.12.
7. 王珊，陈红. 数据库系统原理教程 [M]. 北京：清华大学出版社，2003.8.
8. 陈志泊等. 数据库原理及应用教程 [M]. 北京：人民邮电出版社，2002.3.
9. DATE C J. An Introduction to Database Systems. Vol .I. Version 6. Addison-Wesley, 1995.
10. Abraham.Siberschatz, Henry F.Korth and S. Sudarrshan. Database System Concepts (Third Edition). 北京：机械工业出版社，1999.
11. G.W.Hansen, J.V. Hansen. Database Management and Design (Second Edition). Prentice Hall, 1996.
12. Date C J. An Introduction to Database Systems (Seventh Edition). Addison-Wesley Publishing Co., 2000.
13. Peter Rob, Elie Semaan 等. 数据库设计与开发教程 [M]. 于书举，许向众，韩德强等译. 北京：电子工业出版社，2002：20-37，55-74.
14. 施伯乐，丁宝康. 数据库技术 [M]. 北京：科学出版社，2002.
15. 王能斌. 数据库系统教程 [M]. 北京：电子工业出版社，2002.
16. 周志逵，江涛. 数据库理论与新技术 [M]. 北京：北京理工大学出版社，2001.
17. 李俊山等. 数据库系统原理与设计 [M]. 西安：西安交通大学出版社，2003.
18. 孙慧，王向华，孙静等. 数据库设计技术（SQL Server）[M]. 北京：北京希望电子出版社，2002.
19. 徐洁磐. 数据库系统原理 [M]. 上海：上海科技文献出版社，1999.
20. 施伯乐等. 数据库系统教程 [M]. 北京：高等教育出版社，1999.
21. 徐洁磐. 知识库系统导论 [M]. 北京：科学出版社，1999.
22. 张维明，邓苏，刘青宝，陈卫东等. 数据仓库原理与应用 [M]. 北京：电子工业出版社，2002.
23. 王珊等. 数据仓库技术与联机分析处理 [M]. 北京：科学出版社，1998.
24. David Hand, Heikki Mannila, Padhraic Smyth. 数据挖掘原理. 张银奎，廖丽，宋俊等译. 北京：机械工业出版社，2002.

25. 林杰斌，刘明德，陈湘．数据挖掘与 OLAP 理论与实务［M］．北京：清华大学出版社，2003.

26. 贾焰，王志英，韩伟红，李霖．分布式数据库技术［M］．北京：国防工业出版社，2000.

27. 陈京民等．数据仓库与数据挖掘技术［M］．北京：电子工业出版社，2002.

28. 邵佩英．分布式数据库系统及其应用［M］．北京：科学出版社：2000.

29. Thomas M. Connolly，Carolyn E.Begg．数据库设计教程．何玉洁，黄婷儿等译．北京：机械工业出版社，2005.

30. 陶宏才．数据库原理及设计［M］．北京：清华大学出版社，2004.